Demain, la physique

PILON

Alain Aspect, Roger Balian,
Sébastien Balibar, Édouard Brézin,
Bernard Cabane, Stephan Fauve,
Daniel Kaplan, Pierre Léna,
Jean-Paul Poirier et Jacques Prost

Demain, la physique

Odile Jacob

Nous remercions l'Académie des sciences, sous l'autorité de laquelle ce livre a été préparé, ainsi que les nombreuses personnes qui nous ont aidés à l'écrire, tout particulièrement :

Thierry Alleau, Henri Alloul, Hervé Arribart, Jean-Claude Bacri, Gérald Bastard, Tristan Baumberger, David Bensimon, Claude Berthier, Jérôme Bibette, Pierre Binétruy, Daniel Bonn, Jean-Philippe Bouchaud, Hélène Bouchiat, Curtis Callan, Paul Caseau, Bernard Castaing, Jean-Yves Chapron, Jacqueline Cohen-Tannoudji, Michel Combarnous, Françoise Combes, Pierre Coullet, Vincent Courtillot, Philippe Coussot, Costantino Creton, Hubert Curien, Jean Dalibard, Thibault Damour, Robert Dautray, Sylvain David, Pierre-Gilles de Gennes, Jean Dercourt, Bernard Derrida, Pierre Encrenaz, Daniel Estève, Joëlle Fanon, Michel et Suzanne Faye, Albert Fert, Mathias Fink, Jean-Marie Flaud, Antoine Georges, Serge Gottot, Philippe Grangier, Serge Haroche, Jean Iliopoulos, Denis-Olivier Jérôme, Jean-François Joanny, Sylvie Joussaume, Jorge Kurchan, Franck Laloë, Guy Laval, Denis Le Bihan, Hervé Le Treut, Claude Lorius, Georges Martin, Jean-Louis Martin, Gérard Mégie, Gérard Menjon, Jacques Meunier, Marc Mézard, Jean-François Minster, Philippe Nozières, Henri Orland, Hélène Paquet, Jean-Paul Pouget, Jean-Loup Puget, David Quéré, Paul-Henri Rebut, François Richard, Emmanuel Rosencher, David Ruelle, André Syrota, José Teixeira, Olivier Thual.

15, RUE SOUFFLOT, 75005 PARIS

www.odilejacob.fr

ISBN 2-7381-1458-X

PRÉAMBULE

Comprendre les propriétés de l'eau qui permettent aux cellules biologiques de fonctionner, ou encore pourquoi des mélanges de liquides peuvent former un gel comme dans une mayonnaise, voilà des exemples bien familiers, et pourtant seule la science contemporaine était en mesure de les aborder.

Le contraste entre les hésitations des physiciens d'aujourd'hui et l'attitude plus triomphante qui prévalait il y a un siècle est frappant. Que l'on songe par exemple que les découvertes les plus récentes des astrophysiciens nous montrent que 70 % environ de l'énergie contenue dans l'Univers est une « énergie du vide » — une énergie du rien ! —, que 27 % de cette énergie est due à une « matière noire » dont nous ne connaissons pas la constitution, vraisemblablement liée à des types de particules que nous n'avons encore jamais vus. Quant aux étoiles et galaxies que les instruments modernes révèlent à nos yeux éblouis, elles ne seraient responsables que d'un petit 3 % de l'énergie totale.

Le rêve d'une théorie finale de toutes les forces à l'œuvre dans la nature, de la gravitation jusqu'aux forces nucléaires qui font briller les étoiles, a-t-il un sens ? La physique d'aujourd'hui est très directement confrontée à cette question ; en effet, la nécessité de tenir compte de la nature quantique du monde nous a conduits dans un vestibule où toutes les portes que nous avions empruntées auparavant sont restées closes. Il n'existe plus aujourd'hui qu'un seul boyau étroit entrouvert, celui de la théorie des supercordes, mais à quel prix ! Il exige de renoncer à considérer l'espace comme le continuum indéfiniment divisible que nous avions hérité de plus de deux millénaires de mathématiques ; de surcroît l'espace ne saurait s'y réduire aux seules trois dimensions que nos sens et nos instruments perçoivent.

Cet espoir encore ténu s'était initialement accompagné de l'illusion qu'il suffirait de suivre ce passage pour aboutir naturellement au trésor caché, mais il a fallu se rendre à l'évidence : des myriades de possibilités s'y ouvraient au fur et à mesure de la progression, à tel point que nul ne sait à présent si les lois qui régissent notre univers ne sont que le fruit du hasard de l'un des chemins possibles, ou résultent d'un choix imposé par un principe encore inconnu.

À supposer que nous connaissions bientôt la réponse à ces questions, que nous découvrions *in fine* ce trésor enfoui, pourrions-nous alors affirmer qu'enfin nous connaissons toutes les lois de la nature ? Certains veulent le croire alors qu'en réalité personne ne sait répondre avec certitude. Peut-être qu'une fois encore nous découvririons un niveau sous-jacent qui nous était resté caché, comme si nous pelions une sorte d'oignon infini, où chaque couche ôtée en révélait une nouvelle. Mais surtout quelle erreur commettrait-on si l'on imaginait que notre quête de la compréhension du monde pouvait se résumer à ce réductionnisme absolu ! La complexité d'un monde, où le moindre grain de matière est composé de milliards de milliards de constituants, n'a cessé de défier nos investigations. Chaque fois que nous avons progressé dans cette compréhension, la nature nous a mis en présence d'autres types d'organisation (ou de désordre) que nous ne savions pas encore appréhender.

Cet ouvrage est donc le récit de quelques-unes des incertitudes de la physique d'aujourd'hui en devenir, son ambition est de montrer que les questions posées ne sont pas l'effet d'un quelconque arbitraire mais d'une logique interne qui nous a conduits immanquablement là où nous sommes. Certes, la moindre question de physique d'aujourd'hui n'est compréhensible dans ses détails qu'au prix d'un investissement technique considérable, que ce soit en termes d'instrumentation ou de formalisme. Il nous a semblé qu'il était néanmoins possible de présenter en langage ordinaire, sans équations ni lecture, les interrogations auxquelles sont confrontés les physiciens de notre temps.

S'il est bien évident que les applications de la physique sont plus que jamais omniprésentes dans le monde qui nous entoure (que l'on songe aux technologies de l'information et de la communication, à celles de l'imagerie médicale, aux lasers, à la production d'énergie, qui reposent toutes sur notre compréhension la plus fondamentale des lois de la nature), le parti pris que nous avons délibérément suivi fut d'exposer les questions auxquelles nous espérons qu'il sera bientôt possible de répondre sans éprouver le besoin d'aller chercher dans des applications une quelconque « justification ». Certes le monde qui nous entoure est bien présent dans ces pages puisque la physique n'est que confrontation entre concepts et réalité. Rien ne permet de penser que le bouleversement de nos modes de vie dus à la science des siècles derniers est en voie d'épuisement. Mais notre conviction que le propre de l'homme est de connaître l'Univers dans lequel il vit, et que c'est à cette condition qu'il pourra en tirer parti sans tomber dans les pièges qu'il se tend lui-même simultanément.

Édouard Brézin,
de l'Académie des sciences

INTRODUCTION

L'étendue de notre ignorance

À la fin du XIXe siècle, le siècle de la chaleur, de l'électricité et de la lumière, les physiciens croyaient qu'ils étaient près de tout comprendre. Un peu plus d'un siècle plus tard, nous sommes contraints de constater combien, malgré les immenses progrès accomplis, cette impression était trompeuse. Il ne s'agit pas que de simples détails qui manquent à notre compréhension du monde physique, des grandes questions de base restent encore sans réponse. Après avoir interrogé des dizaines de physiciens aux avant-postes de la science d'aujourd'hui, nous avons pu constater, de tout côté, combien la physique restait ouverte, vivante et passionnante.

C'est la science en devenir dont nous avons voulu parler ici. Nous avons le sentiment qu'il est possible de comprendre la nature des questions sans recourir au formalisme mathématique, que nous avons délibérément écarté. Nous n'avons pas cherché à présenter un tableau exhaustif, il serait fastidieux et présomptueux. Notre espoir est de faire partager au lecteur, à travers quelques exemples, notre émerveillement devant la lisibilité et la beauté du monde.

De l'Univers en expansion depuis le big-bang jusqu'à la structure la plus fine de la matière, les questions non encore résolues, mais accessibles aujourd'hui, sont innombrables. En voici quelques-unes, parmi bien d'autres.

• L'expansion de l'Univers semble s'accélérer ; la raison en est encore mystérieuse.

• La gravitation, lorsqu'on cherche à en faire une description compatible avec la mécanique quantique, implique que l'espace possède plus de dimensions que les trois seules accessibles à nos sens, que les points de l'espace ne sont plus indéfiniment séparables contrairement aux espaces mathématiques avec lesquels nous avons travaillé depuis l'Antiquité. Ces constructions audacieuses, mais encore abstraites, trouveront-elles dans l'expérience le support indispensable qui leur fait encore totalement défaut ?

• La description du monde fait intervenir un certain nombre de constantes qui entrent dans les lois d'interaction. De la valeur de ces constantes dépend la réalité qui nous entoure, de la taille des atomes à l'âge de l'Univers, etc. Ont-elles varié au cours du temps ? Ces valeurs sont-elles accidentelles ou bien y aurait-il un mécanisme encore inconnu permettant de comprendre pourquoi il est impossible qu'elles aient d'autres valeurs que celles que nous mesurons ? Nous ne connaissons pas la réponse, mais la question est posée de manière explicite lorsqu'on est confronté aux théories actuelles.

• Saurons-nous un jour faire fonctionner des ordinateurs quantiques dont les principes n'ont rien de commun avec ceux que nous connaissons, dont les portes logiques ne peuvent être qu'ouvertes ou fermées ? La mécanique quantique autorise en effet d'autres combinaisons que ces deux états extrêmes. S'il était possible de faire fonctionner de manière cohérente un ensemble de telles portes quantiques, une nouvelle ère de la technologie et des algorithmes de calcul s'ouvrirait devant nous. L'enjeu et les difficultés sont considérables, mais nous sommes peut-être à l'aube d'une nouvelle révolution, celle de l'information quantique.

• Les phénomènes non linéaires, qui se manifestent dans les instabilités hydrodynamiques, la turbulence des fluides, le chaos déterministe, sont encore largement incompris. Les progrès en ce domaine vont-ils nous permettre de mieux prédire le temps ou l'évolution des climats, de mieux concevoir les ailes d'avion ou les hélices de bateau, les échanges thermiques, etc. ?

• Il n'est nul besoin d'aller loin pour atteindre les limites de notre connaissance. L'eau, ce liquide omniprésent, essentiel à la vie, est encore loin d'avoir révélé tous ses secrets, qu'il s'agisse des propriétés physiques de l'eau pure[1] ou des propriétés physico-chimiques précises qui en font le solvant qui a permis l'éclosion de la vie.

• Nous atteindrons dans peu d'années la limite ultime de la loi empirique selon laquelle la taille des composants électroniques est divisée par deux tous les dix-huit mois. C'est de cette impressionnante progression que sont issues toute la microélectronique et les technologies de la communication. Mais la limite de la taille des atomes sera bientôt atteinte. Y aura-t-il d'autres processus physiques que ceux des semi-conducteurs pour nous permettre d'aller plus loin ?

• Pourra-t-on un jour transporter le courant électrique sans aucune dissipation, dans cet état *supraconducteur* où la résistance électrique disparaît, sans être obligé, comme aujourd'hui, de procéder à très basse température ?

• L'imagerie médicale a fait des pas de géants grâce à des techniques issues de la physique (et de l'informatique) comme les scanners à rayons X, l'échographie ultrasonore, l'imagerie par résonance magnétique (IRM), la tomographie par émission de positrons, etc. Les expériences en cours sur ces instruments permettent ainsi de voir le cerveau penser. Ce grand mouvement est loin d'être achevé : la physique permet maintenant de visualiser et de manipuler les atomes un par un, d'étudier comment les molécules biologiques se déplient et se répliquent. Des perspectives nouvelles, sans doute importantes, s'offrent à la biologie et à la médecine.

• La physique s'est longtemps attachée à comprendre les systèmes ordonnés, tels les solides cristallins parfaits, qui relaxent très vite vers un état d'équilibre si on les perturbe. Mais les propriétés structurales ou dynamiques des verres, des gels ou des pâtes, dont on découvre qu'ils vieillissent selon des lois complexes, et peuvent même rajeunir si on les perturbe, sont encore loin d'être comprises. Saura-t-on, là aussi, surmonter les difficultés conceptuelles présentes et en tirer des applications nouvelles ?

• Ces gels et ces pâtes, les émulsions, les céramiques, les cristaux liquides de nos montres ou de nos écrans d'ordinateurs portables, les polymères, les colloïdes, toute cette matière dite « molle » parce que sa réponse à une perturbation est grande, a des applications nombreuses, mais sa physique pose autant de nouvelles questions qu'elle en résout. Physiciens et chimistes y collaborent étroitement. Résoudront-ils bientôt d'autres problèmes d'apparence simple, tels que les mécanismes mis en jeu dans le frottement ou la fracture ?

• Il est devenu certain que la planète se réchauffe et il n'est plus possible d'exclure l'activité humaine comme cause majeure de cette évolution. De la nécessaire maîtrise de l'énergie, de notre capacité à trouver rapidement des modes de production et de stockage nouveaux, à résoudre les questions de déchets, dépend l'avenir de notre société. Or, les défis posés aux scientifiques relèvent très souvent de la physique, qu'il s'agisse d'optimiser les piles à hydrogène, d'extraire l'énergie solaire à des coûts accessibles, de fusion thermonucléaire contrôlée (dont nul ne sait combien de décennies nous en séparent), ou encore de trouver de nouvelles filières de production d'électricité nucléaire qui recyclent tous leurs déchets, etc.

La physique est omniprésente dans le monde qui nous entoure. Elle nous révèle chaque jour davantage que celui-ci est plus subtil que les anciens ne l'imaginaient, et sans doute bien plus encore que nous ne le savons. L'Univers est interrogeable, pourvu que l'on sache formuler les questions et définir les moyens qui permettent d'y répondre[2] ; c'est le sens de la grande révolution scientifique qui nous porte depuis Galilée. Ces pages ont donc pour ambition de montrer combien cette interrogation est loin d'avoir atteint ses limites, à supposer que cela ait un sens de parler de telles limites.

Les enjeux de la physique

L'évolution de la physique est soumise à une triple pression. La première, sans doute la plus importante, est interne, purement cognitive, c'est la volonté impérieuse de répondre aux questions fondamentales qui se posent sur la matière et sur l'Univers. La deuxième vient des applications de la science dont nos sociétés font de plus en plus usage. Enfin, la troisième est exercée par les sciences voisines telles que la chimie, la biologie et la médecine, la mécanique, la science des matériaux, les sciences de l'environnement, de la terre, de l'océan ou de l'Univers, qui sollicitent de plus en plus la physique et lui proposent des champs d'application nouveaux. Il va de soi que ces trois pressions qui animent la physique ne sont pas indépendantes, et que l'échange entre la technologie et la science fondamentale est à double sens.

La physique est omniprésente dans notre environnement. L'électronique est l'invention du XXe siècle qui a eu l'influence la plus profonde sur notre vie de tous les jours, à travers les multiples automatismes, les techniques de communication, les ordinateurs. La mise au point de thérapeutiques nouvelles passe souvent aujourd'hui par la détermination aux rayons X de la structure des molécules biologiques[3]. La surveillance du climat requiert des satellites équipés de moyens de mesure et d'imagerie nouveaux. Les lasers permettent aujourd'hui de suivre des processus directement sur les cellules vivantes ou, pinces optiques, de manipuler les molécules biologiques individuelles pour étudier leurs caractéristiques, de réaliser des instruments pour la chirurgie, pour le découpage industriel, pour des guidages de toutes sortes, etc. Le GPS, ce réseau de satellites qui permet de se positionner partout sur Terre, ne pourrait atteindre sa précision actuelle sans utiliser les horloges atomiques embarquées, ni sans tenir compte de la relativité générale, c'est-à-dire de l'influence du champ de gravitation sur ces horloges. Même le *http,* le protocole de transfert de l'information sur le réseau www (le *world wide web*) qui relie les internautes du monde entier, est né au CERN[4], à Genève, de la collaboration internationale des physiciens des particules.

Tous ces progrès techniques ont été rendus possibles par les découvertes de la physique du XXe siècle, qui a changé de fond en comble notre conception de la matière, de la lumière, de l'énergie, de la Terre et de l'Univers. Elles ont radicalement changé nos modes de vie, de travail, de communication et même, vraisemblablement, de pensée. La physique ne s'est pas contentée de changements matériels, elle a modifié en profondeur notre relation au monde. Les changements de nos moyens d'existence influent en retour sur nos organisations sociales ; les sociétés antiques, qui n'avaient pour source d'énergie que le moteur humain et animal, faisaient massivement appel à l'esclavage. La science, malgré tous les maux dont elle est accusée, tous les dévoiements qu'elle a subis, est un facteur de libération de l'homme.

Cette évolution n'est pas arrivée à son terme ; les enjeux de la physique actuelle, la nécessité de répondre aux problèmes de nos sociétés, sont considérables. Le développement de la planète pose à nos sociétés un défi gigantesque que la science doit relever. L'impact de l'activité de l'homme sur l'évolution du climat est alarmant. Il faut limiter l'émission de carbone, trouver des moyens de consommer moins d'énergie, de le faire plus proprement, par exemple en développant l'utilisation de l'énergie solaire, en généralisant l'utilisation de l'hydrogène comme combustible et en résolvant le problème des déchets nucléaires. Sans physique, on ne pourra pas transmuter les déchets de la filière nucléaire, élaborer des mémoires moléculaires, mettre en œuvre les techniques d'information quantique, etc.

La physique est d'abord connaissance

Le but premier de la physique, celui dont tous les autres découlent, est la connaissance de notre Univers, de la matière qui le compose, de son histoire passée et en devenir. Contentons-nous ici d'un exemple plutôt que d'une fastidieuse énumération.

Peu de disciplines sont en évolution aussi rapide et constante depuis un siècle que l'astronomie, devenue progressivement astrophysique, tant il était indispensable d'analyser les observations en termes de processus physiques. Qu'il s'agisse de la source d'énergie qui fait briller les étoiles (la fusion thermonucléaire), de leur destin, de la formation des galaxies, d'objets stellaires tels que les quasars, les étoiles à neutrons, les trous noirs, les planètes récemment découvertes hors du système solaire, des ondes gravitationnelles, etc., toutes les branches de la physique sont sollicitées. Il y a même des rapprochements récents étonnants entre le tout et l'élémentaire puisque les processus en jeu dans l'Univers primitif ne peuvent guère être étudiés que dans les accélérateurs de particules destinés à sonder la matière à des distances infimes. Albert Einstein, dans sa nouvelle théorie de la gravitation — la relativité générale —, avait pour la première fois donné un cadre théorique permettant d'étudier l'évolution de l'Univers. La découverte par Edwin Hubble d'autres galaxies qui s'éloignent d'autant plus vite de la nôtre qu'elles en sont plus éloignées conduit (à l'aide des équations d'Einstein) à conclure que l'Univers a connu une phase beaucoup plus dense et plus chaude que celle que nous connaissons. Cette observation conduisait naturellement à formuler l'hypothèse d'une apparition de l'espace et de la matière par un événement singulier explosif, le big-bang, suivi d'une expansion rapide et d'un refroidissement qui se poursuit depuis environ quinze milliards d'années. Plusieurs conséquences mesurables par l'expérience devraient progressivement valider ce scénario, même s'il reste encore bien des travaux à faire et des hypothèses à valider pour comprendre les tout premiers instants de l'Univers. C'est ainsi que la théorie prédisait que notre Univers baignerait aujourd'hui dans un rayonnement très froid, une trace fossile des processus de l'Univers primitif, à quelques degrés seulement au-dessus du zéro absolu. L'observation en 1965 de ce rayonnement à 2,78 °C au-dessus du zéro absolu[5] apporta son soutien décisif à l'hypothèse du big-bang.

L'esprit de la physique

Malgré la grande diversité des objets d'étude, des voies d'approche à la fois expérimentales et théoriques, et des buts poursuivis, il y a eu une forte unité de pensée en physique et une spécificité dans la démarche qu'il est souhaitable d'expliciter.

CONCEPTS ET APPLICATIONS

Si l'inventivité des hommes est essentielle dans l'évolution des idées, il ne faut pas croire que ces progrès soient l'œuvre de quelques bricoleurs de génie isolés dans leur grenier. L'exemple du transistor et des composants électroniques auxquels il a donné naissance est à cet égard édifiant. C'est la mécanique quantique, la science nouvelle qui a bouleversé notre vision de la matière au XXe siècle, qui a permis de comprendre comment les électrons se déplacent dans les matériaux semi-conducteurs de l'électronique moderne et qui a conduit les physiciens à imaginer que l'on pourrait contrôler leur mouvement à l'échelle du micromètre (millionième de mètre). Le premier transistor à jonction a été conçu dans les laboratoires de la compagnie de téléphone Bell (New Jersey) en 1949, par des physiciens qui avaient élucidé la description quantique de la conduction électrique vingt-cinq ans auparavant. C'est dix ans plus tard que la même équipe a su maîtriser l'oxydation du silicium, réalisant un rêve de trente ans, apprenant bientôt à combiner deux transistors métal-isolant-semi-conducteur complémentaires pour aboutir au CMOS[6], le composant qu'utilise toute la filière microélectronique. Depuis, l'évolution de cette industrie est régie par une constatation empirique, appelée « loi de Moore[7] » : la diminution de la taille des CMOS qui entrent dans les circuits intégrés permet de gagner un facteur deux dans la puissance de calcul tous les 18 mois. Au chapitre 12, le lecteur pourra trouver quelques indications sur les progrès de la physique qui ont permis et accompagné cette évolution extraordinaire depuis plus de trente ans. Elle s'est orientée dans la voie des nanotechnologies, où la taille des composants se mesure en milliardièmes de mètre et le nombre d'atomes suffisamment petit pour que de nouveaux comportements y apparaissent, liés à la cohérence quantique particulière de la matière à cette échelle. La loi de Moore ne peut raisonnablement être extrapolée au-delà d'une vingtaine d'années, lorsqu'on atteindra la limite où un seul électron est transféré. Y aura-t-il un successeur au CMOS ? C'est là l'un des défis, d'importance considérable, que de nombreux physiciens s'attachent à relever. La logique quantique se substituera-t-elle à celle d'aujourd'hui ? Pour le moment, la science se heurte à des problèmes redoutables de mise en cohérence de plusieurs éléments quantiques.

Néanmoins, il ne faut pas croire que le moteur des grands progrès de la physique soit alimenté par le désir de résoudre des problèmes techniques. Chacun sait que l'électricité n'a pas été inventée en cherchant à perfectionner les bougies ni les rayons X en s'efforçant de visualiser le squelette à travers son enveloppe charnelle. C'est en cherchant à percer les secrets de la matière que les physiciens ont, de surcroît, permis ces percées technologiques.

SAVOIR INTERROGER

« Pourquoi fait-il noir la nuit ? » demandait l'astronome Olbers[8]. Souvent, la physique évolue parce que quelqu'un prend conscience d'une vraie question, là où tout le monde était passé auparavant sans s'interroger ni même s'étonner. Certes, le Soleil est couché, mais que dire de l'effet de toutes ces autres étoiles, qui sont autant de soleils ? Bien entendu, leur éclat est d'autant plus atténué qu'elles sont plus éloignées de nous, mais il y en a de plus en plus sur une ligne de visée lorsqu'on regarde de plus en plus en loin. Un raisonnement quantitatif simple montre que la multitude des sources compense leur éloignement[9], et que le ciel devrait briller dans toutes les directions autant que le Soleil en plein jour si l'Univers était éternel et infini. Cette observation simple et banale, *il fait noir la nuit,* qui n'avait soulevé aucune interrogation jusqu'à Olbers, permet à elle seule d'éliminer la conception la plus naïve de notre Univers, celle d'un monde éternel et infini. Dans la cosmologie contemporaine, où la matière est apparue après le big-bang il y a quinze à vingt milliards d'années, l'Univers visible est fini, et l'on comprend pourquoi il ne fait pas jour la nuit.

Il est intéressant d'analyser aussi la résistance que les grands scientifiques ont dû surmonter pour convaincre leurs concitoyens que le monde n'est pas immuable, qu'il a une histoire. La brève durée de notre vie ne nous permet pas de percevoir que le monde évolue. Que l'on songe aux résistances (toujours à l'œuvre dans certains pays... y compris aux États-Unis) à la théorie de l'évolution des espèces découverte par Darwin[10], à celle de la dérive des continents de Wegener, à l'évolution de l'Univers devant laquelle Einstein lui-même recula ! Après des années de dur labeur sur la relativité, Einstein aboutit en 1912 à une nouvelle théorie de la gravitation, dont la théorie de Newton apparaît aujourd'hui comme une version souvent suffisante mais approchée. Il s'enquit immédiatement d'une solution *statique* à sa théorie, avec des corps célestes gravitant immuablement de manière stable. Après s'être convaincu que sa théorie ne comportait pas de telle solution, Einstein la modifia en lui ajoutant un paramètre supplémentaire, une *constante cosmologique*, afin de trouver une solution statique. Quelques années plus tard, lorsque l'astronome Hubble découvrit qu'il existait d'autres galaxies que celle à laquelle nous appartenons (la Voie lactée) et que celles-ci s'éloignaient de nous, Einstein regretta amèrement la modification qu'il avait proposée[11]. Sans aucun doute regrettait-il de s'être laissé guider par une conception *a priori*, et non par un fait d'observation.

EXPÉRIENCE ET MODÈLES : UNE SCIENCE PRÉDICTIVE

La physique, comme toutes les sciences de la nature, relève de la méthode expérimentale progressivement dégagée depuis Galilée. Mais la physique a des spécificités ; c'est ainsi que les mathématiciens démontrent des théorèmes alors que les physiciens se contentent de valider des modèles en confrontant leurs descriptions théoriques à l'expérience. Les physiciens commencent par observer la nature, à simplifier dans un premier temps le réel, afin d'identifier les paramètres pertinents. Ils reviennent ensuite à la réalité pour s'assurer que leur description est correcte. Les physiciens ne peuvent travailler qu'avec des modèles de la réalité qui ont une portée limitée : toute représentation de la nature connaît des limites, sans que cela n'affecte sa validité à l'intérieur de son domaine d'application, mais il importe de connaître ces limites. Ainsi, la mécanique newtonienne cesse d'être valable lorsque la vitesse des corps s'approche de celle de la lumière, mais elle reste entièrement satisfaisante et suffisante pour décrire les mouvements des planètes ou des corps usuels. C'est en ce sens que les théories physiques ne peuvent pas être des théorèmes de mathématiques, car cela impliquerait qu'elles s'appliquent à toutes les échelles de temps ou de distance, même celles sur lesquelles nous ne savons rien.

Lorsque le test de l'expérience est passé avec succès, que le modèle est ainsi bien ancré, la porte est ouverte à une physique prédictive, une des caractéristiques essentielles de cette science. Cette démarche est systématique : la mécanique quantique s'est largement construite à partir de l'analyse de l'atome le plus simple, l'hydrogène, avant de s'appliquer avec succès à tous les atomes et à toutes les molécules de la chimie. L'existence des ondes électromagnétiques a été prédite par Maxwell, après qu'il eut réussi une synthèse des phénomènes électriques et magnétiques connus en 1860, bien avant que Hertz ne construise le premier émetteur. La physique des solides s'est construite à l'échelle quantique en négligeant les interactions entre électrons et c'est ainsi que les propriétés des semi-conducteurs ont été comprises avant de donner lieu à toutes les applications que l'on connaît[12]. L'existence des quarks, composants des neutrons et protons, a été prédite avant leur découverte[13]. L'analyse qui avait conduit à postuler l'apparition de la matière de l'Univers par un événement singulier, le big-bang, avait conduit George Gamow à prédire l'existence d'un *rayonnement fossile* dans lequel baignerait l'Univers, bien avant sa première observation en 1965[14]. On pourrait accumuler les exemples : une théorie physique, un modèle ne sont adoptés que lorsqu'ils ont permis de prévoir de nouveaux phénomènes finalement observés.

OÙ L'INFINIMENT PETIT REJOINT L'INFINIMENT GRAND

Comment remonter à cette naissance de l'Univers, dont les observations des astrophysiciens nous disent qu'elle se situe à environ quinze milliards d'années ? Le rayonnement que nous recevons des galaxies les plus lointaines, celles qui s'éloignent de nous le plus vite, a certes été émis depuis des milliards d'années ; cette émission est néanmoins très éloignée des premiers instants qui suivirent ce big-bang. Les modèles actuels conduisent à croire qu'il n'y avait initialement que du rayonnement et que la température atteignait des centaines de milliards de degrés ; puis, après quelques infimes instants, apparaît une matière différente de celle que nous connaissons, avant de devenir en quelques fractions de seconde celle qui allait constituer notre Univers[15]. Certes, tout cela est spéculatif, même si ce scénario est le seul à rendre compte d'un large faisceau d'observations (voir le chapitre 1). Peut-on concevoir des expériences qui permettraient d'étudier ces processus de l'Univers primitif ? La seule façon d'obtenir des particules dont l'énergie se compare à celles dont elles étaient dotées lorsque les températures initiales étaient gigantesques consiste à utiliser des accélérateurs de particules. Ceux-ci sondent la matière à des distances ultracourtes. En accélérant considérablement des particules, on obtient un faisceau dont la longueur d'onde descend à moins d'un milliardième de celle de la lumière[16], améliorant d'autant la finesse des détails que l'on peut discerner avec ce gigantesque microscope. Cet accélérateur destiné à sonder l'infiniment petit permet de produire et d'observer des collisions entre particules comme il ne s'en est produit qu'à la naissance de l'Univers[17]. C'est ainsi que les expériences en cours traquent un changement d'état de la matière qui se serait déclenché lorsque la température de l'Univers est passée en dessous d'environ 10^{12} degrés. Dans notre monde, les particules au cœur des noyaux d'atomes, les neutrons et protons, sont constitués chacun de trois *quarks*, mais ceux-ci y restent confinés de manière permanente et aucune collision ne permet de casser un de ces nucléons pour extraire les quarks. Au tout début de l'Univers, nos théories prédisent qu'ils étaient libres de se mouvoir comme les autres particules. Les expériences en cours ont pour ambition d'analyser cet épisode des débuts de notre histoire.

Sonder la constitution infime de la matière nous renseigne donc sur les processus qui régissaient les premiers instants de l'Univers pour appréhender peut-être sa structure globale.

RÉDUCTIONNISME ET COMPORTEMENT COLLECTIF

La compréhension de la nature physique du monde ne se résume pas à la connaissance de la structure de la matière (molécules, atomes, noyaux et électrons, quarks, etc.), et des interactions dites « fondamentales » entre particules élémentaires, si importante que soit cette branche, encore loin d'être achevée, de la science. Pourquoi le cuivre est-il un bon conducteur et pas l'eau (pure) ? Pourquoi l'hélium reste-t-il liquide jusqu'au zéro absolu et perd-il alors toute viscosité ? Comment l'écoulement d'un fluide devient-il turbulent lorsque sa vitesse augmente ? On pourrait multiplier ces questions simples, mais cela suffit pour voir la nécessité de relier ces comportements *collectifs* de la matière à la nature des interactions entre les atomes ou molécules qui la composent. Or c'est un défi considérable à cause du gigantisme du nombre d'atomes dans le moindre grain de matière. Cela contraint la physique à mettre en œuvre une autre démarche pour aborder ces questions. En effet, non seulement il est impossible d'appréhender tous ces atomes en interaction, même avec les ordinateurs les plus puissants, mais de plus, quand bien même arriverait-on à résoudre toutes les équations qui régissent leurs mouvements, comment voir dans la solution de ces équations si le corps est liquide ou gazeux, dur ou mou, noir ou blanc, conducteur ou isolant ? De la même façon, s'il est très important de savoir que notre cerveau est composé de milliards de neurones, on conçoit aussi la distance qui nous sépare toujours d'une compréhension de son fonctionnement collectif.

La physique du monde macroscopique a reconstruit la matière à partir de ses constituants. Mais c'est grâce à l'avènement de méthodes statistiques, qui font donc appel au hasard, que l'on a compris un grand nombre de ses propriétés, qui n'ont pourtant rien d'aléatoire à notre échelle. Le gigantisme du nombre d'atomes vient précisément à notre rescousse en éliminant les aléas : la superposition d'un grand nombre d'événements aléatoires produit un résultat global certain[18]. Il faut souligner ici l'apport historique de Ludwig Boltzmann à la fin du XIXe siècle, qui a permis pour la première fois de relier un concept thermodynamique, c'est-à-dire macroscopique, comme *l'entropie*, à la description de la matière en termes d'atomes ou de molécules constitutives. Cette *physique de la matière condensée* est donc une branche essentielle de la science. Si elle a permis d'élucider et de prévoir un nombre considérable de phénomènes, elle est loin d'avoir su répondre à toutes les questions qui lui sont posées, car le monde qu'elle ambitionne de décrire est d'une complexité effarante. Les chapitres 6 à 10 mettent l'accent sur les problèmes nouveaux auxquels cette physique macroscopique est confrontée, qu'il s'agisse de solides, de matière molle comme les cristaux liquides, les pâtes ou les émulsions, de systèmes désordonnés comme les verres, de systèmes chaotiques ou turbulents comme l'atmosphère et les océans.

Contenu de l'ouvrage

Le XXe siècle a été riche en grandes percées conceptuelles puisqu'il est né avec les quanta et la relativité. La mécanique quantique, sur laquelle nous reviendrons souvent, apparue en 1900 sous une forme balbutiante, avant d'atteindre vers 1925 sa forme actuelle est devenue progressivement la science du siècle comme la mécanique et la thermodynamique au cours de la révolution industrielle. La physique des atomes, de l'interaction entre matière et rayonnement, la physique des solides, les lasers, la chimie quantique, aujourd'hui les nanosciences et l'information quantique, sont tous nés de cette physique nouvelle qui est loin d'avoir révélé toutes ses potentialités. La visualisation des atomes et de leurs sauts quantiques, la manipulation de molécules uniques, la fabrication d'états quantiques *intriqués*[19], ouvrent la voie à une science nouvelle dont le contour exact et la portée sont encore loin d'être clairs. Peut-être un jour, encore lointain, connaîtra-t-on (croira-t-on connaître ?) toutes les interactions fondamentales jusqu'à l'échelle microscopique. Quand bien même ce serait le cas, la physique n'aurait pas dit son dernier mot, car il faut se garder d'une vision par trop réductionniste ; la matière est complexe et il ne suffit pas de savoir mettre deux pierres l'une sur l'autre pour construire le Parthénon ; la physique des systèmes complexes est un autre défi lancé aux physiciens du XXIe siècle. C'est cette route que nous voulons ici décrire, ou plutôt évoquer à travers quelques chapitres qui illustreront la pluralité des objectifs, tout en maintenant une grande unité de principes, de concepts et de méthodes. Depuis les phénomènes de très haute énergie qui se manifestent dans l'Univers et dans les grands accélérateurs de particules, jusqu'à la matière sous diverses formes, solide, désordonnée, molle, ultrafroide, et aux applications biomédicales, le parcours proposé ici n'a pour ambition que d'évoquer quelques-unes des grandes questions ouvertes aujourd'hui.

Au bout de ce chemin le lecteur pourra constater :

• que l'analyse des enjeux essentiels pour l'avenir de la planète, l'environnement, la santé, les technologies nouvelles, passe par notre compréhension du monde physique ;

• que, quelle que soit la direction dans laquelle se portent nos regards, les inconnues sont encore considérables, aux plans tant conceptuels que pratiques ;

• tant que, si la croyance naïve en un avenir radieux de l'humanité grâce au progrès apportés par la science n'est plus de mise, puisque nous voyons combien elle peut être instrumentalisée, il faut se garder de jeter le bébé avec l'eau du bain. L'attitude qui consisterait à refuser de poursuivre la connaissance de l'Univers par l'application aveugle d'un principe de précaution mal compris serait funeste. C'est bien parce que les problèmes d'environnement, ou ceux liés au sous-développement, sont si préoccupants que nous avons besoin de mieux comprendre le monde afin d'être à même d'y agir sans le mettre en péril ;

• que le monde qui nous entoure ne cesse de présenter des problèmes profonds et fascinants, et que nous sommes bien loin d'avoir compris les questions centrales concernant l'Univers ;

• que l'exploration de ces territoires vierges est l'une des plus belles aventures de l'esprit qui soient.

De l'attoseconde au petawatt : puissances de dix et ordres de grandeur

La physique s'intéresse à des grandeurs dont le rapport des tailles peut être extrêmement grand. Par exemple, le rapport de la taille de l'Univers à celle d'un noyau atomique vaut cent mille milliards de milliards de milliards de milliards. Or cette façon de compter est malcommode et peu parlante, les physiciens préfèrent raisonner en puissances de dix. On dira ainsi que le rapport entre le rayon de l'Univers et celui d'un noyau atomique vaut « dix puissance quarante et un », et on le notera 10^{41}, un nombre qui s'écrit aussi avec un 1 suivi de quarante et un zéros :

$10^{41} = 100000000000000000000000000000000000000000$

L'inverse de ce nombre s'écrit avec une puissance négative :

$10^{-41} =$

$1/(10^{41}) = 0{,}00000000000000000000000000000000000000001$

Cette notation met en évidence un exposant (41 dans l'exemple ci-dessus) qui caractérise ce qu'on appelle « l'ordre de grandeur » d'une quantité. Augmenter (ou diminuer) d'un ordre de grandeur, c'est donc multiplier (ou diviser) par dix. 41 ordres de grandeur séparent un noyau atomique de l'Univers.

Pour représenter les multiples ou les sous-multiples d'une unité, on utilise des préfixes correspondant à des multiples de 3 (à l'exception de quelques unités de la vie courante comme le centimètre, qui correspond à 10^{-2} m). Le tableau ci-dessous rappelle les préfixes qu'utilisent physiciens et ingénieurs, ainsi que leurs abréviations conventionnelles. Un noyau atomique se mesure en femtomètres (10^{-15} m), les impulsions laser les plus brèves que l'on sache produire en 2004 ont une durée inférieure à la femtoseconde, elles sont donc mesurées en attosecondes, tandis que les puissances laser instantanées les plus élevées se mesurent en petawatts. Quant aux nanotechnologies, elles concernent, en toute rigueur, des objets dont on maîtrise les plus fins détails à une échelle comprise entre 1 nm et 999 nm ; au-dessus, il serait plus correct de parler de « microtechnologies ».

10^{-18}	10^{-15}	10^{-12}	10^{-9}	10^{-6}	10^{-3}	1	10^{3}	10^{6}	10^{9}	10^{12}	10^{15}
atto	femto	pico	nano	micro	milli		kilo	mega	giga	tera	peta
a	f	p	n	µ	m		k	M	G	T	P

Multiples et sous-multiples d'une unité, et leurs abréviations conventionnelles. Ainsi, une femtoseconde (1 fs) *vaut* 10^{-15} s.

NOTES

1. C'est ainsi que l'eau solide est moins dense que l'eau liquide, circonstance tout à fait exceptionnelle liée aux ponts hydrogène qui font interagir les molécules d'eau.

2. « Le plus incompréhensible est que le monde soit compréhensible », disait A. Einstein.

3. C'est la diffraction des rayons X par les cristaux qui a rendue possible, il y a 50 ans, la découverte de la structure de l'ADN, support de l'hérédité. Aujourd'hui, on produit des sources intenses de rayons X, en accélérant des électrons dans des anneaux circulaires. Le rayonnement *synchrotron* ainsi produit est utilisé pour l'étude des matériaux et aussi pour celle de molécules biologiques comme les protéines, après cristallisation préalable. Le grand laboratoire européen ESRF (European Synchrotron Radiation Facility) de Grenoble joue un rôle important dans ces domaines.

4. Centre européen de recherches nucléaires, le plus grand centre mondial d'expérimentation sur la physique des particules élémentaires.

5. C'est-à-dire environ – 270 °Celsius. L'histoire de la découverte du rayonnement fossile par les deux radioastronomes Penzias et Wilson est curieuse, car elle fut le résultat accidentel de la mise en œuvre d'antennes destinées à la radioastronomie, refroidies par de l'hélium liquide pour éliminer le bruit thermique dans les circuits. C'est la présence d'un « bruit » résiduel inattendu qui révéla le phénomène qu'avait prédit bien des années auparavant le théoricien George Gamow, qui étudiait les conséquences de l'hypothèse du big-bang.

6. Complementary Metal-Oxyde Semiconductor.

7. Il ne s'agit certes pas d'une loi scientifique au sens que l'on donne usuellement à ce terme, mais nous reprenons ici l'usage courant.

8. Astronome allemand (1758-1840).

9. En effet, imaginons les étoiles contenues entre deux sphères de rayon R et R + dR centrées sur la Terre, et comparons la lumière qu'elles nous envoient à celles qui sont contenues dans une coquille de même épaisseur, mais deux fois plus éloignée. Du fait de la distance accrue, l'éclat de ces étoiles plus éloignées est quatre fois plus faible, mais le volume de la coquille

la plus lointaine étant quatre fois plus grand, elle contient quatre fois plus d'étoiles (si la densité d'étoiles ne se raréfie pas lorsqu'on s'éloigne de la Terre, mais les observations nous montrent un Univers bien homogène, sans région centrale où nous serions privilégiés). Les deux coquilles proches ou lointaines nous envoient donc la même quantité de lumière. En intégrant l'effet de toutes ces coquilles successives jusqu'à l'infini, nous devrions voir le ciel briller uniformément comme une étoile. Deux effets se combinent pour expliquer pourquoi il n'en est pas ainsi : l'effet du décalage vers le rouge des galaxies les plus éloignées du fait de l'expansion de l'Univers, mais surtout l'âge fini de l'Univers qui limite l'Univers observable à une sphère de rayon égal à son âge multiplié par la vitesse de la lumière.

10. Ces résistances sont évidemment dues à l'intégrisme religieux, mais elles n'existeraient pas si l'évolution était visible directement à l'œil nu.

11. « C'est la plus grande erreur de ma vie », écrira-t-il ; mais ce n'est pas certain car les observations les plus récentes favorisent plutôt cette théorie modifiée (voir ce qui concerne la *constante cosmologique* au chapitre 2).

12. Aujourd'hui, de nouveaux états de la matière, tels ceux des supraconducteurs « à haute température » découverts en 1986, ou l'effet Hall quantique, ne peuvent se comprendre dans cette modélisation simplifiée. Voir le chapitre 6.

13. Dans les concepts actuels, ces quarks sont confinés de manière permanente à l'intérieur du proton ou du neutron. Une collision, si violente soit-elle, ne saurait les en extraire.

14. L'étude de ce rayonnement fossile, et des inhomogénéités, se poursuit très activement par des observations satellitaires. Elle fournit des données très importantes sur l'Univers primordial. Voir le chapitre 1.

15. On ne saurait trop recommander la lecture du livre de S. Weinberg *Les Trois Premières Minutes de l'Univers*, Paris, Seuil, 1998.

16. C'est la dualité quantique onde-particule qui associe à un objet doté d'une impulsion p une longueur d'onde inversement proportionnelle à p (relation de L. de Broglie). En accélérant la particule, on diminue donc cette longueur d'onde.

17. La nature quantique du monde fait du faisceau de particules accélérées une sorte de microscope géant ; la différence, c'est qu'au lieu d'utiliser comme celui-ci la lumière visible, dont la longueur d'onde λ (quelques centaines de nanomètres) ne permet pas de séparer deux points plus proches que λ, l'accélérateur peut travailler avec des longueurs d'onde qui peuvent être plusieurs milliards de fois plus courtes.

18. C'est ainsi qu'à pile ou face le résultat d'un seul lancer est certes aléatoire ; mais, si l'on répète ce lancer un milliard de fois et que l'on note la proportion de « pile », le résultat sera, avec une quasi-certitude, compris entre 0,4999 et 0,5001 (... si la pièce est idéalement équilibrée).

19. On désigne ainsi des états purs impliquant plusieurs corps.

L'UNIVERS ET SES LOIS

CHAPITRE PREMIER

Une science aux frontières, l'astronomie

Si l'on compare la connaissance que nous avions, il y a cinquante ans, de notre système solaire, des étoiles et des galaxies, de l'Univers conçu comme un tout, à celle d'aujourd'hui, le chemin parcouru est prodigieux, tant par la beauté et l'extraordinaire diversité des objets découverts que par la compréhension de plus en plus intime que nous en avons. Trois facteurs, souvent associés, se sont conjugués :

— les progrès des outils d'observation que sont les télescopes au sol et dans l'espace ;

— ceux de la physique qui, construisant un cadre théorique et des modèles, aident à prédire ou à interpréter les informations recueillies ;

— ceux de l'informatique enfin qui transforme le contrôle des instruments ou le traitement des signaux et autorise une simulation fine de la réalité.

Ce chapitre ne saurait donner un panorama complet de cette aventure, tout au plus veut-il faire partager la saveur de trois domaines particuliers, profondément renouvelés en cinquante ans. Il s'agit des systèmes planétaires, le nôtre mais aussi tant d'autres désormais découverts tout près de nous ; de la formation des galaxies, au plus loin de l'espace et au plus profond du temps, juste après le big-bang ; des télescopes enfin, liés à de subtils raffinements de l'optique, posés dans les déserts du globe ou lâchés dans le système solaire. Trois domaines qui ne couvrent qu'une modeste fraction de l'astronomie contemporaine. L'intérieur du Soleil ou celui des étoiles, la chimie complexe qui se déroule dans le milieu interstellaire, le rôle du chaos dans la mécanique céleste, la détection des neutrinos ou des ondes gravitationnelles, sont d'autres thèmes majeurs que nous n'avons pas la place d'examiner ici : chacun fait appel à tel ou tel aspect de la physique, l'enrichit ou la provoque.

Ces découvertes, et les interrogations qu'elles suscitent, passionnent à coup sûr les scientifiques et éveillent sans peine des vocations ; mais elles parlent aussi à nos contemporains, dont elles élargissent la vision du monde, suscitent la réflexion, agrandissent donc l'humanité : rôle ancien de l'astronomie, une science des plus utiles, qui pourtant n'existerait point sans toutes les autres qu'elle utilise et sert.

Les systèmes planétaires

LA RÉVOLUTION DES EXOPLANÈTES

Depuis 1995, la découverte de planètes autour d'étoiles autres que le Soleil (les *exoplanètes*) constitue une double révolution. D'abord, la centaine de systèmes planétaires identifiés présentent de grandes différences avec notre système solaire. Ensuite s'ouvre la recherche d'*exoterres*, exoplanètes comparables à la Terre et qui pourraient abriter une forme de vie. Si la question est ancienne, nos moyens d'investigation permettent de l'aborder à nouveaux frais et font émerger une nouvelle science, l'*exobiologie*.

L'existence d'exoplanètes, comme celle d'une vie extraterrestre, fut envisagée dès l'Antiquité par Démocrite et Épicure, avant de nombreux philosophes ou astronomes comme Fontenelle, Kant ou Flammarion. Les premières recherches autour d'étoiles proches utilisèrent la technique d'*astrométrie* : on cherchait à détecter un petit mouvement périodique de l'étoile, car si elle avait un compagnon, elle devait osciller autour du centre de masse du système. C'est ainsi que, dans les années 1950, l'astronome Van der Kamp suggéra la présence d'un compagnon peu massif autour de l'étoile de Barnard. Mais ses mesures furent infirmées, sa technique astrométrique étant trop peu sensible.

En 1992, première surprise : D. Frail et A. Wolszczan observent des anomalies dans la périodicité du signal émis par un pulsar (PSR 1257+12) et lui attribuent trois compagnons (dont deux proches de la masse terrestre). Cette découverte étonna, mais aucune analogie n'était possible entre ces compagnons d'une étoile à neutron et notre système solaire.

En 1995 vint la première découverte d'une planète autour d'une étoile de type solaire. M. Mayor et D. Queloz, à l'observatoire de Genève, trouvèrent une périodicité dans la mesure de la vitesse radiale de l'étoile β Peg. Leur méthode, la *vélocimétrie*, recherche, comme l'astrométrie, à détecter le mouvement de l'étoile autour du centre de masse d'un système : on mesure ici, avec une précision de quelques mètres par seconde, la vitesse de l'étoile par rapport à la Terre. La découverte fit sensation, car cette première vraie exoplanète a d'étranges caractéristiques : avec une masse au moins égale à la moitié de celle de Jupiter, elle tourne autour de β Peg à une distance de 0,05 unité astronomique (UA), soit une « année » inférieure à 5 de nos jours ! Depuis 1995, cette méthode indirecte multiplie les découvertes, si bien que nous connaissons, à la mi-2003, plus de 100 étoiles possédant une, voire deux ou trois exoplanètes.

On peut confirmer ces résultats par une seconde méthode, l'observation d'un *transit* planétaire au cours duquel le flux de l'étoile présente une faible décroissance (de l'ordre du pourcent) lorsque l'exoplanète éclipse son astre : cela ne peut se produire que lorsque la Terre est dans le plan de l'orbite planétaire, soit dans un cas sur cent environ, comme on l'a observé sur l'étoile HD209458 d'abord avec un petit télescope terrestre, puis avec le télescope spatial *Hubble*.

Toutes les exoplanètes connues ont une masse comparable à celle de Jupiter, car la sensibilité de mesure ne peut détecter d'objets moins massifs. Beaucoup d'entre elles sont situées, comme la première, à proximité immédiate de leur étoile (fig. 1.1), si bien que ces systèmes planétaires diffèrent beaucoup du nôtre.

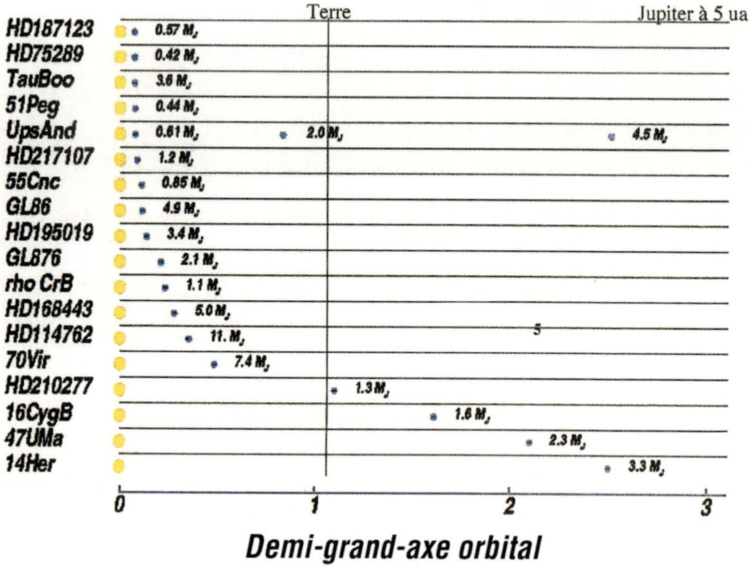

Figure 1.1 : Liste des premières exoplanètes géantes détectées, avec leur demi-grand axe orbital : la plupart d'entre elles sont situées à proximité immédiate de leur étoile. En octobre 2003, on connaissait plus d'une centaine d'exoplanètes en orbite autour d'une étoile de type solaire.

Pourquoi est-il si surprenant de trouver des exoplanètes géantes si proches de leur étoile ? Parce que le scénario de leur formation (fig. 1.2) ne paraît pas l'autoriser : un nuage interstellaire en rotation se contracte et s'effondre en un disque ; de tels disques, appelés *protoplanétaires*, sont souvent observés. La matière centrale s'effondre en une protoétoile et, au sein du disque en rotation, des planètes se forment à partir de microparti-

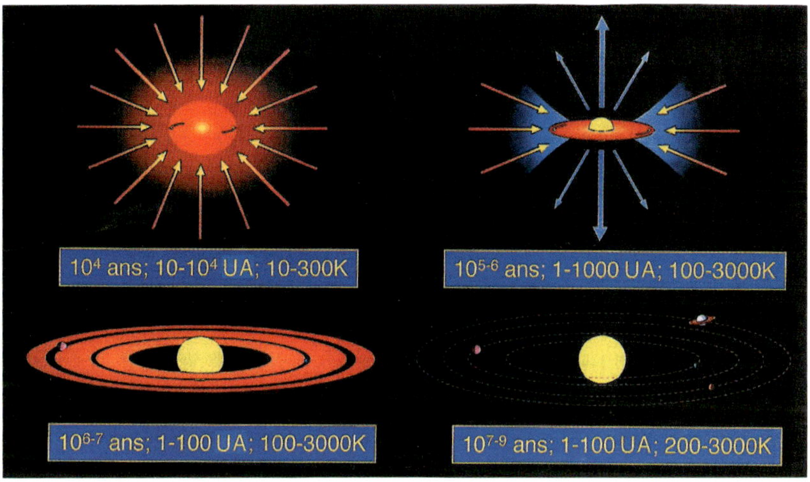

Figure 1.2 : Le schéma de formation du système solaire : (1) Contraction d'un nuage protostellaire ; (2) Effondrement en un disque en rotation ; (3) Différenciation de la matière au sein du disque et formation de planétésimaux ; (4) Formation des planètes et expulsion des débris du disque. Les distances sont en unités astronomiques (UA) et les températures en Kelvin (K).

cules solides s'agglutinant par collisions, formant des embryons croissants, puis un noyau planétaire. La masse ultime de la planète dépend de la quantité de matière solide disponible. À grande distance de l'étoile, la température est suffisamment basse pour que les éléments chimiques (hormis l'hydrogène et des gaz rares) se combinent sous forme de glaces solides. Les noyaux devenus assez massifs (plus de 10 masses terrestres) capturent par gravité le disque protoplanétaire environnant, surtout composé d'hydrogène et d'hélium : ainsi naissent les planètes géantes. En revanche, à proximité de l'étoile, la température est trop élevée pour que les glaces à base de carbone, d'azote et d'oxygène puissent survivre. Seuls les silicates et les métaux (relativement peu abondants dans l'Univers) contribuent à la formation d'un noyau planétaire dont la masse est alors proche de celle de la Terre. Ces planètes telluriques, solides, sont trop peu massives pour retenir une atmosphère gazeuse d'hydrogène ; leur mince atmosphère de gaz (oxygène, méthane) vient plutôt d'un dégazage interne.

Dans ses grandes lignes, ce scénario est robuste, il s'appuie sur bien des faits expérimentaux : ainsi, dans le système solaire, les orbites planétaires sont presque toutes quasi coplanaires et quasi circulaires. Avec la détection de nombreux disques protoplanétaires autour d'étoiles proches, on pouvait raisonnablement supposer applicable à d'autres étoiles ce modèle de formation. Mais les caractéristiques des exoplanètes géantes détectées prouvent qu'existent des systèmes différents : outre la faible distance à leur étoile, les orbites présentent souvent une forte excentricité. Comment expliquer ces particularités ? Un scénario, présenté par D. Lin et ses collègues, a retenu l'attention, mais n'est pas encore confirmé par l'observation. Il suggère qu'après la formation, au sein du disque et loin de l'étoile centrale, d'une exoplanète géante, celle-ci migre vers l'étoile à cause d'une résonance induite par la présence d'ondes de densité dans le disque. À proximité de l'étoile (à environ 0,05 UA), la migration cesserait faute de matière dans le disque, le vent issu de l'étoile ayant chassé les débris non incorporés dans les noyaux.

D'AUTRES PLANÈTES SEMBLABLES À NOTRE TERRE ?

Reste la question des *exoterres*, planètes dont le noyau n'a pas atteint la masse critique, d'environ dix masses terrestres, qui permet de capturer le gaz environnant. Leur rayon ne peut donc guère dépasser 3 rayons terrestres. Si elles existent, les exoterres seront prochainement détectables. Combien allons-nous en découvrir ? Seront-elles plus fréquentes que les exoplanètes géantes ? Le système solaire constitue-t-il l'exception ou la règle ? Si son occurrence est largement répandue dans l'Univers, de nouvelles questions surgissent : existe-t-il des exoterres habitables ? La vie a-t-elle pu s'y développer ? Cette question majeure sera au cœur de l'astronomie du XXIe siècle.

Comment découvrir des exoterres ? La méthode la plus prometteuse paraît celle de l'observation de leur passage devant leur étoile (*transit*) avec un télescope placé dans l'espace. Les observations au sol ne permettent de détecter que des exoplanètes géantes, que ce soit par transit ou par vélocimétrie, car le transit d'une exoterre ne produit une baisse de flux que d'un dix millième, trop faible pour être mesurable depuis notre planète. Le *Centre national d'études spatiales* prépare la mission COROT pour 2005. Un télescope en orbite fera la mesure photométrique de grands champs stellaires pendant de longues durées, pour rechercher d'éventuels transits. Il pourrait détecter jusqu'à une dizaine d'exoterres pendant les deux années de sa mission.

Puis viendra la mission *Kepler* (États-Unis) visant les mêmes objectifs avec des performances accrues. Enfin, il s'agira de former l'image d'exoplanètes. Cet objectif difficile (projets *Darwin* en Europe, *Terrestrial Planet Finder* aux États-Unis) requiert plusieurs télescopes séparés par plusieurs décamètres (interféromètre) et placés loin de la Terre. Outre l'image d'exoplanètes, *Darwin/TPF* veut mesurer leur spectre infrarouge pour rechercher l'ozone, indice éventuel de la présence de vie.

L'EXPLORATION DU SYSTÈME SOLAIRE

La *planétologie* a connu un fort développement depuis 1960, notamment grâce à l'exploration spatiale. Elle est aujourd'hui axée sur deux questions.

La première traite de l'origine et de l'évolution du système solaire, désormais placée dans le cadre plus large de la formation des systèmes exoplanétaires découverts. Y répondre requiert plusieurs outils. La modélisation numérique, qui a considérablement progressé grâce à la puissance des ordinateurs, permet de retracer les premières étapes du système solaire. Par ailleurs, l'observation d'objets primitifs permet de retracer les processus de formation et d'évolution : la découverte, depuis 1990, d'une nouvelle classe d'objets (dits *transneptuniens*) peuplant la *ceinture de Kuiper*, au-delà de l'orbite de Neptune, où les riches observations, en 1996 et 1997, de deux comètes nouvelles et brillantes, *Hyakutake* et *Hale-Bopp,* ont beaucoup apporté. Les perspectives sont prometteuses : sur Terre se montent des télescopes de 8 à 10 m (dont le VLT) et se développe l'interférométrie submillimétrique (ALMA), qui donne des images très fines dans un nouveau domaine spectral ; dans l'espace se prépare l'exploration *in situ* de la comète *Wirtanen.* Enfin, la mission européenne *Herschel* (2006) et le successeur *JWST* de *Hubble* offriront une sensibilité inégalée depuis l'infrarouge proche jusqu'au submillimétrique.

Le second thème, souvent appelé *planétologie comparée,* concerne les processus physico-chimiques intervenant sur Terre et sur les objets qui lui ressemblent : les planètes telluriques (Vénus et Mars), mais aussi des satellites tels que Titan et les satellites galiléens. Titan, avec son atmosphère d'azote, présente de remarquables analogies avec la Terre. Il sera en 2004 l'objet d'une intense campagne d'observations par la sonde *Cassini* ; un module de descente construit par l'Europe, *Huygens,* se détachera et se posera sur Titan pour des mesures *in situ.* Les satellites galiléens intriguent aussi : Io partage avec la Terre un volcanisme actif ; Europe pourrait abriter sous sa surface un océan d'eau, site d'exploration pour l'exobiologie.

UN MYSTÈRE QUI SE DÉVOILE : L'EAU MARTIENNE

L'exploration de la planète Mars, commencée dès les années 1960, a été jalonnée d'échecs, mais aussi de beaux succès : les données des missions américaines *Mariner 9* en 1971-1972 et *Viking* en 1976-1977 servent encore de référence (fig. 1.3). Mars ressemble à la Terre par l'inclinaison de son axe de rotation qui induit, comme sur Terre, de forts effets saisonniers, et par sa période de rotation, proche du jour terrestre. Sa surface ressemble à certains paysages désertiques de la Terre. Son atmosphère de gaz carbonique, en revanche, est très ténue : la pression est inférieure à 10 millibars au sol. La teneur en eau est extrêmement faible, moins du millième de la pression totale. Aujourd'hui, la pression et la température sont telles que l'eau

Figure 1.3 : Image de la planète Mars dans la région de Valles Marineris, reconstituée à partir d'une mosaïque d'images obtenues par les sondes Viking. Valles Marineris est un canyon de plus de 3 000 km de longueur et dont la profondeur atteint 8 km. Les trois volcans de Tharsis, de plus de 25 km d'altitude, apparaissent comme des taches noires à gauche de la figure.

ne peut être qu'à l'état de solide ou de vapeur. Des tempêtes de sable d'une violence inconnue sur Terre peuvent balayer la planète entière. Conséquence de la faible pression et de la forte inclinaison, un tiers de l'atmosphère se condense alternativement aux pôles sous forme de calottes de neige carbonique.

La mission *Mars Global Surveyor*, lancée en 1998 et toujours en opération, a affiné nos connaissances, avec deux résultats marquants : d'abord, la mise en évidence d'un champ magnétique figé dans la croûte de la planète, qui montre que Mars pos-

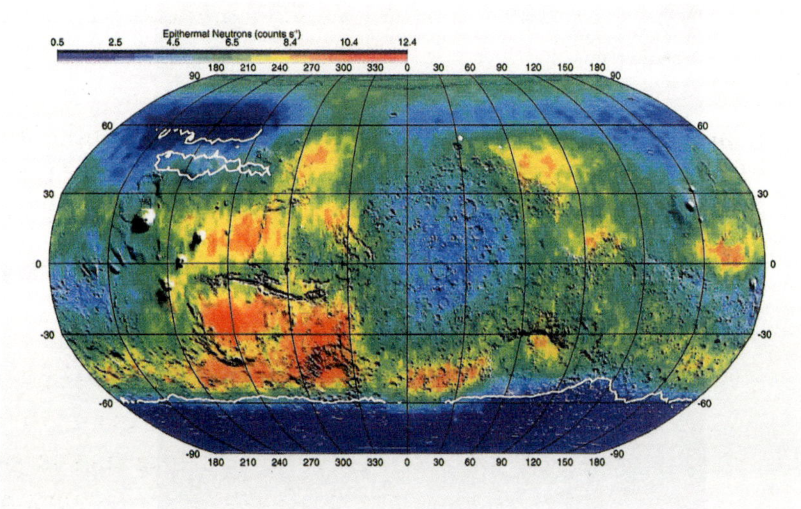

Figure 1.4 : Au moment de l'été dans l'hémisphère Sud, le spectromètre à rayons de la sonde Mars Odyssey a mis en évidence la présence de glace d'eau sous la surface (en bleu foncé sur la carte), à une profondeur de quelques dizaines de centimètres au plus. Plus tard, le même résultat a été obtenu au pôle Nord au début de l'été, après l'évaporation de la calotte de glace CO2.

sédait autrefois un champ magnétique intrinsèque, puis la topographie, mesurée par altimètre laser : nous savions depuis 1970 que la surface de Mars comprenait deux régions distinctes, les terrains élevés et cratérisés (c'est-à-dire anciens) du Sud, et les plaines basses, plus jeunes, du Nord, ces deux régions étant séparées par la *ligne de dichotomie*. Les mesures ont montré que l'altitude de cette ligne était remarquablement constante, ce qui suggère la présence d'un océan ayant autrefois recouvert les plaines du Nord. De nombreux indices renforcent cette hypothèse : traces d'écoulement fluviatile, présence de cratères érodés.

En examinant la proportion d'isotopes lourds dans les gaz atmosphériques actuels (N_2 et H_2O), on peut en déduire que l'atmosphère primitive de Mars était plus dense, donc, par effet de serre, plus chaude qu'aujourd'hui, et autorisait la présence d'eau liquide en surface.

Un nouveau résultat renforce cette hypothèse. Lancée en 2001, la sonde américaine *Mars Odyssey* est équipée d'un spectromètre à rayons gamma qui a détecté la présence de glace d'eau aux pôles (fig. 1.4), à quelques dizaines de centimètres sous la surface. Cela confirme le scénario selon lequel Mars a initialement connu une activité plus forte (grâce à son champ magnétique) autorisant la présence d'eau liquide, voire d'un océan.

De grandes questions demeurent. Quand le champ magnétique a-t-il disparu et pourquoi ? Jusqu'à quand le volcanisme a-t-il été actif ? Si l'atmosphère de Mars a bien été plus dense et plus chaude, comment a-t-elle disparu ? Qu'est devenu le gaz carbonique ? Si un océan a existé, la vie a-t-elle pu y apparaître ? Si oui, y a-t-il des niches où découvrir des traces de vie fossiles, voire d'une vie actuelle ? Ces questions sont au cœur de l'ambitieux programme d'exploration mené par les agences spatiales, en particulier la NASA et le CNES dans le cadre du programme *Mars Premier*. Il prévoit une première phase orbitale suivie d'une phase d'exploration *in situ*, au moyen de stations au sol et de véhicules. À plus long terme, le retour d'échantillons pourrait intervenir d'ici 2020. En mai 2003, l'Europe lance la mission *Mars Express*, composée d'un orbiteur et d'une sonde de descente (*Beagle 2*) dotée d'instrumentation *in situ* destinée à l'exobiologie.

Formation d'étoiles et galaxies primordiales

En astrophysique, regarder plus loin revient à remonter le temps. La lumière se propage à une vitesse finie et prend un temps considérable pour nous parvenir des galaxies lointaines. L'image obtenue aujourd'hui vient d'un passé ancien, celui de leur jeunesse, peu après l'explosion géante initiale, le big-bang, il y a 13,7 milliards d'années.

La décennie 1990 a été riche d'observations de galaxies lointaines avec le télescope spatial *Hubble*. Dans le vide spatial, ses images ont une excellente résolution, permettant de discerner des objets éloignés, de reconnaître la forme des galaxies, de savoir si elles ont un bulbe ou un disque, d'en déterminer l'âge.

Depuis les travaux de l'américain Hubble en 1929, on sait que l'Univers est en expansion : toutes les galaxies s'éloignent les unes des autres avec une vitesse proportionnelle à leur distance mutuelle, tels des grains de raisin dans un pudding qui gonfle. Cette expansion se traduit par un décalage vers le rouge de la lumière que nous recevons d'elles (effet Doppler-Fizeau). Si l'on quantifie ce décalage par l'écart relatif en longueur d'onde z, on observe aujourd'hui des galaxies jusque $z = 6$. Ce décalage z est une mesure de l'âge de l'objet, puisqu'il caractérise le temps écoulé depuis le big-bang : $z = 6$ correspond à environ 5 % de l'âge de l'Univers. Désormais, nous observons des galaxies à presque tous les stades de leur évolution et en direct, comme sur ce champ profond (fig. 1.5) où leur nombre par unité de surface est impressionnant.

Ces observations montrent que le nombre de galaxies par unité de volume, une fois prise en compte l'expansion de l'Univers, était plus important autrefois. Plus petites et plus irrégulières, ces naines fusionnèrent au cours du temps pour en former de plus grosses, d'où naquirent enfin les galaxies actuelles.

LES GALAXIES À FLAMBÉE DE FORMATION D'ÉTOILES

Combien une galaxie, située au décalage z, forme-t-elle d'étoiles par unité de temps ? Ce taux se mesure par sa luminosité en ultraviolet ou par la quantité de gaz ionisé qu'elle contient (fig. 1.6).

À $z = 0$ (galaxies proches et quasi contemporaines), le taux est le plus bas. Autrefois, entre $z = 0$ et $z = 1$, le taux était dix fois supérieur et fut maximal à $z = 2$. Dans un passé plus loin-

Figure 1.5 : Une partie d'un champ profond observé avec le télescope Hubble. Tous les points lumineux détectés dans ce champ sont des galaxies. La dimension de cette image est d'environ 2 minutes d'angle. Aucun de ces points n'est une étoile de notre propre galaxie, la Voie lactée. Le temps de pose est de plusieurs jours.

tain encore, les galaxies formaient beaucoup moins d'étoiles. Quelle est la cause d'une telle variation ? Les observations, aux longueurs d'onde de l'infrarouge lointain (satellite IRAS, 1981 et ISO, 1996), ont identifié une nouvelle catégorie de galaxies où, à partir de leur gaz interstellaire, se produisent brièvement des *flambées* de formation d'étoiles. Alors qu'une galaxie tranquille (notre Voie lactée) produit une à deux étoiles nouvelles par an, celles-ci donnent alors naissance à cent fois plus. Comme les étoiles en formation sont encore enfouies dans leur cocon interstellaire, leur lumière chauffe la poussière du cocon, jusqu'à 40 à 60 Kelvin. L'énergie est rayonnée à nouveau dans l'infrarouge lointain, où les flambées sont observées. Une telle galaxie, appelée *ultralumineuse infrarouge,* peut rayonner près de 99 % de sa luminosité en infrarouge et 1 % dans le visible !

Les quasars sont d'autres galaxies ultralumineuses : leur noyau, dit « actif », rayonne des quantités énormes d'énergie,

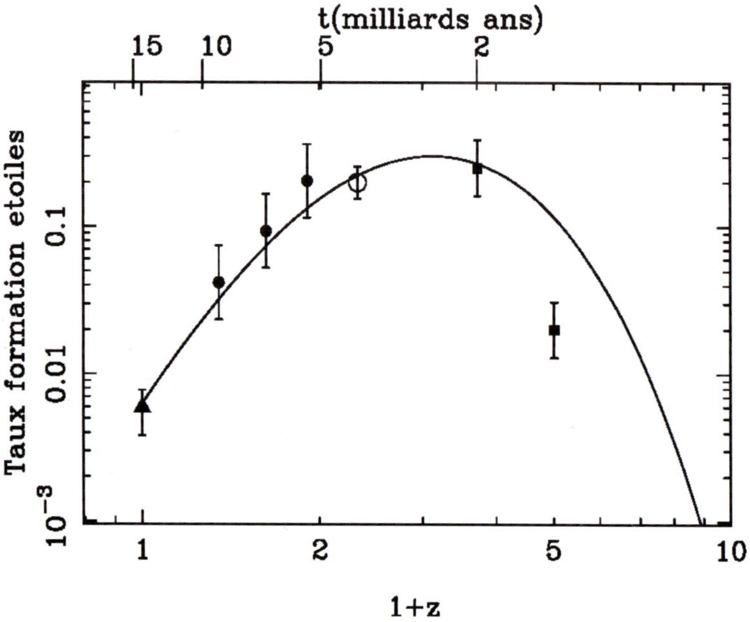

Figure 1.6 : Histoire de la formation d'étoiles, en fonction du décalage z, ou de façon équivalente en fonction du temps t depuis le big-bang (en milliards d'années, échelle supérieure). Le premier diagramme de ce genre a été tracé par Madau *et al.* (1996). Celui-ci résulte de nombreuses observations.

souvent sous forme de rayonnement X. Dans le noyau, un trou noir supermassif (près d'un milliard de masses solaires) attire la matière environnante ; celle-ci, avant d'y être avalée, rayonne en lumière près de 10 % de son énergie de masse mc^2. Cette conversion est plus efficace que le dégagement d'énergie nucléaire dans une étoile : lorsque l'hydrogène s'y transforme en hélium, moins de 1 % de l'énergie de masse est rayonnée. Néanmoins, dans l'Univers, les galaxies à flambées sont plus fréquentes que les quasars.

Est-on bien sûr de l'origine de l'énergie de ces galaxies ? À quoi sont dues ces flambées ? La réponse est évidente sur la figure 1.7 : les objets à grande luminosité résultent tous d'interactions et de fusions de galaxies. Bien qu'il y ait souvent aussi un noyau actif, donc une partie de l'énergie d'origine gravitationnelle, le mécanisme de flambée domine.

Quand deux galaxies se rapprochent, leur gaz est précipité violemment vers leurs centres, ce qui déclenche les flambées : chaque galaxie évolue pour minimiser son énergie totale, en concentrant sa masse vers son centre où l'énergie gravitationnelle est plus basse. Mais la conservation du moment angulaire empêche le gaz de tomber directement, il tourne dans un *disque d'accrétion*. Lors d'une interaction entre galaxies, des instabilités (ondes spirales, barres) se développent et facilitent la chute du gaz : la densité augmente et le taux de formation d'étoiles, qui lui est proportionnel, augmente considérablement. De plus, les conditions nécessaires à une flambée sont favorables à l'activation du trou noir central : noyau actif et flambées sont souvent associés.

Autrefois, il y eut davantage de telles interactions, donc plus de galaxies formant beaucoup d'étoiles qu'il n'en exista ultérieurement : les anciennes galaxies voient alors, par effet d'expansion, leur maximum de luminosité décalé de l'infrarouge lointain vers le millimétrique. Ce domaine est vraiment privilégié pour observer ces galaxies primordiales. À 1 mm de longueur d'onde, les différents spectres se chevauchent, et les galaxies situées à $z = 5$ sont plus brillantes que les galaxies à $z = 1$. Paradoxalement, il est plus facile de détecter les objets lointains plutôt que les proches !

Ce paradoxe heureux a déjà été mis à profit en utilisant les télescopes millimétriques actuels (télescopes JCMT de 15 m de diamètre à Hawaii ou franco-allemand-espagnol de l'IRAM de 30 m de diamètre à Grenade). En visant loin d'objets brillants et proches, une longue pose (près d'une centaine d'heures) révèle alors des sources nouvelles, probablement très lointaines. Certaines ont pu être identifiées à des galaxies lointaines repérables, d'autres non. Avec les télescopes de la génération future, et notamment l'interféromètre ALMA, en projet sur un haut plateau chilien, cent fois plus de sources seront détectables. La

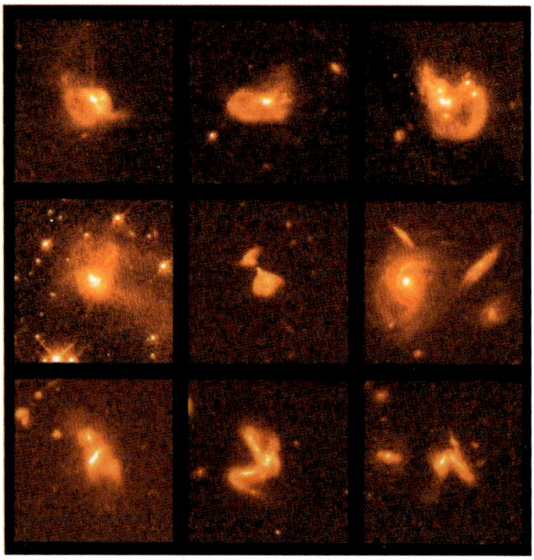

Figure 1.7 : Exemples de galaxies ultralumineuses infrarouges. Toutes ces galaxies sont en interaction de marée ou en fusion.

résolution angulaire de cet interféromètre (10 à 100 millisecondes d'angle) permettra de les identifier si elles ne sont pas trop obscurcies, ou bien leur décalage vers le rouge sera obtenu grâce aux raies de la molécule CO.

La découverte de ces sources millimétriques à grand z et leur nombre permettent enfin de préciser l'histoire de la formation des étoiles au sein des galaxies.

UN SCÉNARIO EN ARBORESCENCE

Désormais, les principales incertitudes sur la formation des galaxies proviennent de la physique des baryons et de tous les processus complexes de dissipation, formation d'étoiles, réchauffement du milieu et conséquences des réactions nucléaires dans les étoiles, etc. Il existe toutefois un cadre solide : le scénario de *formation hiérarchique*, fondé sur le caractère *autosimilaire* des forces gravitationnelles. Dans ce scénario, les peti-

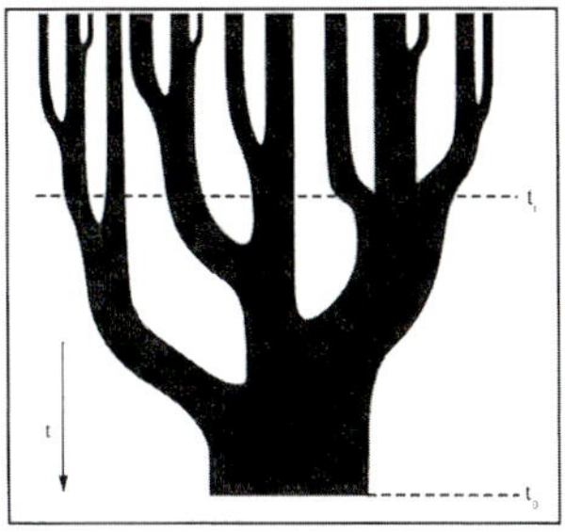

Figure 1.8 : Arbre de fusion, schématisant la formation hiérarchique des galaxies. Le temps s'écoule verticalement vers le bas. Des galaxies naines (en haut) sont les briques de base, qui par fusions successives vont devenir une galaxie géante d'aujourd'hui (tronc du bas).

tes structures sont les premières à devenir instables et à s'effondrer sous l'effet de leur propre gravitation. Elles fusionnent ensuite pour en former de plus grosses (fig. 1.8). Or, il nous reste une trace fossile de cette époque : les fluctuations de brillance du rayonnement de fond cosmologique.

Ces fluctuations de brillance, très petites, ont été mesurées à grande échelle par le satellite COBE dans les années 1990 (fig. 1.9a). Elles traduisent les fluctuations de densité présentes au moment du découplage de la matière avec les photons, quand l'Univers s'est recombiné (environ 300 000 ans après le big-bang), passant de l'état de plasma à celui de gaz d'hydrogène neutre, devenant transparent aux photons. Bien que plus fortes à petite échelle, comme le montrent des mesures récentes, elles restent toutefois trop faibles pour que des galaxies puissent se former uniquement par effondrement de baryons. L'effondrement gravitationnel des structures est très lent dans l'Univers, car il est contrecarré par l'expansion : si les structures n'avaient commencé à croître qu'après la recombinaison, les grandes structures observées aujourd'hui n'auraient pas eu le temps de se former. Une croissance plus précoce requiert une matière non baryonique, la fameuse matière noire ou masse cachée n'interagissant pas avec les photons et s'effondrant bien avant la recombinaison. Les structures que forme cette matière noire tombent plus facilement (fig. 1.9b), prennent ainsi en quelque sorte « de l'avance », puis la chute des baryons dans leurs puits de potentiel produit la densité nécessaire à la formation des galaxies (fig. 1.9c).

Les observations des amas de galaxies et des grandes structures, telles qu'elles nous apparaissent aujourd'hui, permettent ainsi de préciser le contenu de l'Univers en matière noire non baryonique. À grande échelle, il y aurait 5 à 6 fois plus de masse due à la matière noire qu'aux baryons. Mais dans les galaxies, localement, les baryons dominent.

Les étapes de ce scénario hiérarchique sont reproduites par les simulations numériques (fig. 1.8).

La matière noire se condense en filaments, puis au sein de ceux-ci en halos ; chacun d'eux forme un puits gravitationnel où se développent plusieurs galaxies.

Les observations permettent aussi de préciser les paramètres physiques (par exemple la densité ou la température) qui entrent dans les simulations informatiques.

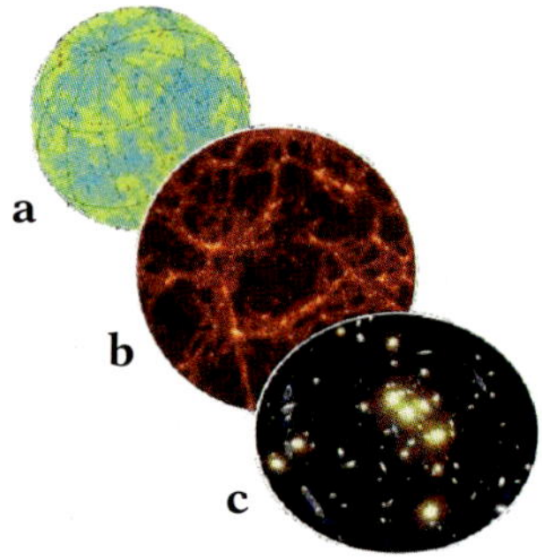

Figure 1.9 : Trois portions d'Univers à trois époques différentes. a) Mesures du satellite COBE : juste après la recombinaison, lorsque l'Univers devient transparent, le fond cosmique de rayonnement révèle des fluctuations très petites, de l'ordre du cent millième. b) Simulation informatique de la condensation de la matière noire, développant des filaments sous l'effet de la gravitation. c) Image d'un amas de galaxies donnée par le télescope Hubble : les galaxies se forment lorsque les baryons se condensent dans les puits de potentiel de la matière noire, au croisement des filaments.

Nos instruments ne sont pas assez sensibles pour observer facilement, à grand z, le gaz moléculaire dans lequel se forment les étoiles. Toutefois, le phénomène de lentille gravitationnelle, qui peut amplifier les objets lointains par des facteurs atteignant 50 à 100, a parfois permis d'observer ce gaz.

DES TROUS NOIRS OMNIPRÉSENTS

Un des résultats marquants de ces dernières années, obtenu grâce à l'augmentation de la résolution spatiale (*Hubble* et optique adaptative au sol) est la mesure de la masse des trous noirs supermassifs dans les quasars. L'observation nous révèle que quasars et noyaux actifs sont rares, mais cette rareté peut être expliquée par deux hypothèses extrêmes : soit quelques rares galaxies possèdent un trou noir supermassif en leur centre mais sont actives toute leur vie, soit les trous noirs existent dans pratiquement toutes les galaxies, mais leur période d'activité est très courte devant l'âge de l'Univers. C'est cette seconde hypothèse qui est confirmée par la découverte d'une relation de proportionnalité entre masse du trou noir et masse du bulbe dans toute galaxie.

La période d'activité du trou noir est typiquement limitée à 40 millions d'années et cesse par défaut de matière à « avaler ». Si ce n'était le cas, on devrait observer des masses bien supérieures au milliard de masses solaires. La formation des trous noirs supermassifs s'effectue progressivement, de la même façon que se forment les galaxies, et parallèlement à la formation des étoiles. La chute du gaz vers le centre et la perte de moment angulaire sont des contraintes requises et pour les flambées et pour l'alimentation des trous noirs. De fait, la courbe d'activité des quasars, établie récemment grâce aux quasars actifs, ressemble beaucoup à celle de la formation d'étoiles (fig. 1.6). La période la plus faste d'activité d'une galaxie se situe vers $z = 2$, quand les structures de la taille d'un amas se découplent de l'expansion et deviennent autogravitantes : alors se produisent de nombreuses interactions entre galaxies, des fusions et, en conséquence, ces feux d'artifices que sont les flambées d'étoiles et les quasars.

Toutes les galaxies d'un amas n'ont pas fusionné, bien que le halo de matière noire, lui, corresponde à la fusion de toutes les structures plus petites. Les galaxies baryoniques garderont leur identité. Aujourd'hui, l'Univers est beaucoup plus calme, le taux de formation d'étoiles est retombé, de même que celui des quasars, bien que les trous noirs massifs restent tapis au centre des galaxies, dont la nôtre.

De nouveaux outils d'observation

DES ÉVOLUTIONS CONSIDÉRABLES

L'astronomie ne cesse de progresser grâce à l'observation de la lumière émise par les objets célestes et collectée par les télescopes. Ce rayonnement lumineux transporte une multitude d'informations que les astrophysiciens déchiffrent et dont ils déduisent les propriétés (température, mouvements, composition) de la source du rayonnement (planète, étoile, galaxie) ou celles des milieux traversés par la lumière pour atteindre la Terre. Depuis une quarantaine d'années, les progrès des outils ont été prodigieux, conduisant à des découvertes exceptionnelles. Ils tiennent à un petit nombre de facteurs.

L'accès à l'espace, par des télescopes embarqués sur des satellites artificiels, a élargi la gamme des rayonnements observés, s'étendant désormais des rayons gamma aux ondes radio, chaque rayonnement transportant des informations spécifiques : si les objets très froids, nuages de poussière, étoiles ou planètes en formation, n'émettent que de l'infrarouge, la matière tombant sur un trou noir émet principalement des rayons X. Télescopes dans l'espace et au sol se partagent harmonieusement les problèmes à résoudre, développant chacun des techniques spécifiques qui font appel aux ressources les plus subtiles de l'optique, de la mécanique et de la robotique.

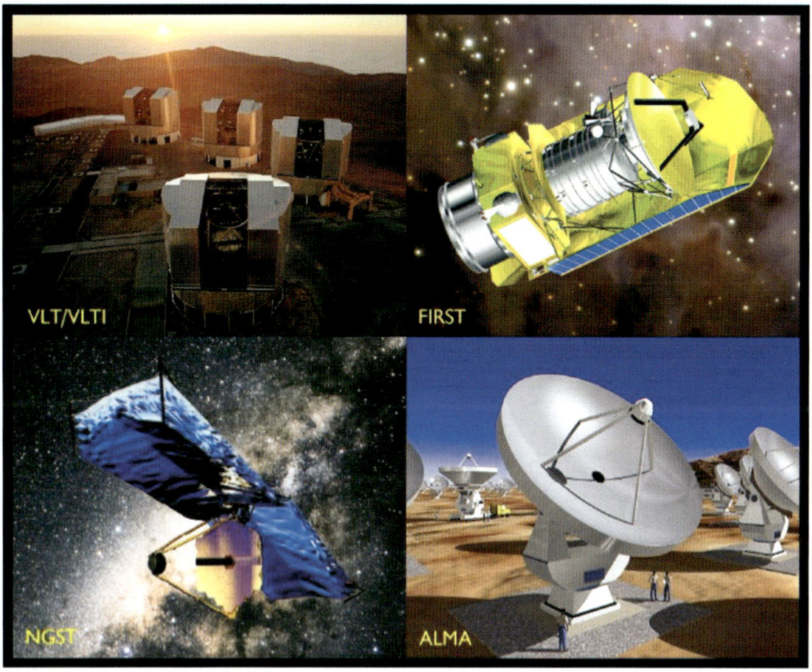

Figure 1.10 : Quelques-uns des nouveaux outils de l'astronomie. En haut à gauche : le Très Grand Télescope européen VLT au Chili, avec sa base interférométrique. En haut à droite : le télescope spatialisé FIRST (lancement en 2004, destiné à recevoir les rayonnements infrarouges lointain et submillimétrique. En bas à gauche : le James Webb Space Telescope (JWST), successeur de Hubble, d'un diamètre de 6 à 7 m (lancement en 2009, commun à la NASA et à l'Agence spatiale européenne). En bas à droite : le réseau interférométrique ALMA (Atacama Large Millimetric Array), selon un dessin d'artiste sur le plateau andin de Chajnantor, en attendant sa construction pour 2010 environ.

Le deuxième progrès est un formidable gain en sensibilité, lui-même dû à la conjugaison de deux autres facteurs. Les techniques de fusion du verre et de son polissage, la possibilité de construire des miroirs minces et flexibles dont la forme est commandée par des actuateurs mécaniques et un ordinateur ont conduit, en moins de trente ans, à faire passer la taille du miroir primaire des télescopes optiques de 3-5 m à 8-10 m, gagnant un facteur 10 en quantité de lumière collectée. On envisage déjà d'extrapoler ces techniques à des télescopes optiques de 30 m, voire 100 m. Le second facteur est le remplacement de la photographie par les détecteurs électroniques appelés CCD (*Charge Coupled Device* ou Dispositif à transfert de charge) qui équipent aussi les appareils photo numériques. Ils présentent une sensibilité de dix à cent fois meilleure que celle des plaques photo, avec des formats qui atteignent désormais un quart de milliard de pixels (un pixel est un élément photosensible du récepteur, donc de l'image). La conjugaison de ces deux facteurs conduit à des résultats impressionnants : le gain total est de mille par rapport à la combinaison antérieure télescope de 3,6 m-photographie. À temps de pose égal, cela représente la détection d'objets situés $1\,000^{1/2} = 33$ fois plus loin ! C'est ainsi que sont désormais photographiées ces galaxies formées lorsque l'Univers avait 5 % de son âge actuel.

Le troisième progrès, le plus considérable peut-être, concerne l'amélioration du piqué (appelé « résolution ») des images. Obtenir une image d'un objet est le premier outil pour le comprendre : volcans sur les satellites de Jupiter, protubérances à la surface du Soleil, disques de poussière et planètes autour d'étoiles, jets de matière éjectés par les galaxies, tourbillons et ondes de choc produits dans le milieu interstellaire par les explosions de supernovæ. Or, une fois raffinés les miroirs d'un télescope optique, deux limitations apparaissent. L'une est fondamentale, puisqu'elle est liée à la nature ondulatoire de la lumière, c'est la diffraction. L'onde lumineuse, rencontrant les bords du miroir primaire, est éparpillée et cela se traduit sur l'image qui perd de son piqué : l'image d'un point lumineux devient une tache, de taille d'autant plus petite que le diamètre D du miroir est grand et que la longueur d'onde λ de la lumière est petite. La seconde limitation est imposée par l'atmosphère de la Terre, que doivent traverser les rayons lumineux pour atteindre un télescope au sol. Ces inhomogénéités dévient aléatoirement les rayons (comme les images dansent au-dessus d'un feu), et l'image d'un point lumineux devient floue : sa dégradation par rapport au cas idéal de la diffraction peut atteindre un facteur 50 ! Une solution consiste à placer le télescope dans l'espace comme ce fut le cas du télescope *Hubble* (diamètre 2,4 m) en 1989 ou le sera de son successeur, le *James Webb Space Telescope* vers 2009 (NASA et Agence spatiale européenne). Contrairement à *Hubble* placé en orbite basse (environ 500 km), le *JWST* se trouvera à l'extérieur de l'orbite terrestre et au-delà de la Lune, constamment aligné sur l'axe Soleil-Terre.

DÉCABOSSER L'ONDE LUMINEUSE : L'OPTIQUE ADAPTATIVE

Vaincre la limitation imposée par l'atmosphère terrestre fut un résultat important obtenu à la fin des années 1980 par l'utilisation de l'optique adaptative : si le principe en est simple, la réalisation l'est moins, elle fait appel à la micromécanique et à l'électronique rapide. L'idée se rapproche du travail du carrossier redressant une aile de voiture : frappant sur la tôle, il aplanit les bosses et relève les creux. Ce sont les « cabossages » de l'onde lumineuse affectée par l'atmosphère terrestre qui perturbent les images astronomiques. Il suffit donc, si l'onde présente une bosse (elle est en avance sur la portion voisine), de la retarder, et réciproquement de l'avancer si elle présente un creux. Cela se fait à l'aide d'un miroir rapidement déformable afin de suivre la cadence d'agitation de l'atmosphère : bien sûr, il faut informer ce miroir de ce qu'il doit faire, en mesurant les bosses et creux de l'onde puis en calculant à l'aide d'un ordinateur rapide les corrections à introduire. L'optique adaptative, implantée aujourd'hui sur tous les grands télescopes, a révolutionné l'observation au sol en s'affranchissant dans bien des cas de cette dégradation des images, et en permettant à chaque instrument d'atteindre sa limite de diffraction. Désormais, ces télescopes obtiennent, grâce à leur grand diamètre, des images meilleures que celles obtenues dans l'espace. La figure 1.11 montre, par exemple, la différence de piqué obtenue avec l'un des télescopes du VLT (diamètre 8,2 m) dans le proche infrarouge selon que l'optique adaptative est ou non utilisée.

Les résultats sont frappants, comme le montrent deux observations récentes : le suivi de l'activité volcanique de Io,

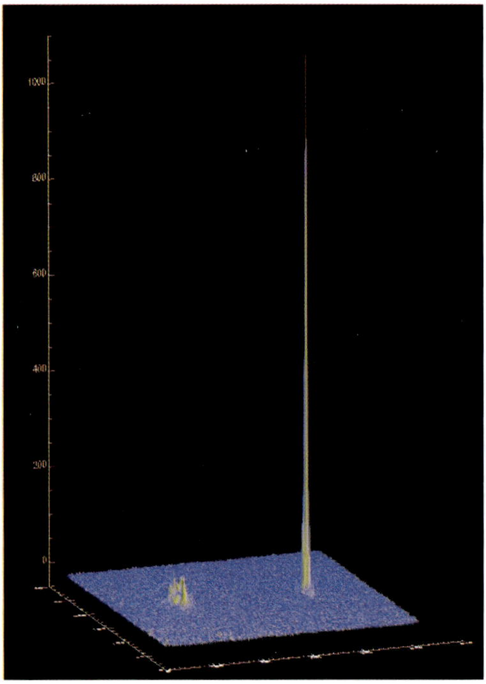

Figure 1.11 : La différence de piqué obtenue sur une image d'étoile donnée par le VLT sans (à gauche) et avec (à droite) la caméra à optique adaptative NAOS-CONICA, à une longueur d'onde de 2,2 micromètres.

satellite galiléen de Jupiter (fig. 1.12) ; la cartographie du centre de notre Galaxie et le suivi du mouvement des étoiles qui en sont proches, en orbite autour du trou noir géant qui en occupe le centre, dont il devint possible en 2002 de déterminer la masse (2,6 millions de masses solaires).

L'interférométrie optique

Même en atteignant sa limite de diffraction, un télescope unique, de dix mètres par exemple, garde encore une résolution limitée à 20 millisecondes d'arc environ à la longueur d'onde de 1 micromètre (*Keck* Telescope, Hawaii). Or de nombreux problèmes requièrent d'observer de plus fins détails. Citons, au sein de notre Galaxie, l'obtention d'images de la surface des étoiles, avec

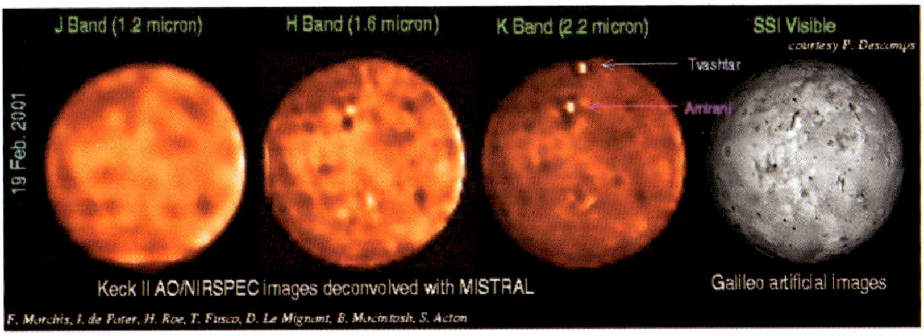

Figure 1.12 : Images d'un satellite de Jupiter, Io. À droite : prise depuis une sonde spatiale (Galileo) située au voisinage de Jupiter. À gauche : prise depuis la Terre, avec le télescope Keck équipé d'optique adaptative. On distingue l'activité volcanique.

leurs taches et leur activité comme cela se fait depuis longtemps pour le Soleil, celles de planètes extra-solaires et de leur surface, la structure des disques de gaz et de poussières dans lesquels se forment ces planètes. Les violents phénomènes d'accrétion dans les galaxies, le voisinage des trous noirs du noyau galactique, sont le lieu de phénomènes physiques énergétiques. Former directement l'image de ces régions est difficile et requiert des résolutions dix à cent fois supérieures aux précédentes.

C'est alors qu'intervient l'interférométrie, qui prend le relais de l'optique adaptative : puisqu'il n'est pas réaliste de construire des télescopes de diamètre hectométrique ou kilométrique, la résolution est obtenue en combinant la lumière reçue par deux télescopes indépendants, éloignés l'un de l'autre (fig. 1.13) : ils fonctionnent, vis-à-vis de la source de lumière qui les éclaire, sur le même principe que les trous d'Young, la plus simple mais aussi la plus féconde des expériences d'interférences lumineuses.

Cette combinaison produit des franges d'interférences, dont le contraste est directement fonction de la dimension angulaire de l'objet observé : en particulier, si B est la distance des télescopes, la résolution obtenue est de λ/B, elle peut être dix à cent fois inférieure à la valeur λ/D caractérisant la résolution limite de la diffraction d'un télescope de diamètre D fonctionnant à la

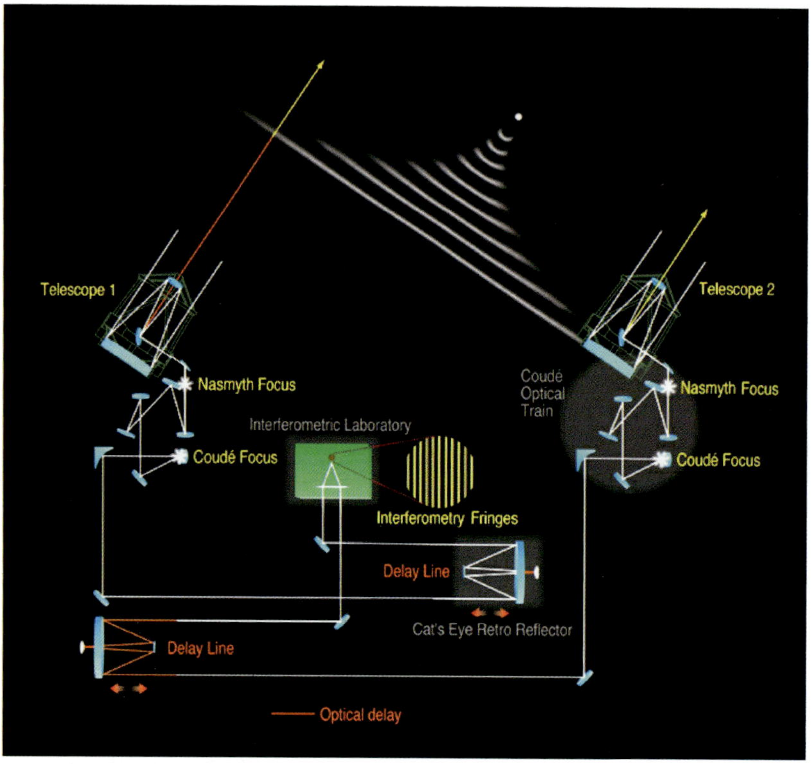

Figure 1.13 : Le principe du fonctionnement interférométrique d'une paire de télescopes, ici le VLT Interferometer (VLTI) : la réception de la lumière par chaque télescope, son acheminement par des jeux de miroirs, l'introduction d'une ligne à retard optique pour compenser la rotation de la Terre et le mouvement apparent des étoiles, le plan focal où se forment les franges sont clairement identifiés.

longueur d'onde λ. La mise en œuvre de cette technique, inventée par Fizeau en 1868, n'est pas simple : on appréciera la difficulté optique en notant que la lumière doit suivre, depuis chaque télescope jusqu'au foyer commun où se forment les franges, des chemins qui comprennent plus de dix miroirs sur plus de 100 m et qui conservent une précision de l'ordre de la centaine de nanomètres !

Ce n'est que depuis 25 ans que l'interférométrie a repris vie dans le domaine optique (lumière visible et infrarouge). Ainsi les deux plus grands télescopes actuels, le *Very Large Telescope* européen ($4 \times D = 8{,}2$ m, $B = 120$ à 200 m) au Chili et le *Keck Telescope* à Hawaii ($2 \times D = 10$ m, $B = 90$ m) offrent l'un et l'autre cette possibilité nouvelle (fig. 1.13). Il existe même un projet de relier entre eux la dizaine de grands télescopes présents sur le site de Mauna Kea (Hawaii), dont le télescope France-Canada-Hawaii. Un réseau de fibres optiques transparentes à la lumière visible ou infrarouge, si elles sont de diamètre suffisamment petit, peut transporter non seulement l'énergie lumineuse mais aussi la phase de l'onde, préservant ainsi la possibilité de faire interférer en un même lieu les ondes reçues par les différents télescopes. L'interféromètre ainsi réalisé, dont les « premières franges » pourraient voir le jour dès 2003, disposera d'une base maximale $B = 900$ m, presque supérieure d'un ordre de grandeur à la base formée par les deux télescopes *Keck*.

Toutefois, les turbulences de l'atmosphère terrestre, déjà responsables de la dégradation désormais corrigée par l'optique adaptative, présentent également de sérieux obstacles à la détection des franges interférométriques, en les brouillant dès que le temps de pose dépasse quelques dixièmes de seconde : c'est dire que se rencontre ici une limite radicale à la sensibilité, c'est-à-dire à la détection des objets faibles. Le miracle que produit l'optique adaptative peut-il se reproduire contre ce brouillage des franges ? La réponse est affirmative, mais dans certains cas seulement.

DES FLOTILLES DE TÉLESCOPES DANS L'ESPACE

C'est pourquoi, à côté des interféromètres situés à la surface de la Terre, les astronomes en préparent d'autres à placer dans l'espace : les turbulences atmosphériques ne les affecteront plus. L'un de ces programmes, européen, s'intitule *Darwin* : il comprend une flottille de six petits télescopes, chacun porté par un satellite indépendant, distant de quelques dizaines ou centaines de mètres des autres (B), et envoyant, par miroirs, la

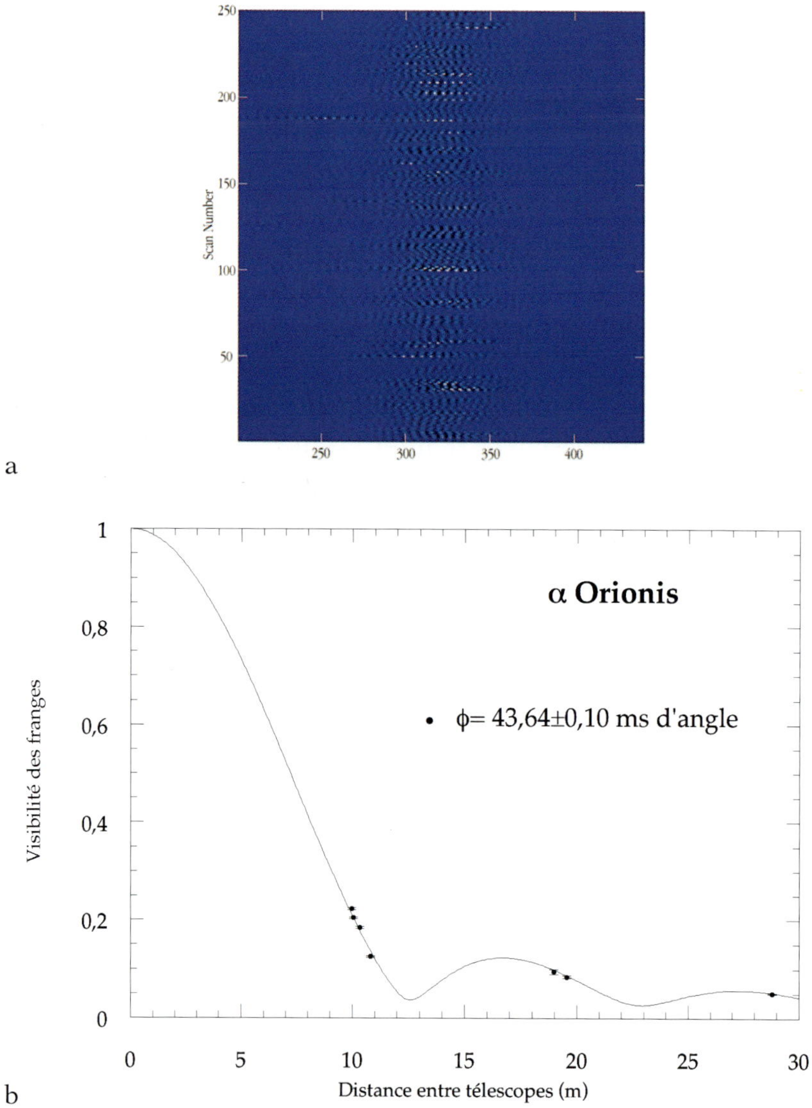

Figure 1.14 : En haut (a) : franges d'interférence enregistrées entre deux télescopes de 8 m du VLT sur l'étoile Achernar. Chaque ligne est obtenue en balayant les franges pendant une fraction de seconde, la position des franges changeant d'une ligne à l'autre à cause des fluctuations de l'atmosphère terrestre traversée. En dessous (b) : le contraste des franges, appelé visibilité, est porté en fonction de la séparation B des télescopes ; il est comparé à la prédiction d'un modèle (courbe tracée) et permet la détermination du diamètre de l'étoile Bételgeuse (alpha Orionis) avec une très grande précision.

lumière collectée vers un satellite central où se forment et se mesurent les interférences (fig. 1.14). Ce programme est destiné tout particulièrement à la détection des planètes extra-solaires, qu'il faut distinguer de leur étoile bien qu'elles soient des millions de fois moins lumineuses, mais surtout à en faire le spectre. L'analyse spectrale de la lumière planétaire permettra en effet de dire si la planète possède une couche d'ozone, comme la Terre, avec une très grande probabilité de pouvoir alors assigner l'origine de cet ozone à l'oxygène généré par une activité biologique.

L'interférométrie ne se limite pas aux longueurs d'onde du visible ou de l'infrarouge. Un magnifique projet international est celui du radiotélescope millimétrique ALMA, un interféromètre de près de 10 km de base B, doté de 64 télescopes (antennes) de 15 m de diamètre, en cours d'installation à 5 100 m d'altitude sur le plateau andin de Chajnantor à la frontière chiléno-argentino-bolivienne.

Ainsi, en moins de quarante années, la résolution des télescopes optiques sera passée d'une valeur de l'ordre de la seconde d'angle, que l'on croyait infranchissable sauf dans l'espace, à des valeurs mille fois plus faibles. Ce gain est dû à une habile conjugaison des ressources de l'optique et de la physique avec la précision qu'autorise la métrologie fondée sur l'emploi des lasers et l'automatisation que donne l'informatique, et le choix de sites astronomiques lointains (Chili, Hawaii) à la météorologie favorable. D'ici une à deux décennies, ces ressources nous permettront de former l'image de planètes semblables à la Terre situées autour d'autres étoiles et d'y discerner, peut-être, continents, nuages et traces de végétation. Plus tard, l'interférométrie étendue aux très courtes longueurs d'onde n'est pas inconcevable, les interférences de rayons X étant déjà observées en laboratoire : elle donnerait l'image du voisinage immédiat d'un trou noir.

CHAPITRE 2

L'Univers et les particules élémentaires

Certaines des questions les plus fondamentales de la physique ont trait à la structure de l'Univers.

Quelle est la nature de la singularité initiale ? Y en a-t-il eu vraiment une ou y a-t-il un état antérieur au big-bang ?

Il semble qu'une partie importante de la matière qui constitue l'Univers soit invisible : quelle est la nature de la « masse cachée » ?

L'Univers est-il en expansion perpétuelle ou s'effondrera-t-il sur lui-même dans un avenir éloigné ?

Pourquoi les constantes fondamentales, dont la valeur conduit à un Univers tel que nous l'observons, ont-elles cette valeur et pas une autre ? En d'autres termes, pourrait-on concevoir des Univers différents du nôtre ?

Pourquoi l'Univers n'est-il pas constitué d'antimatière aussi bien que de matière ?

Que nous apprennent les grands appareils sur les particules élémentaires, constituants ultimes de la matière de l'Univers ?

Le fait même de pouvoir se poser ces questions, et d'envisager les moyens d'y répondre, implique que l'on dispose de bases théoriques et de données observationnelles.

La relativité générale

La théorie de la relativité générale, ou théorie einsteinienne de la gravitation (1916), a établi que la géométrie de l'espace-temps (à quatre dimensions, trois d'espace et une de temps) était influencée par le contenu matériel de l'Univers. La présence de toute distribution de masse, ou de façon équivalente d'énergie ($E=mc^2$), dans l'Univers engendre une déformation qui sous-tend toute mesure de durée ou de distance. La déformation est d'autant plus forte que la distribution d'énergie considérée est plus concentrée (c'est-à-dire correspond à une plus grande densité de masse-énergie).

Il en résulte que le temps s'écoule plus lentement au voisinage d'une concentration de masse. Cette conséquence a été maintes fois vérifiée en comparant des horloges atomiques situées à des hauteurs différentes dans le champ gravitationnel de la Terre. Bien que cet effet soit infime, il doit néanmoins être pris en compte dans le système de positionnement GPS (Global Positioning System). En effet, la stabilité des horloges atomiques actuelles, et donc la sensibilité de la mesure de position, autorise des mesures 10 000 fois plus précises que celles qui seraient réalisées si l'on ignorait la variation du rythme des horloges induite par la pesanteur. La relativité générale s'avère indispensable aux multiples applications de cette technologie (atterrissage des avions, localisation des bateaux, guidage de certaines armes ou des voitures, etc.).

De plus, la théorie prédit d'une part que la déformation de la géométrie spatio-temporelle de l'espace-temps doit se propager à la vitesse de la lumière, à partir de sa source, sous forme d'ondes dites « ondes gravitationnelles ». Cette prédiction a été confirmée par des observations de haute précision du mouvement orbital de deux étoiles à neutrons (pulsars binaires) qui sont en accord parfait avec les calculs théoriques montrant que la propagation de la géométrie de l'espace-temps, à la vitesse de la lumière, entre les deux étoiles induit un effet de diminution de la période orbitale. Cet effet est très petit (la période orbitale diminue d'un millième de milliardième par tour), mais il a été observé avec une précision de 0,1 %. Toutefois, les ondes gravitationnelles n'ont pas encore été observées directement sur Terre.

Et d'autre part, qu'il peut exister des *trous noirs*. Lorsque la concentration de masse dans un petit volume dépasse une certaine limite, la structure de l'espace-temps s'effondre sur elle-même et crée une région d'où la lumière ne peut plus s'échapper : le trou noir. C'est ainsi que l'on observe aujourd'hui dans notre galaxie des étoiles qui gravitent autour d'un centre invisible dont la masse est 2,6 millions de fois supérieure à celle du soleil (*cf.* chapitre 1). De grands projets internationaux actuellement en chantier (LIGO aux États-Unis, VIRGO et GEO en Europe) devraient détecter d'ici deux ou trois ans les ondes gravitationnelles émises lors de la phase finale du mouvement orbital d'un système de deux trous noirs (conduisant à leur coalescence pour n'en former qu'un seul). On pourrait donc ainsi à la fois confirmer l'existence d'ondes gravitationnelles et celle de trous noirs.

L'Univers en expansion

D'après la théorie de la relativité générale, l'Univers pourrait être en expansion, c'est-à-dire dans un état tel que tout corps soit entouré, dans son voisinage immédiat, de corps en repos par rapport à lui (vitesses relatives locales toutes nulles, comme dans un embouteillage), tandis que les distances relatives entre corps éloignés augmentent au cours du temps. Les modèles cosmologiques dynamiques de De Sitter (1917) et surtout de Friedmann (1922) prédirent que l'Univers devait effectivement être en expansion. Enfin, l'expansion de l'Univers fut expérimentalement établie par les observations de Slipher et

Hubble en 1929. Dans les années 1930 et 1940, Lemaître et Gamow introduisirent l'idée du big-bang chaud, c'est-à-dire que l'espace-temps aurait un « bord temporel » dans le passé qui correspondrait à la naissance du temps, où l'Univers aurait été extrêmement dense et chaud et en état d'expansion très rapide. D'après cette idée, la plupart des noyaux d'atomes qui constituent l'étoffe visible de l'Univers (essentiellement l'hydrogène et l'hélium) ont été forgés dans la fournaise de l'Univers primordial, à un moment où la température était si élevée (une dizaine de milliards de degrés) que la densité de masse-énergie sous forme de lumière était très supérieure à celle du plomb (voir encadré en fin de chapitre).

Les données observationnelles accumulées jusqu'à présent sont en bon accord avec la théorie du big-bang. En particulier, l'observation en 1965 (par Penzias et Wilson) du fond cosmique micro-ondes, le reliquat de la lumière primitive du big-bang, a confirmé l'idée d'un Univers primordial chaud. Au moment où électrons et protons se recombinèrent pour former des atomes neutres, l'Univers devint transparent aux photons ; ce gaz de photons se refroidit peu à peu sous l'effet de l'expansion de l'Univers jusqu'à sa température actuelle de 2,7 K. Le caractère homogène et essentiellement isotrope de ce fond traduit sa nature cosmologique.

Une découverte majeure de la dernière décennie a toutefois été l'identification par le satellite COBE, en 1992, de très petites anisotropies (1 pour 100 000) dans le fond cosmique micro-ondes. Ces anisotropies seraient une trace de fluctuations primordiales et donneraient accès à la phase précédant la recombinaison. Leur étude précise fait donc l'objet d'un des programmes majeurs de la cosmologie observationnelle avec les satellites MAP et PLANCK et leur interprétation pourrait restreindre fortement les théories de physique fondamentale compatibles avec les observations.

Enfin, les premières données recueillies par des détecteurs emportés par des ballons favorisent la théorie de l'inflation selon laquelle l'Univers primordial (bien avant l'ère de formation de l'hélium) aurait subi une brève phase d'expansion exponentielle qui lui aurait permis d'échapper aux forces attractives dues à la gravitation.

Énergie noire et matière sombre

Des observations récentes sur la luminosité apparente des supernovæ d'un type particulier (type Ia) ont une conséquence surprenante : la majeure partie de l'énergie observée dans l'Univers serait du type énergie du vide ou énergie « noire ». Il faut noter que le vide quantique est l'ensemble des états fondamentaux des champs associés à toutes les particules possibles et possède donc une énergie. Les données astronomiques concernées sont obtenues en mesurant la luminosité en fonction de la distance : si l'on a le droit d'étendre à ces supernovæ la calibration standard luminosité-distance (ce qui reste à confirmer), on peut déduire de cette relation des informations sur la géométrie de l'Univers. Ces informations sont corroborées par les données sur le rayonnement fossile et sur les amas de galaxies. Elles laissent penser que l'Univers subirait actuellement une accélération de son expansion. Ce pourrait être la conséquence d'une *constante cosmologique,* une énergie du vide en l'absence de toute matière. La théorie quantique fournit bien une énergie du vide mais considérablement supérieure à tout ce que l'on tire de ces observations. Il s'agit là d'un des plus grands défis de la physique théorique contemporaine.

Les données observationnelles ont aussi permis de comprendre que la plus grande partie de la matière dans l'Univers est « sombre », c'est-à-dire qu'elle n'émet pas de rayonnement électromagnétique et n'est donc pas observable par des moyens optiques. En gros, 67 % de la densité d'énergie moyenne dans l'Univers serait de l'énergie noire, 30 % de la matière sombre. Il ne resterait qu'environ 3 % pour la matière baryonique ordinaire (protons et neutrons), celle qui constitue les galaxies, les étoiles, le gaz interstellaire et les planètes, y compris les planètes nouvellement découvertes autour d'étoiles autres que le Soleil. On identifie cette matière sombre en étudiant les courbes de rotation des galaxies ou les effets de lentille gravitationnelle de cette matière sur la lumière issue d'amas de galaxies lointains.

La nature de la matière sombre, qui constitue une grande partie de la masse cachée de l'Univers, est encore inconnue. Elle pourrait être formée de neutrinos, particules dont un nombre considérable a été formé lors du big-bang et dont la densité actuelle est extrêmement élevée. L'interaction de ces particules électriquement neutres avec la matière est extraordinairement faible, ce qui rend leur détection très difficile. Ainsi, dans l'expérience SuperKamiokande au Japon, on détecte quelques collisions avec les électrons de 50 000 tonnes d'eau. Les expériences menées sur les accélérateurs de particules ont permis de montrer qu'il existe trois variétés de neutrinos, associés respectivement aux électrons et aux mésons μ (muons) et τ (tau). L'existence d'oscillations entre ces trois variétés, mises en évidence dans les expériences SuperKamiokande et SNO (Sudbury Neutrino Observatory) au Canada, a permis de comprendre pourquoi le flux détecté de neutrinos émis par le Soleil était apparemment inférieur à la valeur calculée théoriquement. Le fait que ces oscillations existent implique également que les neutrinos ont une masse, alors qu'on a longtemps pensé qu'ils n'en n'avaient pas. Cette masse est extrêmement faible et on n'en connaît encore qu'une limite supérieure. Toutefois, la densité des neutrinos dans l'Univers est tellement élevée, en moyenne quelques centaines de millions par mètre cube (quand on ne compte qu'un proton dans le même volume), que leur masse totale pourrait rendre compte d'une partie de la masse cachée.

L'importance de la masse cachée est liée à la prédiction théorique qu'au-delà d'une densité critique de masse-énergie, l'expansion de l'Univers ne pourrait se poursuivre indéfiniment et ferait place à un effondrement gravitationnel que plus rien ne pourrait arrêter et qui, déchirant, en quelque sorte, l'étoffe de l'espace-temps, créerait un « bord temporel », c'est-à-dire une singularité (le Big Crunch) analogue au big-bang, frontière où l'espace-temps cesse d'exister.

Encore des questions !

Quelle est la nature des singularités apparaissant aux bords de l'espace-temps (big-bang, Big Crunch ou intérieur d'un trou noir) ? Ces singularités signalent-elles réellement que l'espace-temps cesse d'exister (et du coup qu'il faut reformuler la théorie quantique usuelle qui présuppose l'existence d'un temps), ou bien que la théorie d'Einstein devient inadéquate ? Beaucoup de travaux ont montré qu'il est très difficile de réconcilier la théorie d'Einstein avec la théorie quantique. Le seul espoir actuel de réconciliation est la théorie des (super-)cordes qui suppose que tous les champs (et particules) fondamentaux dérivent des divers modes d'oscillation d'une corde quantique relativiste. Cette théorie suggère que la théorie d'Einstein n'est pas le dernier mot sur la structure de l'espace-temps et que celui-ci aurait 10 ou 11 dimensions et non pas seulement 4. La théorie des cordes, comme toute théorie d'objets étendus, contient une longueur fondamentale. *A priori*, cette longueur semblait devoir être celle qu'avait évaluée Planck, il y a près d'un siècle, qui fut le premier à s'interroger sur les fluctuations quantiques du champ de gravitation. Cette longueur est extraordinairement petite, elle est de l'ordre de 10^{-33} cm. À ces distances qu'aucun « microscope » (c'est-à-dire accélérateur de particules) ne permet de sonder, la gravitation, d'ordinaire très faible, devient comparable en intensité aux autres forces. C'est également cette distance de Planck qui déterminerait l'extension spatiale des dimensions supplémentaires de l'espace, lesquelles, en pratique, resteraient donc cachées quelles que soient les expériences prévues ou envisageables. Or, cette image vient d'être remise en question par une série de travaux théoriques qui, par une nouvelle analyse de la théorie des cordes, montrent qu'il n'est pas exclu que ces dimensions supplémentaires soient beaucoup plus « grandes », atteignant peut-être 10^{-17} cm[1]. La confrontation avec l'expérience devient alors envisageable, mais il faut à cet effet des accélérateurs de beaucoup plus grande énergie, comme le LHC en cours de construction au CERN à Genève.

Parmi les projets expérimentaux qui pourraient apporter des renseignements décisifs sur la physique gravitationnelle « au-delà d'Einstein », signalons les projets de tests en satellite (projet français MICROSCOPE et projet international STEP) du postulat fondamental de la relativité générale : l'universalité du couplage gravitationnel, c'est-à-dire le fait expérimental (qui remonte à Galilée) que tous les corps tombent avec la même accélération dans un champ gravitationnel.

En somme, on a atteint une image cohérente de l'Univers primordial mais beaucoup de problèmes théoriques et expérimentaux restent ouverts. On espère profiter de la moisson de données expérimentales attendue dans la décennie qui s'ouvre.

La matière que nous connaissons est formée de particules, or les accélérateurs ont mis en évidence des antiparticules qui formeraient de l'antimatière. Comment se fait-il que l'Univers que nous connaissons soit formé de matière ? Où est l'antimatière ? Une théorie — mais la question reste posée — explique l'absence d'antimatière par la formation, au sein du gaz ultrarelativiste (c'est-à-dire dans lequel toutes les particules ont des vitesses proches de celle de la lumière) constituant l'Univers primordial (juste après la fin de la période inflationnaire), d'un excès de matière ordinaire, faite de protons et de neutrons, par rapport à l'antimatière (antiprotons et antineutrons). Seul cet excès aurait survécu à l'annihilation du reste de la matière avec toute l'antimatière. Il suffit d'une très légère dissymétrie entre matière et antimatière, de l'ordre du milliardième, pour expliquer la densité de matière ordinaire observée. La brisure de symétrie à l'origine de l'excès de matière est une indication importante sur la structure de la physique fondamentale à très haute énergie.

Les constantes fondamentales sont-elles constantes ?

Un problème important lié à la structure et à l'évolution de l'Univers est celui des constantes fondamentales.

Les lois de la physique contiennent un certain nombre de constantes dans leur expression. Certaines sont dimensionnées, c'est-à-dire que leur valeur numérique dépend du système d'unités de base choisi pour mesurer les longueurs (L), les temps (T) et les masses (M). Par exemple la vitesse de la lumière *c* a les dimensions d'une longueur divisée par un temps, L/T, et la constante de gravitation G a les dimensions de $L^3/(T^2M)$.

Comme le choix d'un système d'unités fondé sur des raisons historiques et contingentes est arbitraire, la valeur numérique des constantes dimensionnées n'a pas de sens physique profond. En revanche, d'autres constantes sont sans dimension, c'est-à-dire que leur valeur ne dépend pas du système d'unités. Ce sont ces constantes non dimensionnées que nous considérons ici car elles sont liées à des questions ouvertes très importantes et très mystérieuses en physique fondamentale.

Les théories de la physique, telles qu'elles sont connues aujourd'hui (relativité restreinte, relativité générale, théorie quantique décrivant l'ensemble des particules et champs connus), contiennent une vingtaine de constantes fondamentales indépendantes. La valeur de ces vingt constantes détermine (en principe) celle de toutes les autres constantes (non dimensionnées).

Donnons quelques exemples de constantes fondamentales :

— le rapport entre la vitesse de l'électron dans l'état de plus basse énergie de l'atome d'hydrogène et la vitesse de la lumière vaut (approximativement) $\alpha \equiv v_e/c = 1/137$. C'est la constante de structure fine, qui peut également se définir comme $\alpha = 2\,\pi e^2/hc$, où *h* est la constante de Planck ;

— le rapport de la masse de l'électron à la masse du proton vaut (approximativement) $\beta \equiv m_e/m_p = 1/1836$;

— le rapport entre la force gravitationnelle et la force électrique entre un électron et un proton vaut environ $\gamma = Gm_e m_p/e^2 = 10^{-39}$.

Beaucoup de caractéristiques du monde qui nous entoure, depuis la taille et les niveaux d'énergie des atomes jusqu'à la taille de l'Univers, en passant par celle des plus grands animaux, la masse et la durée de vie des étoiles, soient déterminées par la valeur de α, β et γ (et d'une quantité dimensionnée, comme m_p). En particulier, le fait que α et β soient petits, et γ extrêmement petit, semble essentiel pour conduire à un Univers qui ressemble au nôtre. Cela pose donc les questions suivantes :

Pourquoi les constantes fondamentales, en particulier α, β et γ, ont-elles la valeur qu'elles ont ?

Y a-t-il un principe physique, ou un mécanisme dynamique, qui détermine la valeur des constantes ?

Ces questions n'ont pas de réponse dans le cadre de la physique actuelle, où les constantes fondamentales sont introduites comme des paramètres arbitraires. Cependant, plusieurs idées suggèrent qu'il pourrait exister un cadre théorique plus complet dans lequel cette question pourrait avoir une réponse. En particulier, dès 1919, Théodore Kaluza a proposé une généralisation de la théorie d'Einstein, comprenant un espace-temps à 5 dimensions, dans lequel les quantités α et γ n'étaient plus des paramètres constants, mais données par des champs variables dans l'espace et le temps. Cette possibilité d'une variabilité des constantes est aussi fortement suggérée par la théorie des cordes, qui ne contient aucune constante fondamentale non dimensionnée, et qui doit donc, en principe, prédire la valeur de toutes les constantes. En théorie des cordes, comme pour Kaluza, toutes les constantes sont données par des champs variables dans l'espace et le temps associés au champ gravitationnel (au sens einsteinien d'une structure décrivant la géométrie de l'espace-temps).

La possibilité de comprendre la valeur de ces constantes exige bien sûr que la théorie en question soit unique. Or, à l'heure actuelle, le même cadre théorique des supercordes autorise un nombre colossal de possibilités. Si un principe nouveau, aujourd'hui inconnu, nous permettait de choisir dans cet océan de solutions, alors on pourrait effectivement espérer calculer la valeur et l'évolution temporelle de toutes ces constantes fondamentales. Mais peut-être un tel principe n'existe-t-il pas, auquel cas notre monde n'est que l'un de tous ceux que cette théorie ambitionne de décrire. Cette interrogation, où hasard et nécessité s'affrontent, est l'un des problèmes ouverts les plus difficiles de la physique théorique, mais à l'évidence il est essentiel.

L'éventualité d'une variation temporelle des constantes fondamentales avait déjà été envisagée dès les années 1940 par Dirac, Jordan et d'autres, qui avaient suggéré de faire des mesures précises de certains phénomènes dépendant des valeurs de α, β et γ pour voir si elles avaient pu varier dans le temps. Par exemple, en étudiant les spectres lumineux émis (ou absorbés) par des galaxies très lointaines, on peut avoir accès à la valeur de α, une dizaine de milliards d'années dans le passé. La contrainte la plus forte sur la variabilité de α a été obtenue en étudiant la composition isotopique des produits de réactions nucléaires qui ont eu lieu, il y a deux milliards d'années, dans le réacteur nucléaire naturel d'Oklo au Gabon. L'écoulement d'eau sur un minerai riche en uranium a ralenti les neutrons émis et déclenché une réaction en chaîne de fission de l'uranium en éléments plus légers, avec multiplication des neutrons. C'est le processus utilisé dans les centrales électriques nucléaires où l'eau sert de modérateur. Il se trouve que l'efficacité avec laquelle les neutrons lents réagissent sur les noyaux de l'élément samarium dépend de façon extrêmement sensible de la valeur de α, en raison d'effets quantiques. L'analyse fine des abondances isotopiques des divers noyaux de samarium mesurées dans le site actuel d'Oklo a permis de montrer que la valeur de α, il y a deux milliards d'années, ne pouvait pas différer de sa valeur actuelle de plus d'un dix millionième. Il existe aussi des limites (moins fortes, mais tout de même fortes) à la variabilité des autres constantes fondamentales. Toutes ces limites imposent donc des contraintes très sérieuses aux modèles cosmologiques (inspirés de la théorie des cordes, ou suggérés par la récente observation d'une énergie noire remplissant tout l'espace) qui essaient d'expliquer la valeur des constantes comme ayant été sélectionnée par un processus dynamique lié à l'expansion de l'Univers depuis un état primordial où elles auraient pu avoir, par exemple, des valeurs aléatoires.

De l'infiniment grand à l'infiniment petit

On l'a vu, le lien est étroit entre la connaissance de l'infiniment grand (structure de l'Univers à l'échelle des galaxies) et l'infiniment petit (particules élémentaires).

Deux des problèmes majeurs qui passionnent actuellement les physiciens des particules sont ceux de la détection des quarks et de la particule de Higgs. Les protons et les neutrons, constituants des noyaux atomiques, ne sont pas des particules élémentaires. Ils ont en effet une structure interne, constituée par des quarks, liés entre eux par l'échange de particules de masse nulle, les gluons. L'échange de gluons est responsable de l'interaction nucléaire forte, de même que l'échange de photons est responsable de l'interaction électromagnétique. Il existe six espèces de quarks caractérisés par une propriété quantique appelée « saveur ». Une autre propriété quantique des quarks porte le nom métaphorique de « couleur » (aucun rapport avec la couleur des objets) ; c'est à la couleur que se couplent les gluons (comme les photons se couplent à la charge électrique). Il existe des quarks « bleus », « rouges » et « verts », qui composent des particules « blanches » (telles que protons et neutrons), les seules détectables. La chromodynamique quantique, théorie de l'interaction forte, indique que les quarks ne peuvent pas être arrachés de ces particules et observés isolément. Si l'on cherche à arracher un quark d'un proton, par exemple en le bombardant de particules très énergiques, on observe que la force de rappel (échange de gluons) augmente lorsque la distance du quark au centre du proton augmente (alors que l'attraction électrique diminue lorsque la distance augmente), si bien que, même en utilisant les projectiles les plus énergiques, on n'a jamais réussi à observer un quark libre. Néanmoins, s'ils sont aujourd'hui confinés à l'intérieur de la matière, sans que l'on puisse les en extraire, ils étaient sans doute libres lorsque la température de l'Univers primitif dépassait les 10^{12} degrés.

En utilisant des collisionneurs, où s'entrechoquent des particules et des antiparticules de très haute énergie, comme le LEP à Genève (électrons-positrons) ou le Tévatron à Chicago (protons-antiprotons), on peut observer des événements qui révèlent indirectement la présence de quarks. C'est ainsi qu'on a mis en évidence récemment le dernier des six quarks, le quark « top », très massif, dont on avait prédit la masse, à plus ou moins 10 %, avant l'expérience qui permit de la déterminer. Il faut souligner l'extraordinaire confirmation d'une prédiction théorique qui assure le bien-fondé de ce qu'on appelle « le Modèle standard » des interactions faibles et électromagnétiques qui attend sa confirmation définitive avec l'observation de la particule de Higgs.

Le Modèle standard a permis d'envisager d'une façon nouvelle la question de la masse des particules. La clef de voûte en est la particule de Higgs. On sait, depuis de Broglie, qu'à chaque particule est associé un champ ; ainsi au photon est associé le champ électromagnétique. De même à la particule de Higgs est associé un champ dit « scalaire ». Ce terme fait référence à la propriété suivante : le champ de Higgs est caractérisé par la donnée d'un nombre en chaque point de l'espace, contrairement par exemple au champ électrique qui est caractérisé par la donnée d'un vecteur (comparer le champ des pressions et le champ des vitesses dans un fluide). Cette différence de comportement est liée à une propriété intrinsèque de la particule associée : le spin, sorte de vecteur interne que possède le photon et dont le Higgs est dépourvu.

L'isotropie que l'on observe dans notre Univers nous indique qu'il n'y règne pas de champ électromagnétique uniforme dans tout l'espace : il y aurait, sinon, une direction privilégiée — le champ magnétique terrestre impose par exemple une direction privilégiée — le Nord magnétique — mais il reste localisé à notre environnement terrestre. Il n'existe pas de telle contrainte pour le champ scalaire puisqu'il n'y a pas de vecteur associé, donc de direction privilégiée.

On pense en fait que l'Univers entier baigne dans un champ scalaire constant. La valeur de ce champ est directement liée à l'intensité de la force faible, responsable de la désintégration β, qui intervient dans la radioactivité naturelle. Chaque particule est couplée au champ de Higgs. On peut déterminer la force du couplage en mesurant la masse de la particule. En effet, depuis Einstein, la masse est interprétée comme l'énergie intrinsèque de la particule ; celle-ci serait due au champ scalaire dans lequel baigne la particule et s'expliquerait simplement comme le produit du champ par le couplage de la particule. L'électron serait 400 000 fois plus léger que le quark top parce que son couplage au champ scalaire est 400 000 fois plus faible. Et la masse des bosons intermédiaires W et Z, dont l'échange entre particules est à l'origine de la force faible, est directement liée à la valeur du champ scalaire.

Il reste à découvrir la particule de Higgs, ou ce qui fait office de Higgs si la nature se révèle plus compliquée que prévu, pour confirmer ce bel édifice intellectuel. Il restera toutefois à construire une théorie de la masse, c'est-à-dire une théorie qui expliquera par exemple pourquoi le couplage du quark top au champ de Higgs est 400 000 fois plus fort que celui de l'électron, et plus généralement, qui prédira le spectre de masse complet des particules à partir de principes ou quantités encore plus fondamentaux. Une telle théorie pourrait être celle des supercordes, mentionnée ci-dessus, dans laquelle la valeur des constantes de la nature serait complètement déterminée par les propriétés géométriques de l'espace-temps.

Toutes ces idées doivent être soumises à l'épreuve de l'expérience. Le grand collisionneur LHC, en cours de construction au

CERN, sera l'instrument de ce dialogue indispensable. Son énergie lui permettra d'explorer un domaine dans lequel les prédictions théoriques abondent. Certes, la particule de Higgs est indispensable pour achever de valider le Modèle standard qui gouverne les énergies aujourd'hui explorées. Mais au-delà se profile le monde de la supersymétrie, actuellement imaginé par nécessité de cohérence théorique. Si cette symétrie originelle supplémentaire, aujourd'hui brisée, était bien présente initialement, comme le pensent les théoriciens, alors une moitié du monde aurait échappé jusqu'à présent à tous nos moyens de détection. Dans cette perspective, la découverte du Higgs ne serait que le point de départ d'un changement radical de nos conceptions, aussi bien sur la structure de la matière que sur celle de notre Univers.

Le big-bang, Modèle standard de la cosmologie

DÉBUT DU XXe SIÈCLE : NAISSANCE DE LA COSMOLOGIE SCIENTIFIQUE

La naissance de la cosmologie scientifique, au sens où les questions sur les propriétés globales de l'Univers sont posées dans le cadre d'un modèle cohérent falsifiable, parce que conduisant à des prédictions bien définies, peut être datée des premiers modèles d'Univers construits dans les années 1930 (entre autres par Einstein) dans le cadre de la relativité générale. On peut décrire l'évolution de l'Univers dans son ensemble si l'on définit les propriétés physiques moyennes de son contenu : la quantité de masse par unité de volume, la pression... Parmi les forces identifiées dans la nature, c'est la gravité qui va jouer le rôle essentiel dans cette évolution.

Puisque la relativité générale décrit la gravitation comme une modification de la géométrie de l'espace-temps, les cosmologies fondées sur elle peuvent présenter différentes géométries : l'espace peut y être euclidien ou bien courbé (dans ce cas, la somme des angles d'un triangle n'est pas 180°). Cela conduit en même temps à décrire des Univers soit infinis, soit finis, selon leur géométrie.

La question de savoir si l'Univers est fini ou infini avait bien sûr été abordée par les philosophes mais elle l'était pour la première fois de façon scientifique : on pouvait définir des mesures pouvant décider de cette question.

La question de la stationnarité de l'Univers a une histoire plus complexe et intéressante. Elle s'étale sur la totalité du XXe siècle. La version la plus simple des équations de la relativité générale qui lient la géométrie de l'espace-temps au contenu en énergie-impulsion ne permet pas de construire un Univers stationnaire. Cherchant à construire le modèle le plus simple (sans évolution temporelle), Einstein a introduit dans les équations de la relativité générale une constante : la constante cosmologique. En fait, la forme la plus générale de cette théorie contient cette constante. On peut la choisir de façon à ce que, pour un contenu en matière donné, elle permette un modèle d'Univers stationnaire.

La mise en évidence de la récession des galaxies au cours des années 1920 culmine avec le travail d'Edwin Hubble montant l'expansion de l'Univers en 1929. Pendant cette période, même si l'expansion n'est pas encore parfaitement démontrée, les théoriciens (Friedmann, Weyl, Lemaître, Robertson) construisent les bases du modèle d'Univers en expansion qui sont celles de notre modèle standard.

FIN DU XXe SIÈCLE : L'ÂGE D'OR DE L'OBSERVATION EN COSMOLOGIE ET LA FIN D'UN CYCLE

Il existe un modèle cosmologique standard depuis un demi-siècle. Il s'agit en fait d'une classe de modèles comme l'est le modèle standard de la physique des particules puisque l'un et l'autre font appel à un assez grand nombre de paramètres qui ne sont pas déterminés de façon interne par la théorie et doivent être tirés des observations (une vingtaine de paramètres pour la physique des particules et une douzaine pour la cosmologie).

Les bases du modèle sont :

— la relativité générale comme théorie de la gravité ;

— un Univers en expansion isotrope et homogène à grande échelle ;

— l'évolution passée est décrite en utilisant le modèle standard des interactions fondamentales jusqu'au point où la physique fondamentale bute sur la difficulté non résolue de l'unification de la gravité avec les autres interactions et la mécanique quantique.

Dans ce modèle, les paramètres dits « cosmologiques » sont les paramètres globaux émergents de la phase « Univers primordial » que la physique ne sait pas encore décrire et au sujet desquels la cosmologie et la physique fondamentale sont très étroitement connectées pour ne pas dire fusionnées.

Ces paramètres principaux sont la vitesse d'expansion de l'Univers aujourd'hui (la constante de Hubble), le paramètre décrivant la géométrie, ceux décrivant le contenu relatif de l'Univers en composants jouant des rôles différents pour sa dynamique (indispensable pour reconstruire l'histoire de l'Univers). Ces composants sont la matière ordinaire, la radiation, la matière « noire » froide et/ou chaude qui « pèse » mais n'interagit que très faiblement avec la matière ordinaire et n'émet pratiquement aucun rayonnement observable, la constante cosmologique, enfin le spectre des inhomogénéités de ces quantités quand l'Univers émerge de la phase primordiale (le spectre fixe en gros le rapport entre l'amplitude des inhomogénéités de la matière sur de grandes distances par rapport aux inhomogénéités sur de petites distances).

L'objectif est donc clair depuis des décennies : mesurer ces paramètres pour fixer le modèle et vérifier la cohérence des quantités qui sont liées par la théorie (comme, par exemple, le contenu total en impulsion-énergie et la géométrie).

La découverte de l'expansion de l'Univers a très vite confronté les cosmologistes à un problème épineux : dans un Univers où les galaxies s'éloignent les unes des autres proportionnellement à leur distance, si l'on repasse le film de l'histoire de l'Univers à l'envers toutes les galaxies se retrouvent superposées les unes aux autres à un temps fini dans le passé. La densité devient alors infinie. Dans les modèles d'Univers fondés sur la relativité générale, c'est bien ce qui se passe. Il y a un temps de début de l'Univers où la densité devient infinie. Une telle notion pose un problème aux physiciens qui ne peuvent imaginer comment tester leur physique jusqu'à ce point.

Le premier pilier du modèle d'Univers actuel est une démonstration éclatante que l'Univers est bien passé par une phase très dense et très chaude.

Le contenu en radiation de l'Univers est particulièrement simple. La radiation des galaxies, dont on pourrait s'attendre à ce qu'elle soit dominante, ne représente que 5 % de ce contenu. 95 % sont constitués par un rayonnement extrêmement uniforme suivant de façon quasi parfaite une fonction de Planck. Celui-ci décrit la distribution de l'énergie en fonction de la fréquence pour la radiation d'un corps noir : ce que rayonne l'ouverture d'un four parfaitement absorbant en parfait équilibre thermique.

Les premiers modèles de structure interne des étoiles ont à la fois résolu le problème de la source d'énergie des étoiles et fait apparaître une autre question : la quantité d'hélium dans le Soleil et dans la plupart des étoiles est très supérieure à celle pouvant avoir été produite par les réactions nucléaires au centre des étoiles elles-mêmes. Le deutérium (forme d'hydrogène lourd), très efficacement brûlé en hélium et en éléments plus lourds dans les étoiles, posait lui aussi un problème difficile. Il est observé en quantité qui, bien que faible (environ un cent millième de l'hydrogène léger), est cependant incompréhensible si les étoiles sont la seule source de fusion thermonucléaire d'hydrogène en éléments plus lourds.

Dans un article visionnaire, Alpher, Bethe et Gamow firent l'hypothèse que l'Univers était passé par une phase assez dense (10^{24} protons et neutrons par mètre cube) et assez chaude (1 milliard de degrés) pour avoir formé le deutérium et une grande partie de l'hélium observé. Cette extrapolation par un énorme facteur de l'expansion observée aujourd'hui vers le passé jusqu'à une période reculée où la densité de l'Univers était 10^{25} fois plus élevée qu'aujourd'hui (un peu moins d'un proton par mètre cube) et sa température moyenne celle du centre des étoiles conduit, sur la base de la physique nucléaire et des modèles d'Univers en expansion impliqués par la relativité générale, à prédire ensuite que l'Univers devait être rempli par une radiation à quelques degrés Kelvin. Le modèle le plus simple où la matière ordinaire est en quasi-équilibre thermique avec la radiation et où tout se refroidit dans l'expansion sans source significative d'énergie conduit à prédire que le spectre de ce rayonnement doit être très proche d'un spectre de Planck.

Ce rayonnement a été observé en 1965 par Penzias et Wilson qui ont reçu le prix Nobel pour cette observation. La fonction de Planck correspondant à l'intensité mesurée par Penzias et Wilson dans le domaine radio centimétrique doit présenter un maximum dans le domaine micro-onde pour une longueur d'onde d'environ 1 mm. Malheureusement, c'est dans ce domaine que l'atmosphère devient opaque (et en même temps émissive !), rendant la vérification du caractère planckien de ce rayonnement impossible depuis le sol.

Deux autres difficultés rendaient cette mesure excessivement difficile. Les astronomes ont pour habitude de faire chaque fois qu'ils le peuvent des mesures différentielles : par exemple, on pointe le télescope sur la source et ensuite juste à côté de façon à retirer tous les effets instrumentaux ou l'émission de l'atmosphère. Pour mesurer le rayonnement résiduel du big-bang qui est le même dans toutes les directions, on doit faire une mesure dite « absolue ». Celle-ci nécessite que toutes les émissions parasites soient contrôlables et plus faibles que ce qu'on veut mesurer. Tous les corps rayonnant dès qu'ils sont chauds, une telle expérience doit être refroidie à la température de l'hélium liquide, aux environs de deux degrés Kelvin au plus.

Il faut donc posséder la technologie de la cryogénie dans l'espace pour faire cette mesure. Le satellite COBE lancé par la NASA en 1989 était consacré à l'étude du rayonnement cosmologique. L'instrument FIRAS, construit par John Mather et son équipe au Goddard Space Flight Center, a permis la mesure très précise du spectre du rayonnement cosmologique et vérifie que l'essentiel de la radiation dans l'Univers présentait un spectre de Planck avec une précision de 1 cent millième (fig. 2.1). Cette mesure joue un rôle tout à fait spécial dans l'ensemble des observations cosmologiques. En effet, elle vérifie très précisément une prédiction déduite directement d'un tout petit nombre d'hypothèses :

— nous vivons dans un Univers en expansion obéissant à la relativité générale pour sa dynamique globale au moins depuis le moment où la température valait 1 milliard de degrés ;

— l'Univers primordial est simple : il est rempli de matière et de radiation très homogènes sans source d'énergie notable jusqu'au moment où les protons et les électrons se recombinent pour former l'hydrogène (quand l'Univers était mille fois plus petit que maintenant) ;

— la plus grande partie des noyaux l'hélium et de deutérium ne peuvent avoir été formés dans les étoiles et les galaxies, ils l'ont été dans cette phase dense et chaude de l'Univers ;

— la physique nucléaire telle que nous pouvons la mesurer dans nos laboratoires terrestres est valide dans l'Univers jeune.

La température de cette radiation aujourd'hui est bien celle qui est prédite par le facteur expansion de l'Univers qui permet de passer de la densité nécessaire pour fusionner 25 % de l'hydrogène en hélium quand l'Univers avait une température d'un milliard de degrés à la densité de la matière observée maintenant.

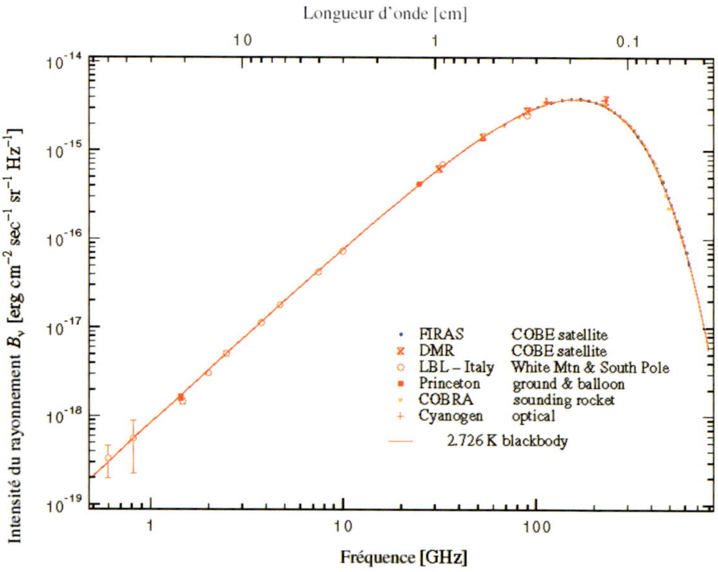

Figure 2.1 : Répartition en fréquence du rayonnement cosmologique. Les différents symboles correspondent aux mesures du satellite COBE et à plusieurs autres ; elles montrent un accord précis avec la loi de Planck pour un corps noir à 2,726 Kelvin (ligne continue).

Ce résultat est particulièrement saisissant parce qu'il relie entre elles des observations qui sont à la fois complètement découplées et impossibles à expliquer dans un modèle où l'Univers n'a pas subi ce type d'évolution.

Une seconde expérience à bord du satellite COBE, l'expérience DMR construite par l'équipe de George Smoot à Berkeley, a vérifié tout aussi bien une autre prédiction du modèle cosmologique standard. L'Univers est supposé homogène à très grande échelle. Le rayonnement cosmologique est l'outil idéal pour vérifier ce point. Cela a été fait dans les années qui ont suivi sa découverte par Penzias et Wilson. Mais on observe aujourd'hui un Univers très structuré (en galaxies, amas de galaxies,...). Dans le modèle le plus simple, ces structures sont le résultat de la gravitation agissant sur les très petites inhomogénéités qui peuvent avoir été engendrées dans l'Univers primordial. On prédit alors que ces inhomogénéités doivent être visibles sur le rayonnement cosmologique avec une amplitude d'environ un cent millième. C'est précisément ce qu'a trouvé l'expérience DMR au moins aux échelles angulaires de dizaines de degrés sur le ciel qu'elle pouvait détecter. Là encore, les mesures au sol avaient une précision insuffisante pour relever ces très faibles inhomogénéités. Seul un satellite observant pendant plusieurs années hors de l'atmosphère a pu permettre cette mesure.

La mesure très fine des inhomogénéités du fond cosmologique à petites échelles angulaires (quelques minutes d'arc) permet, par les effets fins associés au développement des inhomogénéités de densité, de déterminer la géométrie de l'Univers à grande échelle et les proportions des différents ingrédients qui ont participé à sa dynamique : en gros, les principaux paramètres cosmologiques après lesquels les astronomes courent depuis plus d'un demi-siècle !

Ces inhomogénéités peuvent être caractérisées par un spectre qui donne les variations de l'amplitude des inhomogénéités en fonction de la taille des structures considérées. Ce comportement se trouve être très particulier dans le modèle cosmologique standard présentant une série de pics et de vallées appelés « pics acoustiques ». Ils correspondent aux oscillations des excès de matière qui donneront naissance aux galaxies et amas de galaxies bien avant qu'ils n'apparaissent (fig. 2.2).

C'est ce qui émerge des mesures qui viennent d'être faites au cours des deux dernières années.

— Tout d'abord, la géométrie de l'Univers est une géométrie euclidienne avec une bonne précision (quelques pourcents). Les différents éléments contribuant à la dynamique de l'Univers conspirent donc pour atteindre une valeur très proche de la valeur critique conduisant à une géométrie euclidienne à grande échelle.

— La matière baryonique (la matière ordinaire qui constitue les étoiles, les galaxies, les planètes) est présente à grande échelle et son abondance mesurée de cette façon est la même que celle qui est déterminée à partir des mesures directes et la nucléosynthèse du deutérium et de l'hélium quand l'Univers n'était vieux que de trois minutes.

— La matière noire des halos de galaxies est confirmée par les mesures des inhomogénéités du fond cosmologique, leur valeur est compatible avec celle qui donne la dynamique des galaxies et des amas.

Cette cohérence entre des mesures si différentes et le fait que tous ces paramètres se centrent autour d'un modèle minimal parmi les plus simples donnent aux cosmologistes le sentiment très fort d'être

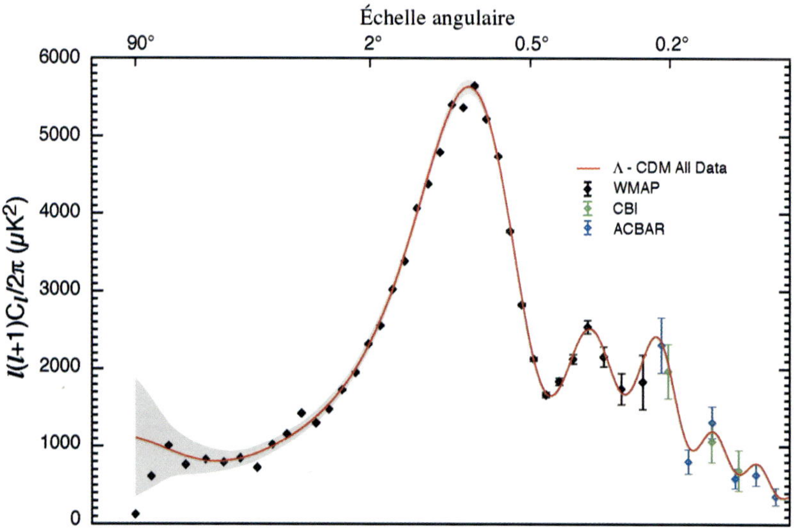

Figure 2.2 : Répartition des fluctuations du rayonnement cosmologique en fonction de leur dimension angulaire. Ces résultats, obtenus grâce au satellite WMAP de la NASA, confirment les mesures des expériences Boomerang, Maxima et Archeops embarquées sur ballon stratosphérique. Elles montrent des oscillations correspondant aux pics acoustiques prédits par le modèle du big-bang.

sur la voie d'un modèle standard comme celui de la physique des particules. Le dernier élément moins attendu est la réémergence de la constante cosmologique après une longue éclipse de plus d'un demi-siècle. La mesure de la constante de Hubble avec les supernovæ avait déjà conduit à lui donner une valeur assez élevée puisqu'elle contribuerait pour 70 % environ à ce qui est nécessaire pour expliquer une géométrie euclidienne. Cette valeur est aussi celle donnée par le fond cosmologique.

Il est donc très probable que, grâce aux mesures effectuées par les satellites, tous ces paramètres globaux seront connus avec une grande précision d'ici 10 ans.

Il faut insister ici sur l'importance de la cohérence de l'ensemble des mesures, en particulier sur la cohérence de celle qui pour l'instant n'est justifiée que dans le cadre du modèle cosmologique standard.

Est-ce à dire que la cosmologie touche au but ? Outre le fait que l'histoire a montré le danger de telles affirmations, ce modèle standard nous laisse, comme celui de la physique des particules, avec une relativement longue liste de paramètres mesurés mais non déterminés par la théorie. De plus, dans cet Univers, la matière dont nous sommes faits et toute cette structuration qui va des galaxies aux étoiles et à la matière vivante sur la Terre ne pèsent pas lourd dans la dynamique de l'Univers (moins de 1 % !). La matière physique exacte des autres ingrédients qui font tout le travail — la matière noire et la constante cosmologique — n'est pas identifiée. Enfin, la radiation qui remplit l'Univers ressemble encore pour 95 % à celle de l'Univers prégalactique, ce qui est une autre indication du rôle mineur de l'Univers visible !

LE FUTUR

L'avenir de l'observation en cosmologie se divise en deux branches de plus en plus distinctes.

L'une est la physique de l'Univers primordial. Celle-ci est dans la continuité de la cosmologie du XXe siècle : il s'agit de comprendre la nature de la matière noire et de la constante cosmologique. Elle ne pourra progresser qu'en liaison étroite avec la physique fondamentale, en particulier avec l'unification de la gravité et des autres interactions, et la symétrie entre fermions et bosons. C'est l'objectif des physiciens théoriciens qui travaillent à la théorie des supercordes.

L'autre branche est l'exploration de la formation et de l'évolution des structures dans l'Univers. Elle commence dans la cosmologie mais se place directement dans cette ligne de recherche centrée sur la question des origines : comment s'est construit l'environnement qui a permis l'apparition de la vie sur Terre, en particulier le système planétaire auquel nous appartenons ? Toutes ces questions sont hors de la cosmologie comme nous l'avons définie mais conduisent à d'autres, en amont, sur la formation des étoiles et des galaxies qui restent encore bien mal comprises. Autant, comme on l'a vu, le développement des structures dans l'Univers dans sa phase linéaire (c'est-à-dire quand les contrastes de densité restent petits) est en voie de résolution à la fois grâce à un modèle bien défini (l'action de la gravitation sur les fluctuations de densité issue de l'Univers primordial) soutenu par une série de tests observationnels de plus en plus précis, autant la physique de la formation des structures comme une galaxie obéit à une physique complexe et non linéaire très difficile à modéliser. Dans ce problème comme dans celui de la formation des étoiles, la détermination des mécanismes physiques dominants ne viendra probablement pas de considérations très générales comme en physique fondamentale ou pour la partie de la cosmologie décrivant l'Univers à grande échelle. Les observations sont le guide indispensable pour faire le tri dans les multiples processus physico-chimiques dont on sait qu'ils peuvent jouer un rôle.

Note

1. Il existe même d'autres modèles théoriques dans lesquels nous ne pourrions interagir que dans trois dimensions, à l'exception de la gravitation qui, elle, se propagerait aussi dans des dimensions supplémentaires. Notre monde serait ainsi la frontière tridimensionnelle d'un espace à dix dimensions dont sept ne seraient pas directement perceptibles. Faute d'expériences, tous ces scénarios restent spéculatifs et nous ne sommes pas aujourd'hui en mesure de les confirmer ni de les infirmer.

CHAPITRE 3

Symétries brisées

L'Univers a-t-il surgi d'une *fluctuation quantique du vide* qui aurait provoqué un changement spontané de symétrie ?

Les *quarks,* constituants des neutrons et protons, dans lesquels ils sont confinés aujourd'hui de manière permanente, étaient-ils libres de se mouvoir juste après le big-bang, et pourrions-nous, fugitivement, pour d'infimes instants, reproduire expérimentalement cet état ?

Les particules Z et W, qui transmettent avec le photon les interactions électrofaibles, sont-elles devenues massives (contrairement au photon dépourvu de masse) sous l'effet d'un *changement de symétrie* ? Est-il indispensable pour cela qu'une autre particule, *le boson de Higgs,* encore hypothétique, change d'état afin de leur communiquer cette masse ? Nous n'aurons la réponse que lorsque sera achevée, après 2007, la construction au Centre européen de recherches nucléaires[1] du grand collisionneur de hadrons (LHC).

Une *supersymétrie* serait-elle à l'origine d'un monde de particules élémentaires en miroir du nôtre : à chacune des particules que nous connaissons, cette symétrie, toujours hypothétique et en attente d'indications expérimentales, associerait un partenaire tel que photino pour le photon, sélectron pour l'électron, etc. ? Cette symétrie se serait, elle aussi, brisée spontanément aux premiers instants de l'Univers, nous masquant ce monde miroir, mais celui-ci pourrait contribuer à une fraction de la densité de masse qui nous reste cachée. C'est un autre des enjeux du LHC.

La *supraconductivité*, cette propriété de certains matériaux de n'offrir à basse température aucune résistance au transport du courant électrique et d'expulser les champs magnétiques, provient-elle d'un *changement de symétrie* ? C'est la même question qui se pose pour expliquer l'existence de corps aimantés, celle des cristaux liquides qui servent aux affichages de nos écrans d'ordinateurs, ou plus généralement de très nombreux changements d'état de la matière.

On pourrait multiplier ces questions à l'infini. La réponse à certaines d'entre elles est connue depuis peu. D'autres font l'objet d'intenses recherches. L'analogie la plus simple que l'on puisse donner d'une symétrie brisée est celle d'une poutre cylindrique verticale soumise à une compression le long de son axe. Au-delà d'un certain seuil, la force appliquée fait flamber la poutre, c'est-à-dire la tord, rompant ainsi la symétrie cylindrique. Dans cet exemple, une force externe est appliquée, mais dans les questions qui précèdent, il s'agit d'étudier les situations dans lesquelles *la brisure de symétrie se produit spontanément*.

Ce n'est qu'au milieu du XIXe siècle, avec l'étude de la forme des cristaux et de la polarisation de la lumière par le jeune Louis Pasteur, que la notion de symétrie a dépassé les considérations géométriques et esthétiques, voire parfois mystiques, où elle était confinée depuis l'Antiquité. C'est ainsi que Kepler voyait dans la perfection des cinq polyèdres réguliers platoniciens le modèle divin d'organisation des planètes (seules cinq en étaient connues à son époque !). En effet, Pasteur découvrit que, contrairement aux molécules constitutives du monde inanimé, celles du monde vivant possédaient toujours une *chiralité*[2], comme une main gauche qui n'est semblable qu'à l'image dans un miroir d'une main droite. De plus, cette chiralité est universelle dans tout le vivant. Or, les processus physiques à l'œuvre dans la chimie moléculaire ne distinguent pas *a priori* la droite de la gauche. L'origine de cette *homochiralité du vivant* reste controversée, et la question est intimement liée à celle de l'origine de la vie (voir page 102).

Progressivement, la symétrie s'est imposée comme instrument d'organisation de l'Univers, et finalement, avec la notion contemporaine de symétrie locale, dite « symétrie de jauge », comme concept premier et unificateur permettant de comprendre les interactions entre constituants élémentaires (électromagnétisme, gravitation et forces nucléaires), et même d'aborder la cosmologie de notre Univers en inflation issu du big-bang initial.

La compétition entre énergie et entropie

Le langage nous tend des pièges. C'est ainsi qu'au doublet symétrie/dissymétrie est associé le doublet ordre/désordre. Mais nous verrons que c'est à la symétrie qu'est associé le désordre, tandis que l'ordre résulte de la *symétrie brisée*.

La compétition entre l'ordre et le désordre régit l'organisation de la matière. Inscrite dans la thermodynamique, elle a pris tout son sens lorsque Boltzmann et Gibbs ont établi à la fin du XIXe siècle les fondements de la physique statistique, science de la déduction des propriétés du monde macroscopique à partir des constituants de base de la matière (électrons, atomes, molécules, etc.).

Examinons un processus simple et familier comme la cristallisation d'un liquide sous l'effet d'un abaissement de température. Le cristal ainsi formé possède une structure régulière : les atomes ou les molécules constitutifs s'y rangent au sommet d'un réseau spatial périodique[3].

Si l'on tente d'imaginer le comportement des molécules constituantes lors de la cristallisation, le nombre gigantesque de molécules contenues dans le moindre grain de matière rend le processus tout à fait étonnant. Une minuscule goutte d'eau est constituée de plusieurs milliards de milliards de molécules. Un

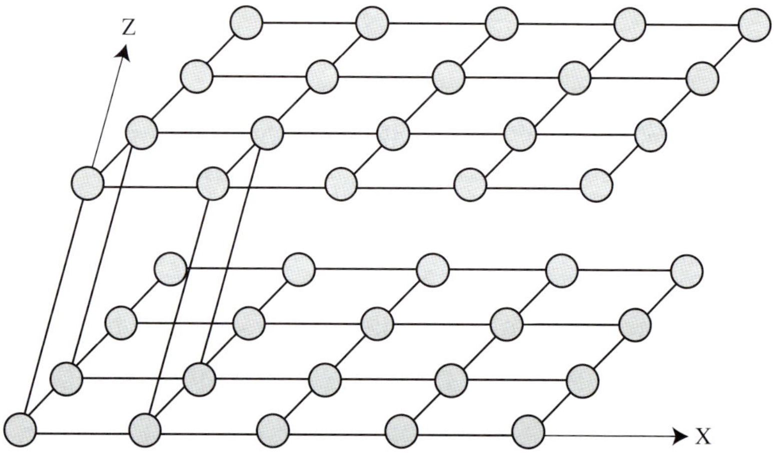

Figure 3.1 : Un exemple de réseau cristallin simple à trois dimensions.

infime abaissement de température de l'eau en dessous de zéro degré Celsius produit donc la mise en ordre spatial d'une myriade de molécules sans que rien ne soit venu les modifier ni affecter les interactions qui régissent leur comportement. Un ordre est ainsi apparu spontanément dans un milieu où aucun réseau spatial ne préexistait.

La transition liquide-solide est la manifestation de deux phénomènes antagonistes, qui mettent en jeu énergie et entropie. Dans cette matière macroscopique en effet, les configurations moléculaires sont très nombreuses ; chacune d'entre elles n'a qu'une petite probabilité de se réaliser, et celle-ci est d'autant plus faible que l'énergie est plus grande. À basse température, dans la phase solide donc, les configurations de faible énergie correspondent à un état spatialement ordonné. Celui-ci permet aux molécules d'optimiser leurs attractions mutuelles et, diminuant ainsi l'énergie, d'acquérir un poids statistique prédominant. En revanche, à plus haute température, la multiplicité des configurations possibles conduit à rejeter les configurations ordonnées, à en privilégier de plus énergétiques, bien moins probables donc, mais si nombreuses que cette considération (identifiée par Boltzmann à l'entropie des thermodynamiciens) l'emporte. Comparons le liquide et le solide : le liquide est isotrope, aucune direction n'y est privilégiée. Il est également homogène, identique en tous ses points. Le solide, lui, possède des axes cristallins privilégiés et des points qui servent de sommets au réseau périodique sur lequel sont venus se ranger les molécules. Il est donc certes plus ordonné que le liquide, mais moins symétrique que lui puisque des opérations telles que des rotations ou des translations arbitraires, qui ne changent rien au liquide, ne le laissent pas invariant. Cette brisure de symétrie, manifestée par l'ordre cristallin, est spontanée en ce sens qu'elle ne nécessite aucune action extérieure, aucune interaction privilégiant des directions particulières.

Un grand nombre de changements d'état de la matière s'accompagnent de ce phénomène de symétrie brisée. Les aimants permanents présentent une aimantation dans une direction spatiale déterminée qui disparaît au-delà d'une certaine température, laquelle porte le nom de Pierre Curie qui découvrit cette transition entre un état *ferromagnétique* aimanté présentant une orientation et un état *paramagnétique* isotrope. De nos jours, l'étude de la supraconductivité, de la superfluidité, des phases des cristaux liquides, et de bien d'autres changements d'états, n'a cessé d'enrichir le catalogue des symétries spontanément brisées que présente l'organisation de la matière. Les défauts d'ordre même (un solide, comme toute structure ordonnée, présente des défauts) s'organisent d'une manière caractéristique des symétries brisées présentes dans la structure.

La compréhension du mécanisme de la compétition ordre-désordre (ou énergie-entropie) mise en jeu dans ces transitions a pris de nombreuses décennies. Après de longues années d'interrogations non concluantes, les travaux du physicien R. Peierls[4] en 1940 montraient que la formulation statistique de la physique, qui doit tant à Boltzmann, contenait bien la possibilité, la nécessité même, de transition de phase par brisure spontanée de symétrie. À la même époque, en Union soviétique, Lev Landau systématisa les types de symétrie et de leurs possibilités de brisure spontanée, avec l'ambition de mettre fin au problème. Il introduisit le concept fondamental de paramètre d'ordre qui permet de caractériser la transition de phase et les phénomènes singuliers qui l'accompagnent. L'exemple de l'aimantation, dans le cas de la transition magnétique, illustre bien ce concept. Dans la phase symétrique, c'est-à-dire désordonnée, cette aimantation est nulle. En revanche, dans la phase ordonnée de symétrie brisée, elle prend une valeur non nulle spontanément, en l'absence de toute sollicitation extérieure. Ces concepts sont très utiles, mais l'expérience devait bientôt révéler leurs limites.

Universalité et fractalité

Le problème devait resurgir dans les années 1960 avec l'invention de moyens expérimentaux nouveaux, tels que la diffusion de la lumière (lasers) ou la diffraction des neutrons, qui révélèrent que la théorie de Landau, bien que qualitativement souvent en accord avec l'expérience, était en fait quantitativement erronée. De plus, l'expérience révélait des propriétés physiques tout à fait extraordinaires : lorsqu'un tel changement de symétrie se produit, le système développe des structures autosimilaires, ou fractales, se reproduisant, semblables à elles-mêmes, sur plusieurs ordres de grandeurs successifs ; on constatait également que ce comportement était *universel*, c'est-à-dire indépendant du système spécifique considéré. Les travaux sur le *groupe de renormalisation* permirent de résoudre ce problème parmi bien d'autres. Partant de l'échelle de longueur microscopique, celle qui caractérise les distances entre atomes constituants, on construit par la pensée des systèmes fictifs dont les constituants élémentaires ne sont plus les atomes individuels, mais des petits paquets de quelques atomes. Ces paquets sont couplés entre eux, si bien que leur interaction n'est plus exactement celle des atomes constitutifs initiaux. La répétition de cette opération mathématique induit une suite d'interactions successives de sorte que la physique que nous observons à notre échelle, gigantesque par rapport à l'échelle atomique, n'est que le résultat d'un très grand nombre d'itérations de cette opération. *In fine*, seul le résultat de cette suite d'itérations, c'est-à-dire mathématiquement un point fixe (ou invariant), gouverne le comportement que nous observons.

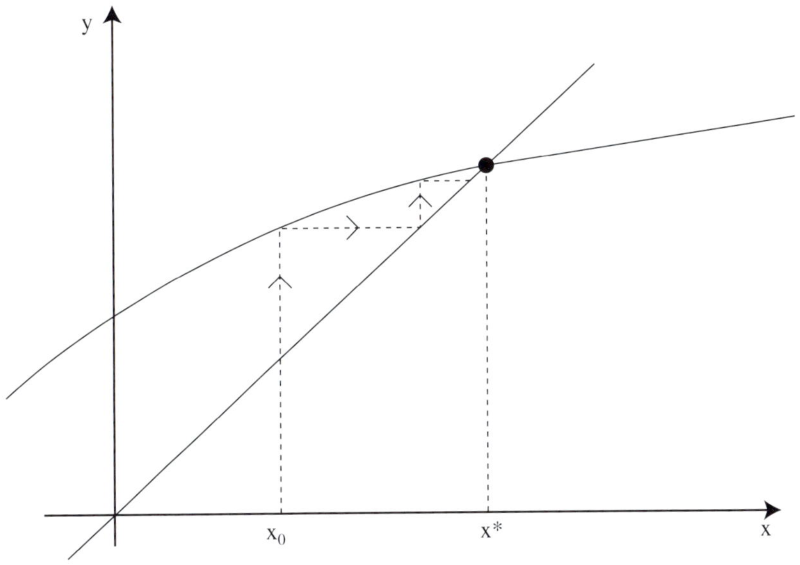

Figure 3.2 : Itération graphique d'une application y = f(x) et convergence vers un point fixe x*. Noter que l'itération conduit toujours au même x*, indépendamment du point initial x_0.

Cela permit de comprendre l'universalité du comportement puisque seul importe le point fixe et non le point de départ de l'itération, puis de calculer les indices caractérisant le comportement autosimilaire du système. Cette méthode nouvelle a permis de comprendre le comportement de nombreux systèmes autosimilaires : comportement géométrique des longs polymères en solution, cristaux liquides, membranes et interfaces, etc.

Cet outil théorique puissant n'explique pas les mécanismes physiques qui régissent des systèmes spécifiques ; bien des questions posées par les changements spontanés de symétrie échappent à son analyse. C'est ainsi que furent découvertes en 1986 des céramiques à base d'oxydes de cuivre qui restent *supraconductrices* à des températures bien plus élevées que tous les corps connus jusqu'alors. Le mécanisme qui explique cette propriété remarquable est loin d'être élucidé.

Symétries du monde subnucléaire

Le concept de symétrie, associé à des opérations qui laissent le système invariant, a joué un rôle central en physique depuis plus d'un siècle. Citons, sans la développer ici, la contradiction entre les symétries galiléennes de la mécanique classique et celles découvertes par Lorenz et Poincaré dans l'électrodynamique de Maxwell. C'est elle qui conduisit Einstein à la relativité restreinte. Un peu plus tard, celui-ci, toujours guidé par le souci de décrire les lois de la physique de manière universelle, indépendante de l'état de mouvement des observateurs, aboutit par des considérations d'invariance, c'est-à-dire de symétrie, à la relativité générale, nouvelle théorie de la gravitation, à la base de la cosmologie contemporaine. Plus près de nous, les quarks, éléments constitutifs de la matière *hadronique* (c'est-à-dire liée par des forces nucléaires fortes) ont été mis en évidence par les propriétés de symétrie que présentait la classification des particules élémentaires, démarche rappelant l'élucidation de la structure des atomes à partir des régularités du tableau de Mendeleiev[5].

Mais il nous faut tenter de décrire les idées très importantes de symétrie locale (plus couramment appelées *symétries de jauge*) qui ont permis de comprendre les interactions entre particules élémentaires (électromagnétiques aussi bien que nucléaires faibles et fortes). La symétrie n'est plus cette fois une simple propriété d'invariance de la structure, compatible encore avec une grande variété de lois d'interactions entre constituants. En effet, la symétrie locale est l'élément qui permet de déterminer de manière unique les forces elles-mêmes qui régissent les phénomènes électromagnétiques et nucléaires[6].

En 1925, les travaux du physicien anglais Paul A. M. Dirac établissaient une théorie de l'électron en interaction avec le rayonnement électromagnétique incorporant à la fois la nouvelle mécanique des quanta, la relativité et les équations de Maxwell en électromagnétisme. Le physicien-mathématicien Hermann Weyl saisit que l'interaction entre les particules dotées d'une charge électrique et le rayonnement électromagnétique, telle qu'elle apparaissait dans la théorie de Dirac, révélait une propriété de symétrie insoupçonnée. Si l'on renverse le raisonnement, cette *symétrie de jauge* est alors suffisante pour déterminer la théorie de Maxwell-Dirac. Une explication précise demanderait un formalisme inapproprié ici. En quelques mots, les états d'une particule comme l'électron sont décrits en mécanique quantique par une fonction d'onde qui est un nombre complexe en chaque point de l'espace-temps. On peut le représenter comme un vecteur dans un plan ; on associe un tel vecteur à chaque point de l'espace-temps. L'orientation de ce vecteur dans le plan porte le nom de phase. La théorie ne change pas si l'on modifie cette phase de la même quantité pour tous les points de l'espace-temps (c'est-à-dire si l'on fait tourner tous ces vecteurs dans le plan du même angle). Cette première symétrie n'est pas tout à fait banale puisqu'elle suffit à impliquer que la charge électrique est *conservée*[7], c'est-à-dire que dans tout processus la charge finale est la même que la charge initiale.

Peut-on modifier cette phase indépendamment pour chaque point de l'espace-temps ? *A priori*, la réponse est négative ; en l'absence de champ électromagnétique, cette opération n'est certainement pas une symétrie de la théorie. Mais Weyl comprit que le champ électromagnétique avait précisément pour fonction d'instituer cette propriété d'invariance locale. On ne peut donc obtenir cette symétrie locale dans la description des particules dotées, comme l'électron, d'une charge électrique qu'à la condition d'introduire un *champ de jauge* supplémentaire. Or on découvre que le champ résultant de cette invariance postulée obéit aux équations de Maxwell de l'électromagnétisme, qui deviennent ainsi le résultat de cette symétrie. Le champ de jauge dans ce cas n'est autre que le champ électromagnétique bien connu. Cette symétrie locale introduit manifestement des interactions de portée infinie puisqu'elle autorise de changer indépendamment les phases en des points arbitrairement espacés. Or le champ électromagnétique est constitué, en termes quantiques, de photons, comme l'avait compris Einstein. Ces particules sont dépourvues de masse, puisque porteuses d'une symétrie s'étendant à des distances arbitraires infinies (la portée est proportionnelle à l'inverse de cette masse).

La généralisation de ces idées à des symétries plus complexes qu'une simple rotation de vecteurs dans un plan fut l'œuvre de Yang et Mills en 1956. Y apparaissent d'autres champs de jauge que les photons ; ils ne reçurent initialement guère d'attention car, pour les mêmes raisons, la symétrie locale impose aux particules associées aux champs de jauge d'être elles aussi sans masse. Les interactions transmises par ces champs sont donc *a priori* de portée infinie.

Au début des années 1970, on disposait d'une théorie ancienne des forces nucléaires dites « faibles », celles qui sont responsables par exemple de la désintégration du neutron (en un proton, un électron et un neutrino) et donc de la radioactivité *beta* de noyaux possédant un excès de neutrons. Cette théorie, due au physicien italien Enrico Fermi dans les années 1930, était en accord avec toutes les expériences connues alors. Mais les théoriciens savaient qu'elle ne pouvait prétendre être une théorie quantique cohérente lorsque l'énergie des particules en présence augmentait. Ils auraient volontiers adopté une théorie de Yang-Mills, mais la portée des forces nucléaires faibles ne dépassant guère quelques milliardièmes de nanomètres, il paraissait impossible, absurde même, de vouloir les faire sortir d'une théorie dans laquelle la portée des interactions est arbitrairement grande. C'est la compréhension du mécanisme de symétrie brisée qui permit d'établir finalement cette théorie des interactions faibles, unifiée de surcroît à la théorie de l'électromagnétisme[8]. On introduit, en plus des particules usuelles, un champ de matière supplémentaire, le *boson de Higgs* (toujours hypothétique et activement recherché expérimentalement). Dans une première phase symétrique, qui a peut-être existé pendant quelques infimes instants après le big-bang, le scénario de Yang-Mills avec tous ses champs de jauge de masse nulle était à l'œuvre. Mais une brisure spontanée de symétrie, une transition de phase analogue à celle de la supraconductivité, faisait apparaître une nouvelle phase, celle de notre monde actuel. Dans celle-ci certains des champs de Yang-Mills devinrent massifs, et donc les interactions qu'ils transportaient de courte portée, comme il était nécessaire pour être conforme aux observations. La découverte expérimentale au CERN dans les années 1970 des particules Z et $W^{\pm}$, analogues aux photons puisqu'ils avaient pour rôle d'assurer une symétrie locale, mais très massifs pour ne transmettre l'interaction que sur une courte portée[9], établissaient la validité de cette extraordinaire construction.

Sommes-nous pour autant au bout du chemin ? Loin de là : ces théories de jauge qui constituent le modèle standard portent en germe leurs propres limites. Quelles que soient leurs vertus aux échelles d'énergie aujourd'hui accessibles, nous savons de manière précise pourquoi elles ne peuvent pas prétendre être définitives. Ce sont des raisons de cohérence interne à cette théorie, alors qu'aucune expérience n'est venue l'infirmer à ce jour ! Pour pénétrer au-delà de son régime de validité testé dans les expériences, d'autres symétries ont été invoquées pour construire une théorie de *grande unification* qui aurait pour limite ce modèle standard à nos échelles d'énergie mais qui serait différente à plus haute énergie. Les essais théoriques reposent le plus souvent sur une *supersymétrie*, selon laquelle il y aurait une duplication de toutes les particules connues ; chacune aurait un partenaire, très dissemblable à l'original[10], de masse très différente à ce stade de l'évolution de l'Univers, mais qui fut identique au moment du big-bang. Là encore une rupture de symétrie serait intervenue dans les instants qui ont suivi. Bien entendu, ces constructions reposent sur des arguments de cohérence interne, seule l'expérience permettra de les valider et de déterminer quelle est la forme exacte de la théorie unifiée des interactions non gravitationnelles.

TRANSITIONS DE PHASE ET COSMOLOGIE : LES MODÈLES D'UNIVERS EN INFLATION

Le scénario classique du big-bang, Univers en expansion adiabatique à partir d'une singularité initiale, a connu des succès multiples. Le plus notable est la prédiction, aujourd'hui abondamment confirmée, du *rayonnement fossile* dans lequel baigne l'Univers. Mais diverses observations dont cette théorie devrait rendre compte, telles que la compréhension du rapport entre le nombre de particules massives et le nombre de photons observés, ou encore la nécessité d'une courbure de l'Univers excessivement faible dans les premiers instants du big-bang, ont conduit là encore à invoquer un mécanisme de symétrie spontanément brisée à l'origine de notre Univers. Ces modèles d'Univers en inflation[11] résolvent les problèmes mentionnés ci-dessus si l'on suppose qu'il a connu une transition de phase avec une brusque augmentation d'entropie, dans laquelle notre espace-temps est apparu, un peu comme une bulle de vapeur dans un liquide à son point d'ébullition. Diverses variantes de cette idée sont aujourd'hui considérées, telle l'inflation chaotique qui suppose la formation d'une écume de bulles, sans connections causales mutuelles, évoluant chacune en différents types d'Univers. Seule l'une d'entre elles serait devenue notre Univers. La validation de ces divers scénarios repose sur leur capacité à reproduire les paramètres de notre Univers observés aujourd'hui, et il est donc sans doute bien trop tôt pour conclure, mais les cosmologistes semblent devoir faire appel à une symétrie brisée pour modéliser l'évolution de l'Univers.

Notre monde distingue-t-il entre la droite et la gauche ?

L'invariance des interactions élémentaires par réflexion dans un miroir était naguère considérée comme une propriété fondamentale des lois de la nature. En 1956 l'analyse par T. D. Lee et C. N. Yang du comportement singulier, lors de leurs désintégrations, de certaines particules dites « étranges » leur fit comprendre que toutes les expériences qui avaient conduit à ce dogme ne mettaient en jeu que des forces électromagnétiques, ou encore des forces nucléaires fortes (comme celles qui lient neutrons et protons dans un noyau). Or, la désintégration de ces particules étranges est due aux forces nucléaires faibles. Ils ont donc immédiatement suggéré d'étudier la possibilité de violation de la parité dans la désintégration beta.

L'équipe de Mme Wu à l'Université de Columbia étudia la désintégration du noyau radioactif de cobalt 60 (en nickel 60 accompagné d'un électron et d'un neutrino). Le noyau de cobalt a un spin[12] non nul et l'expérience montra qu'il y avait plus d'électrons émis dans une direction opposée au spin du cobalt que dans sa direction même. Cette observation démontrait que, pour les interactions faibles, un processus ou son image dans un miroir n'avaient pas des chances égales de se produire. Elle fut confirmée immédiatement par plusieurs autres observations qui se comptent aujourd'hui par milliers. Il faut se replacer dans l'atmosphère de l'époque pour comprendre que cette découverte majeure d'une asymétrie droite-gauche dans les lois de la nature était réellement stupéfiante. Rien ne semblait jusqu'alors distinguer la droite de la gauche, hormis la convention usuelle qui fixe leur nom. Par exemple, si l'on avait souhaité envoyer un message à des extraterrestres qui contiendrait une définition de ce que nous appelons « le sens des aiguilles d'une montre », rien ne nous dit, à supposer qu'ils nous ressemblent, que leur cœur

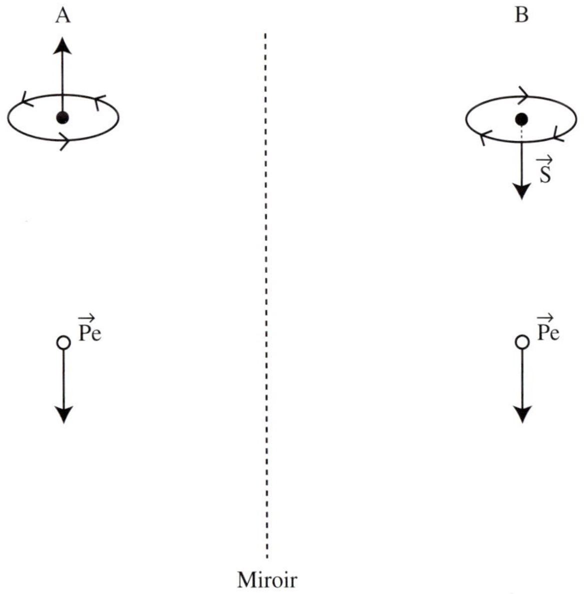

Figure 3.3 : Si la parité était conservée, le processus miroir B, dans lequel l'impulsion de l'électron est parallèle au spin du cobalt, aurait la même probabilité que le processus A dans lequel l'impulsion de l'électron et le spin du cobalt sont antiparallèles. En effet, l'orientation du spin est symbolisée par le sens de parcours dans la boucle, qui est inversé dans l'image donnée par le miroir.

n'est pas situé à droite et que toute convention que nous avons adoptée n'est pas inversée chez nos lointains interlocuteurs. Il semblait donc *a priori* impossible de transmettre à des extraterrestres qui connaîtraient les lois de la nature la définition de ce que nous appelons la droite et la gauche, une hélice de chiralité positive ou le sens des aiguilles d'une montre. Ce n'est pas le cas : nous avons la possibilité, en décrivant une expérience comme celle de la désintégration du cobalt, de transmettre notre convention d'orientation.

Symétrie entre passé et futur ?

Quelques années plus tard, la même question se posa à propos d'un autre dogme, celui de l'identité entre passé et futur dans les lois d'interaction entre particules. Certes, on sait bien que l'évolution du monde est irréversible, qu'il y a une flèche du temps. Mais celle-ci nous est donnée par le sens de l'augmentation de l'entropie, c'est-à-dire de l'accroissement du désordre. Depuis Boltzmann, on sait que cette flèche du temps est le résultat de l'impossibilité de suivre avec une précision infinie le nombre gigantesque de degrés de liberté d'un système macroscopique. En revanche, tout laissait penser qu'au niveau des particules élémentaires, la physique serait la même que le temps coule vers le futur ou vers le passé. C'est ainsi qu'en regardant un film de la collision de deux boules de billard, il n'est pas possible de savoir s'il est projeté à l'endroit ou à l'envers. Or, là encore, l'expérience trancha en 1967 (par une étude de la désintégration des mésons K neutres que nous ne décrirons pas ici) : une très légère et rare asymétrie entre le passé et le futur est présente dans notre monde. Le physicien Andrei Sakharov devait montrer ensuite que cette asymétrie était peut-être responsable du fait que notre Univers est composé principalement de matière, et non de deux parts égales de matière et d'antimatière. Dans ce même ordre d'idées on pourra lire l'encadré consacré au *retournement temporel* des ultrasons qui tire parti de la symétrie entre passé et futur en acoustique pour créer une grande variété d'instruments dont les applications vont de la médecine à l'acoustique sous-marine en passant par les télécommunications, la sismologie ou le contrôle non destructif.

Y a-t-il une relation entre la symétrie droite-gauche et l'origine de la vie ?

Les expériences du jeune Pasteur visaient à préciser la propriété connue de certains cristaux, tel le quartz, qui font tourner le plan de polarisation de la lumière. En 1848, physicien et chimiste d'exception avant de devenir biologiste de génie[13], il cherchait à déterminer le lien entre cette activité optique et la structure microscopique des cristaux.

On avait remarqué depuis peu qu'il existait deux acides, tartrique et paratartrique, ayant la même composition chimique, la même forme cristalline, le même poids spécifique, mais différents par leur capacité à faire tourner le plan de lumière polarisée. Le tartre, connu depuis l'Antiquité, que l'on trouve dans les tonneaux de vin et dans de nombreux fruits, a un pouvoir rotatoire ; il est *dextrogyre*[14]. En revanche, l'acide paratartrique, synthétisé en laboratoire, est dépourvu de pouvoir rotatoire.

Cette observation[15] était tout à fait incompréhensible : comment imaginer que deux corps composés apparemment des mêmes molécules aient un comportement si dissemblable vis-à-vis de la lumière ? Pasteur était convaincu que ce phénomène était le signe d'une asymétrie à l'échelle moléculaire. Il commença par examiner les cristaux de tartrate et constata que, tels ceux de quartz, ils n'étaient pas superposables à leur image dans un miroir. Compte tenu du pouvoir rotatoire du tartre, cela n'avait rien de surprenant. En revanche, lorsqu'il effectua le même examen sur les cristaux paratartriques, il constata avec stupéfaction que, bien que dépourvus de pouvoir rotatoire, ces cristaux étaient également asymétriques. Poursuivant alors méticuleusement, il constata en les examinant un à un que ces cristaux paratartriques étaient constitués de deux espèces différentes, toutes deux asymétriques, mais images l'une de l'autre

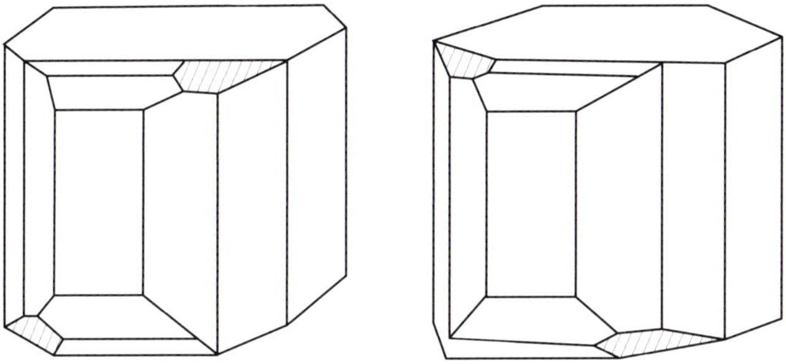

Figure 3.4 : Formes droite et gauche des cristaux d'acide paratartrique.

dans un miroir. Isolant sous microscope les cristaux droits paratartriques, il constata qu'ils déviaient, comme le tartre, la lumière polarisée vers la droite. Répétant aussitôt l'expérience avec les cristaux paratartriques gauches, il constata bien que, conformément à son attente, ils avaient un pouvoir rotatoire lévogyre exactement égal en intensité, et opposé en signe, à celui des cristaux tartriques. Pasteur fut alors convaincu que cette *dissymétrie à image non superposable,* selon ses termes, était le résultat de dispositions inversées des mêmes atomes, à l'image d'une main droite et d'une main gauche ; on parle aujourd'hui de *chiralité moléculaire.* Pasteur poursuivit l'étude physiologique de cette asymétrie et découvrit par exemple que de l'asymétrie moléculaire dépendait la saveur des aliments. Prolongeant son exploration il constata que l'asymétrie était la règle en ce qui concerne les molécules issues du monde vivant, végétal ou animal ; ainsi il montra que l'albumine, la cellulose, la gélatine, etc., ont un pouvoir rotatoire. En revanche, les corps optiquement inactifs sont d'origine minérale. Le monde inerte, créé par la chimie de synthèse, n'est fait que de molécules symétriques.

Depuis, la biochimie n'a cessé de nous révéler que les molécules constitutives du vivant, ADN, protéines, etc., étaient asymétriques, que l'homochiralité était universelle : ainsi, toutes les hélices constitutives de l'ADN tournent toujours dans le même sens, chez tous les êtres vivants. Pasteur a parfaitement perçu la portée de ce mystère : quelle est la force responsable de cette dissymétrie dans l'Univers ? Comment expliquer une telle différence entre la biochimie et la chimie du monde inanimé ?

Ce problème conceptuel essentiel ne nous a pas quittés. En effet, on connaît bien aujourd'hui les processus physiques qui régissent la constitution des atomes et des molécules : ce sont les forces électromagnétiques (ainsi que les forces nucléaires fortes qui lient neutrons et protons dans les noyaux d'atome). Or celles-ci ne distinguent pas la droite de la gauche : une réaction chimique et celle qui serait constituée par son image dans un miroir ont des probabilités égales de se produire[16]. Il en est de même pour les forces qui lient neutrons et protons à l'intérieur du noyau. Le monde minéral est bien conforme à cette équiprobabilité des deux chiralités, et l'homochiralité des molécules biochimiques est donc tout à fait mystérieuse.

Pasteur s'interrogea alors sur le rôle du champ magnétique terrestre. Celui-ci pourrait-il fournir la clé de la dissymétrie cherchée entre hélices droites et hélices gauches ? Pasteur tenta, mais en vain, de réaliser des synthèses asymétriques sous l'effet d'un champ magnétique, afin de privilégier l'un des deux énantiomères d'un composé. C'est Pierre Curie qui montra que ces essais étaient sans espoir : le champ magnétique était insuffisant pour induire une asymétrie droite-gauche[17]. Il s'interrogeait alors sur la possibilité de réussir une telle synthèse asymétrique, par exemple sous l'effet d'un champ électrique et d'un champ magnétique parallèles. C'est Pierre-Gilles de Gennes, à notre époque donc, qui montra que cette synthèse asymétrique sous l'effet combiné de ces champs électriques et magnétiques restait impossible (tout au moins dans des processus à l'équilibre) à cause de l'invariance des forces par renversement du temps, c'est-à-dire de l'indiscernabilité du passé et du futur pour les processus mettant en jeu les forces électromagnétiques et nucléaires.

Il y a une longue histoire de la synthèse asymétrique qui cherche à favoriser l'une des deux composantes chirales d'un mélange moléculaire, lequel, sans intervention externe brisant la parité, serait *racémique,* c'est-à-dire contiendrait en parts égales chacune des deux chiralités. Or pour la pharmacologie, c'est bien souvent une seule des deux espèces qui est active dans le sens souhaité. C'est ainsi que le drame de la thalidomide est dû à ce que l'une des chiralités aide à lutter contre les nausées de la femme enceinte, alors que la chiralité opposée provoque des malformations du fœtus. L'identité gauche-droite oblige à effectuer ces synthèses avec des constituants ou des catalyseurs actifs, c'est-à-dire privilégiant la chiralité recherchée[18].

On sait donc aujourd'hui qu'il existe des processus très faibles mettant en jeu d'autres forces que les forces nucléaires et électromagnétiques et qui présentent une asymétrie entre un processus et son image dans un miroir. Cette légère asymétrie serait-elle suffisante pour expliquer l'homochiralité du vivant ? La faiblesse des interactions en question permet d'en douter. D'autres préfèrent imaginer que les fluctuations statistiques dans des populations d'énantiomères droits et gauches égales *a priori* peuvent produire une inégalité accidentelle qui s'auto-amplifie et conduit à l'homochiralité du vivant. L'image est inspirée de la physique des transitions de phase telles que la transition ferromagnétique, où à basse température toute perturbation asymétrique, si faible soit-elle, suffit à fixer l'orientation de l'aimantation. Ce mécanisme ne saurait néanmoins suffire à expliquer cette homochiralité sans invoquer également une source de fluctuations asymétriques. D'autres enfin, à la suite de Jacques Monod, voient dans cette homochiralité la preuve d'une origine unique commune à tous les êtres vivants.

Il n'est pas question ici de trancher, mais on voit combien cette observation extraordinaire de Pasteur reste au cœur des préoccupations contemporaines sur l'origine de la vie. Elle ne cesse de susciter des expériences visant à proposer des mécanismes qui peuvent l'expliquer, mais plusieurs explications ne remplacent pas une bonne théorie. Cette question simple de la relation entre la symétrie droite-gauche et l'origine de la vie reste ainsi ouverte.

Le renversement du temps en acoustique

Une des symétries les plus fondamentales des interactions constitutives de la matière usuelle, l'invariance par renversement du temps, peut être utilisée d'une façon originale en acoustique pour créer une grande variété d'instruments dont les applications vont de la médecine à l'acoustique sous-marine, en passant par les télécommunications, la sismologie ou le contrôle non destructif...

Au cours des dix dernières années, plusieurs types successifs de *miroirs à retournement temporel* (MRT) ont été mis au point. Ils se fondent sur le fait que la propagation des ondes acoustiques (sonores et ultrasonores) est un processus réversible. Quelles que soient les déformations subies par une onde rayonnée par une source dans un milieu de propagation complexe (réfraction, diffusion simple ou multiple et réverbération), il existe toujours, en théorie, une onde duale capable de parcourir en sens inverse tous les chemins complexes et qui converge exactement à la source. L'intérêt principal d'un MRT est de créer physiquement, à partir d'un réseau de transducteurs piézoélectriques et d'une mémoire électronique, cette onde duale et de pouvoir ainsi focaliser une onde intense à travers des milieux parfois très complexes. La robustesse de cette technique a été vérifiée dans des dispositifs qui vont de la propagation d'ultrasons dans les milieux biologiques sur plusieurs dizaines de centimètres avec des longueurs d'ondes submillimétriques, à la propagation en mer sur plusieurs dizaines de kilomètres d'ondes acoustiques métriques. Un point commun à toutes ces expériences est que, plus le milieu de propagation est complexe (diffusion multiple et réverbération), plus les taches focales obtenues sont fines. La relation entre la complexité du milieu et la taille de la tache de diffraction est certainement la propriété la plus frappante du MRT, lorsqu'on la compare à celles des systèmes conventionnels de focalisation (lentilles, miroirs, antennes multiélément). Un MRT agit comme une antenne qui utilise la complexité du milieu environnant pour paraître beaucoup plus grande qu'elle n'est en réalité et ce n'est plus la taille de l'antenne qui fixe la résolution spatiale mais les propriétés de l'environnement.

Une des plus belles applications de cette technique est la télécommunication en milieu réverbérant. On peut ainsi envoyer des messages différents focalisés chacun sur un récepteur particulier et qui permettent d'augmenter beaucoup le débit d'informations entre une antenne et un ensemble de récepteurs. La démonstration expérimentale en a été faite, aussi bien en acoustique sous-marine sur de très grandes distances qu'en salle. On envisage d'étendre la technique dans le domaine électromagnétique à la téléphonie mobile en milieu urbain.

En combinant les principes de l'échographie à ceux des miroirs à retournement temporel, on a aussi développé de nouvelles méthodes d'imagerie et de thérapie par ultrasons. Une technique itérative de retournement temporel a permis de montrer qu'en présence de plusieurs cibles réfléchissantes, on peut sélectionner la plus brillante et focaliser de façon optimale sur celle-ci. À partir de ce principe, on a développé des systèmes de focalisation-poursuite et de destruction de calculs biologiques très précis qui focalisent à chaque instant une onde impulsionnelle de grande amplitude (1 000 bars) sur les calculs qui bougent avec la respiration du patient. Une amélioration importante de cette technique a été réalisée récemment pour obtenir des ondes de choc de très grande amplitude à partir d'un MRT formé d'un nombre réduit de transducteurs piézoélectriques.

Une autre application médicale très prometteuse du retournement temporel est la thérapie du cerveau par hyperthermie ultrasonore. Il s'agit de focaliser des ultrasons à travers la boîte crânienne en corrigeant les aberrations de la propagation par des techniques dérivées du retournement temporel. Cela permet de compenser avec une grande précision les effets de réfraction, d'absorption et de réverbération de la boîte crânienne. Un prototype complet formé de 200 transducteurs de puissance a été réalisé et testé avec succès *in vitro*. Il permet de nécroser les tissus biologiques avec une précision millimétrique derrière la boîte crânienne.

Un autre domaine d'applications des MRT en imagerie médicale est la détection des microcalcifications dans le sein, qui sont souvent à l'origine de tumeurs. Du fait de la complexité de la propagation ultrasonore dans ces tissus, il n'est pas possible de détecter ces petites structures en échographie conventionnelle.

Dans tous ces domaines, l'approche du retournement temporel apporte des solutions originales qui pourraient déboucher sur des appareils « tout ultrason » combinant un diagnostic par échographie et une thérapie ultrasonore.

Notes

1. Le CERN. L'anneau enterré d'un périmètre de 27 km, dans lequel tourneront les particules accélérées, est situé à cheval sur la frontière entre la France et la Suisse.

2. Du grec *kheir* = main.

3. Remarquons au passage le lien étonnant entre mathématiques et physique en ce domaine : les symétries sont exprimées mathématiquement à l'aide de la théorie des groupes, c'est-à-dire de la théorie des opérations qui laissent un objet inchangé. Cette théorie conduit à montrer qu'il n'existe que 230 structures périodiques possibles pour ces arrangements spatiaux des molécules, et les cristallographes ont bien identifié des structures solides réalisant chacune de ces 230 possibilités. Il faut également observer que la nature sait déjouer les théorèmes mathématiques puisque aucune des structures permises ne possède de symétrie d'ordre cinq ; or, à la surprise générale, on découvrit en 1984 un « solide » possédant une telle symétrie interdite et il fallut inventer des concepts mathématiques nouveaux pour les appréhender. Ces structures bien identifiées aujourd'hui et appelées « quasi-cristaux » sont en fait parfaitement apériodiques.

4. Physicien allemand qui avait fui le nazisme en Angleterre.

5. La mécanique quantique a permis de comprendre les régularités observées par celui-ci. Les *couches* successives de la classification périodique des éléments de Mendeleiev résultent en particulier de la simple *symétrie par rotation*, c'est-à-dire l'absence de toute direction privilégiée dans un atome.

6. À condition de prendre en compte la mécanique quantique.

7. Cela résulte d'une application du très beau théorème de mécanique démontré par la mathématicienne Emmy Noether (1918). Toute symétrie continue (ou invariance sous l'effet d'une transformation dépendant d'un paramètre continu) des équations qui gouvernent le mouvement d'un système dynamique a pour conséquence la conservation au cours du mouvement d'une quantité associée. C'est ainsi que la conservation de l'énergie résulte de l'invariance par translation temporelle, celle de l'impulsion totale de l'invariance par translation spatiale, en l'occurrence celle de la charge électrique de l'arbitraire de phase des fonctions d'onde, c'est-à-dire de l'invariance par addition d'une phase constante.

8. Modèle de Weinberg-Salam et nombreux travaux dont ceux de Hooft et Veltman, prix Nobel 1999.

9. L'interaction a une portée qui ne dépasse guère quelques 10^{-18} m.

10. À un *fermion*, comme l'électron, est associé un *boson*, le sélectron ; à un boson, comme le photon, est associé le photino, un fermion. La définition précise des termes utilisés ici nous entraînerait trop loin.

11. A. Guth et A. Linde.

12. Le *spin* caractérise la rotation intrinsèque des corps qui subsiste même lorsqu'ils sont au repos.

13. Pasteur était normalien agrégé de physique (en 1846).

14. À la traversée d'une solution de cet acide tartrique le plan de polarisation de la lumière tourne vers la droite.

15. Note de 1844 à l'Académie des sciences de Paris de Misterlich, chimiste berlinois.

16. On dit que la *parité est conservée* par ces interactions.

17. En effet, le problème admet un plan de symétrie, celui qui est perpendiculaire au champ ; ce plan de symétrie disparaît si l'on ajoute un champ électrique.

18. Le prix Nobel de chimie 2001 a été décerné à Knowles, Noyori et Sharpless pour ces recherches, qui doivent également beaucoup à H. Kagan de l'université d'Orsay.

CHAPITRE 4

L'intérieur de la Terre

La Terre est une machine thermique

La Terre est une planète active : des tremblements la secouent, des éruptions volcaniques expulsent laves et gaz, un flux de chaleur interne remonte en tout point de sa surface, ses continents dérivent et des montagnes surgissent, lentement mais sûrement. Enfin, son noyau crée et entretient un champ magnétique qui la baigne.

Le moteur de cette activité est l'énergie thermique, produite en partie par le refroidissement de la Terre et en partie par la chaleur résultant de la désintégration des éléments radioactifs qu'elle contient.

La Terre est ainsi une machine thermique, le but de la géophysique interne est donc de comprendre son fonctionnement en utilisant les ressources de la physique aussi bien théorique qu'expérimentale. Mais pour comprendre comment fonctionne une machine, il faut d'abord savoir comment elle est constituée, et c'est aussi du ressort de la physique.

En effet, nous vivons à la surface du globe terrestre et nous ne pouvons pénétrer bien loin à l'intérieur pour l'explorer, le décrire, en rapporter des spécimens. Le forage le plus profond (12 km, dans la péninsule de Kola, en Russie) n'a fait qu'égratigner la surface de notre globe dont le rayon mesure 6 371 km.

Quels sont donc les moyens, forcément indirects, dont nous disposons pour obtenir des informations sur l'intérieur de la Terre ? Dans une certaine mesure, la situation revient à essayer de comprendre la constitution interne du corps humain sans pouvoir pratiquer d'autopsie. On mesurerait et pèserait les individus, on prendrait leur température, on analyserait leurs fluides corporels, on les ausculterait, et enfin on les examinerait aux rayons X.

L'analyse chimique des roches, des laves et des gaz volcaniques, ainsi que des météorites, parentes de celles qui ont formé la Terre il y a 4,5 milliards d'années, permet d'accéder à sa composition. C'est le domaine de la géochimie.

Les géophysiciens mesurent et pèsent la Terre. Grâce, en particulier, à des satellites artificiels, on détermine la surface, bosselée, d'égale pesanteur (le *géoïde*) (fig. 4.1) dont l'analyse fournit des renseignements sur la distribution des masses à l'intérieur du globe. Les mesures de température dans les forages, en fonction de la profondeur, donnent des renseignements sur l'évolution thermique, en permettant d'accéder au gradient géothermique et au flux de chaleur en provenance de l'intérieur.

Les grands tremblements de terre engendrent des ondes élastiques qui traversent tout l'intérieur du globe et permettent son auscultation (fig. 4.2). Par l'analyse de la propagation et des temps d'arrivée des ondes dans différentes stations sismologiques à la surface de la Terre, on peut définir des régions de propriétés élastiques différentes. L'étude au laboratoire des propriétés physiques et des transformations des minéraux, sous l'effet des hautes températures et des très hautes pressions qui règnent en profondeur, permet d'interpréter les résultats de la sismologie et de proposer des modèles raisonnables de l'intérieur de la Terre.

L'expansion des fonds océaniques et les déplacements relatifs des continents, objets de la tectonique des plaques, sont les manifestations de surface des mouvements de convection dans les profondeurs du manteau terrestre, qui, bien que solide à l'échelle humaine, se comporte comme un fluide très visqueux

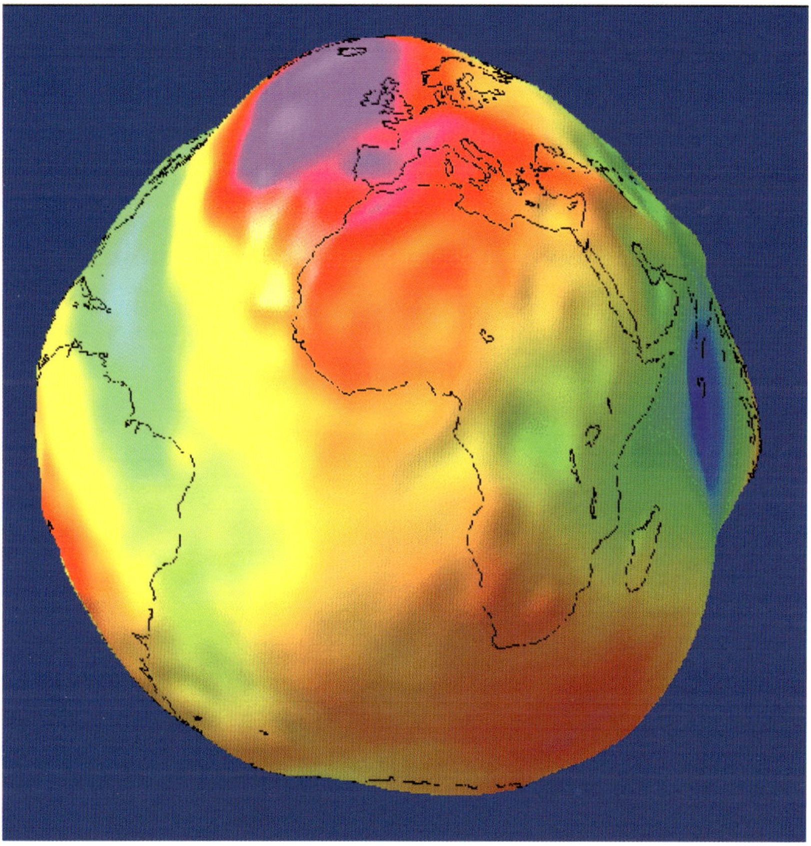

Figure 4.1 : Le géoïde, surface d'égale pesanteur, est un « patatoïde » présentant des creux et des bosses. La surface de la mer est donc plus basse dans les creux (en bleu), par exemple au sud de l'Inde, que dans les bosses (en rouge). La pesanteur est la même en tout point de la surface de la mer, qui suit le géoïde. Il en résulte que l'eau n'a aucune raison de couler des bosses du géoïde vers les creux. Par contre, les marées océaniques créent des variations de niveau de la mer qui ne suivent pas le géoïde : l'eau peut donc couler des régions de pleine mer vers celles de basse mer, créant des courants de marée.

à l'échelle des temps géologiques. Si nous disposions d'un film de la surface du globe projeté en accéléré, un million d'années en une minute par exemple, nous verrions combien ce fluide est agité de mouvements incessants.

Enfin, l'observation du champ magnétique terrestre et de sa variation séculaire, dans les observatoires répartis à la surface du globe et aussi par les satellites artificiels, permet d'obtenir des renseignements sur l'activité du noyau terrestre qui servent de base aux théories de la génération du champ magnétique.

On voit que la Terre pose aux physiciens des problèmes fort intéressants et quelques défis dans de nombreux domaines : élasticité, dynamique des fluides, convection, physique des matériaux à très haute pression, magnétohydrodynamique, etc.

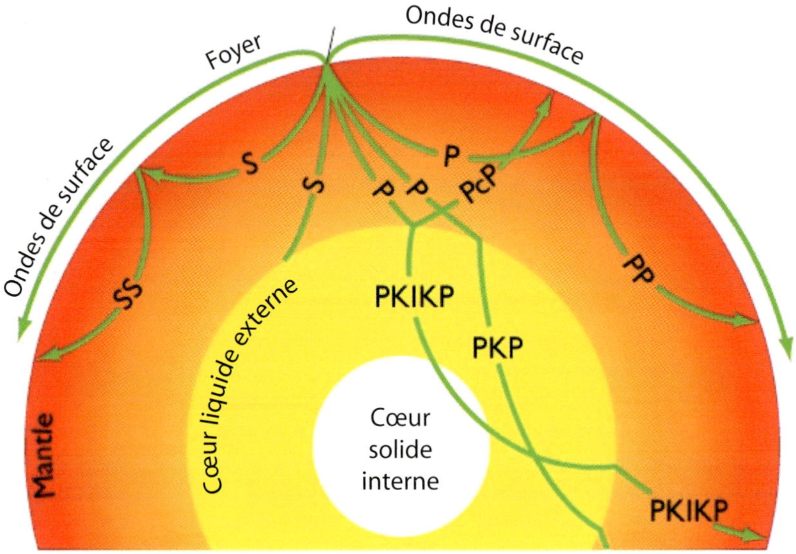

Figure 4.2 : Il existe deux sortes d'ondes sismiques (ondes élastiques) : S, transversales et P, longitudinales (extension-compression). La vitesse des ondes à l'intérieur du globe dépend de la densité et des modules élastiques qui augmentent avec la pression, donc avec la profondeur. Les ondes suivent un trajet courbe, comme un rayon lumineux dans un milieu transparent dont l'indice de réfraction augmente avec la profondeur. Les frontières entre les différentes régions du globe (manteau, noyau liquide, graine solide) sont marquées par des discontinuités sismiques.

Examinons quelques exemples dans les différentes régions de la Terre.

La croûte, les tremblements de terre et les volcans

Les tremblements de terre sont des ruptures de la croûte le long d'une faille. Le lent mouvement de dérive des plaques (de l'ordre du centimètre par an) met la région de cette faille sous contrainte. Lorsque la contrainte atteint une certaine valeur, il y a un décrochement brusque, les plaques glissent l'une par rapport à l'autre le long de la faille. Ce mouvement, qui induit le tremblement de terre, s'accompagne d'une diminution du frottement au fur et à mesure que la vitesse de déplacement augmente. C'est pourquoi ces phénomènes peuvent engendrer des catastrophes. Cela aboutit finalement au relâchement de la contrainte ; le processus peut alors recommencer. Le cycle sismique, de l'ordre de dizaines ou centaines d'années, appartient à la catégorie connue en physique sous le nom d'*oscillations de relaxation*, qui se manifeste dans bien d'autres domaines (voir les chapitres 8 et 9) et dont la modélisation fait l'objet de recherches actives.

Depuis la plus haute Antiquité, on a cherché à prévoir les tremblements de terre. On cherche encore à identifier des signes précurseurs fiables, ce qui implique la surveillance permanente des failles sismiquement actives et une meilleure compréhension des mécanismes qui régissent les séismes.

Une éruption volcanique peut être explosive (montagne Pelée), « plinienne » envoyant très haut un panache de gaz et de cendres (Vésuve), ou encore effusive avec des coulées de lave fluide (la Réunion). La dynamique éruptive des volcans dépend de la viscosité du magma et du régime d'écoulement ; celui-ci mélange des bulles ou poches gazeuses dans le magma, ou bien des fragments solides (cendres) dans le gaz. C'est dire que la compréhension du mécanisme des éruptions implique non seulement des mesures physiques lors des éruptions, mais encore l'adaptation de la mécanique des fluides à de tels mélanges à deux phases et des simulations en laboratoire.

Le manteau et le refroidissement de la Terre par convection

Le manteau est la coquille de silicates, épaisse d'environ 3 000 km, qui constitue la majeure partie de la Terre solide. Il contient des éléments radioactifs (uranium et thorium en particulier) dont la désintégration fournit de la chaleur. Celle-ci, comme celle primitive du globe, est évacuée par *convection*. La matière chaude, moins dense en raison de la dilatation thermique, monte par une lente déformation à l'état solide, se refroidit en surface, formant ainsi les plaques océaniques qui replongent dans le manteau aux zones de subduction (comme sur les rives du Pacifique). La tomographie des ondes sismiques permet de mettre en évidence les circulations de matière chaude et froide correspondant respectivement à des vitesses des ondes légèrement plus faibles et plus élevées (fig. 4.3).

La modélisation théorique de la convection terrestre, qui couple les flux de chaleur et les flux de matière dans une géométrie sphérique, pose encore de nombreux problèmes. Des renseignements précieux sont fournis par des expériences de laboratoire sur des systèmes analogues.

La pression augmente avec la profondeur ; de l'ordre de 10 000 am en haut du manteau, elle dépasse un million d'atmosphères à la frontière noyau-manteau. La structure cristalline des minéraux présents dans le manteau supérieur (essentiellement olivine et pyroxènes, des silicates de magnésium et de fer) n'est plus adaptée aux hautes pressions qu'ils

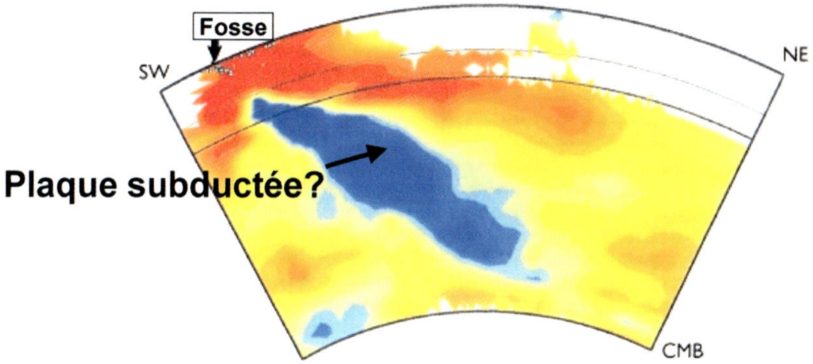

Figure 4.3 : La tomographie sismique utilise les mêmes principes que le scanner médical. Elle met en évidence des zones où la vitesse sismique est plus forte (en bleu) ou plus faible (en rouge) que la moyenne. Les zones plus « rapides » correspondent à des régions plus froides, c'est le cas d'une plaque océanique plongeant sous un continent. Les zones plus « lentes » correspondent à des régions plus chaudes, c'est le cas des dorsales médio-océaniques où de la matière chaude monte des profondeurs.

rencontrent en profondeur. Les minéraux subissent alors des *transitions de phase* vers des structures plus compactes. En particulier, vers la pression correspondant à 700 km de profondeur (environ 250 000 fois la pression atmosphérique), les expériences de laboratoire à très haute pression montrent que l'environnement des atomes de silicium passe de 4 à 6 atomes d'oxygène.

L'étude de la cinétique des transitions de phase et des propriétés physiques des phases de haute pression est l'un des domaines les plus actifs de la physique de l'intérieur du globe. Ces études reposent essentiellement sur des expériences dans des appareils qui permettent d'atteindre de hautes pressions, tels que les presses à enclumes de diamant dans lesquelles un minuscule échantillon est soumis à des pressions atteignant le million d'atmosphères et où il est chauffé par un faisceau laser jusqu'à des températures de plusieurs milliers de degrés. On peut alors étudier les propriétés de minéraux qui existent seulement à très grandes profondeurs et déterminer, à l'aide des rayons X, les *équations d'état,* donnant la densité en fonction de la pression et de la température, qu'il est nécessaire de connaître pour déduire la composition du manteau à partir des observations des temps de trajet des ondes sismiques. Pour les pressions encore plus élevées, inaccessibles expérimentalement, on a recours aux méthodes de calcul sur ordinateur (*dynamique moléculaire ab-initio*) qui ont fait des progrès considérables et permettent de prévoir, avec assez de confiance, les propriétés des minéraux à des pressions voisines de celles régnant au centre de la Terre.

La vitesse d'écoulement à l'état solide du matériau du manteau dans les cellules de convection est plus élevée lorsqu'il y a simultanément des transitions de phase (*plasticité de transformation*). Le couplage des cinétiques de déformation et de transformation peut avoir une grande influence sur la convection dans le manteau supérieur mais il reste trop peu étudié.

Le noyau et le champ magnétique de la Terre

Le noyau externe, entre les profondeurs de 1 900 et 5 150 km, est liquide. C'est un alliage en fusion de fer comportant environ 5 % (en masse) de nickel et 10 % d'éléments légers, soufre, silicium et oxygène, dans des proportions encore inconnues. La température du noyau augmente avec la profondeur, moins vite que le point de fusion du fer. Il en résulte qu'à la profondeur de 5 150 km (pression de 3,3 millions d'atmosphères), le fer liquide se solidifie sous l'effet de la pression. Le centre de la Terre est donc occupé par une boule de fer solide de 1 220 km de rayon, la *graine,* dont la température est voisine de 5 500 °C. On n'est pas encore sûr de la structure cristalline que ce fer adopte aux pressions qui règnent dans la graine, et cette question fait l'objet de recherches actives, expérimentales et théoriques.

On s'aperçoit de plus en plus que, malgré son éloignement, le noyau joue un rôle important dans la dynamique terrestre de sorte que sa physique est un des domaines les plus actifs de la géophysique.

La viscosité du noyau fluide est voisine de celle du fer liquide à pression atmosphérique, à peine plus visqueux que l'eau. Il en résulte que la convection est bien plus vigoureuse que dans le manteau et sans doute turbulente. L'analyse de la variation séculaire du champ magnétique en surface conduit à estimer une valeur de la vitesse des courants fluides à la surface du noyau de l'ordre de 1 m/h.

Einstein disait que le grand problème non résolu de la physique était celui de la génération du champ magnétique terrestre. On a fait quelques progrès depuis, on sait que le champ magnétique est créé par la *géodynamo*. Le déplacement dans un champ magnétique d'un fluide métallique, donc conducteur de l'électricité, induit dans les lignes de courant de ce fluide un courant électrique. Celui-ci crée, comme tout courant électrique, un champ magnétique qui renforce le champ initial qui l'avait créé : on a ainsi une dynamo fluide auto-entretenue. Toutefois, il reste des problèmes considérables à résoudre pour modéliser correctement le champ magnétique terrestre. Il faut en effet coupler les équations de Maxwell de l'électromagnétisme avec l'équation de Navier-Stokes de l'hydrodynamique tenant compte de la rotation de la Terre.

Une des caractéristiques du champ magnétique terrestre, qu'il est essentiel de reproduire dans les modèles afin de la mieux comprendre, est sa capacité de s'inverser : le pôle nord magnétique devient le pôle sud et réciproquement. Ces inversions ne sont pas périodiques et sont peut-être chaotiques : le champ magnétique garde une polarité donnée pendant des périodes dont la durée, irrégulière, peut varier de la dizaine de milliers à la centaine de millions d'années. Le champ magnétique est enregistré par les minéraux magnétiques des roches lors de leur refroidissement. Leur étude fait l'objet du paléomagnétisme, qui s'attache notamment à identifier ces inversions et à déterminer comment varie l'intensité du champ au cours d'une telle inversion de sa direction.

Les ordinateurs modernes parviennent à simuler une dynamo, très simplifiée, qui s'inverse spontanément, mais cela ne permet pas encore de comprendre la cause des inversions. Sont-elles intrinsèques au noyau ou sont-elles déclenchées par un événement thermique à la base du manteau, qui perturberait le régime des courants de convection et de la dynamo ?

Il y a encore bien des mystères à éclaircir, la génération du champ magnétique terrestre reste un des grands problèmes de la physique.

LA MATIÈRE

CHAPITRE 5

Une nouvelle révolution quantique

Le développement de la physique quantique, au XXe siècle, est l'une des aventures intellectuelles les plus extraordinaires de toute l'histoire humaine. Cette théorie physique a modifié de fond en comble notre conception du monde puisqu'elle nous force, par exemple, à accepter qu'une particule puisse se trouver à la fois ici et là, ou qu'une porte quantique puisse être à la fois ouverte et fermée. Et elle a tout autant bouleversé notre mode de vie puisque ses applications sont innombrables : lasers, transistors, circuits intégrés, composants de base des technologies de l'information et de la communication...

Une telle accumulation de succès aurait pu laisser craindre un épuisement du domaine : il n'en est rien. Qu'il s'agisse du comportement des électrons dans les solides, objet de recherches particulièrement intenses (voir le chapitre 6), ou de l'interaction lumière-matière, ou des fluides quantiques ultrafroids, dans tous ces domaines et dans bien d'autres encore, on voit apparaître des phénomènes, certes compréhensibles dans le cadre de la physique quantique, mais tellement nouveaux et inattendus que l'intérêt rebondit sans cesse, ponctué par l'attribution de nombreux prix Nobel.

De façon sans doute encore plus imprévue, tant était grand le sentiment que les « pères fondateurs » (Niels Bohr et ses élèves) avaient totalement clarifié le sujet (essentiellement en répondant aux objections d'Einstein), c'est au niveau du cœur conceptuel de la théorie quantique qu'une nouvelle phase de progrès majeurs a débuté en 1960 avec les travaux de John Bell, suivis d'expériences de plus en plus fines. La violation des inégalités de Bell a apporté l'évidence irréfutable de *l'inséparabilité quantique*, propriété extraordinaire d'une paire d'objets intriqués qui se comportent comme un système quantique unique, même s'ils sont très éloignés l'un de l'autre.

C'est à la même époque que l'on a appris à manipuler un par un des électrons, des ions, des atomes ou des photons, que l'on a pu observer directement les « sauts quantiques », évolutions brutales du système à des instants aléatoires. Cette notion, que l'on avait longtemps cru réservée aux discussions de principe sur les objets quantiques individuels, était loin d'être unanimement acceptée, tant était révolutionnaire l'idée de discontinuités soudaines et imprédictibles dans l'évolution d'un système. On sait aujourd'hui que la mécanique quantique s'applique avec succès aux objets uniques et pas seulement de façon statistique à de grands nombres d'objets identiques comme les atomes d'un gaz, et l'on a vu apparaître de nouvelles méthodes de calcul, dites de « Monte-Carlo quantique », bien adaptées à la description du comportement de ces objets quantiques élémentaires individuels.

Il n'est sans doute pas exagéré de dire que ces deux avancées conceptuelles de la fin du XXe siècle — la compréhension de l'importance des états intriqués, la compréhension de la dynamique des objets quantiques individuels — signent le début d'*une nouvelle révolution quantique*. Et il n'est pas interdit d'imaginer qu'au-delà des progrès en physique fondamentale dont nous n'avons sans doute observé que les prémices, et des questions épistémologiques d'interprétation qui restent plus ouvertes que jamais, cette nouvelle révolution quantique pourrait à son tour bouleverser notre société en débouchant sur *une nouvelle révolution technologique, la révolution de l'information quantique...*

La première révolution quantique

Deux théories révolutionnaires ont vu le jour au début du XXe siècle, la relativité et la mécanique quantique. Il est bien connu que la relativité a fortement remis en cause notre vision du monde (relativité du temps, équivalence masse énergie), et qu'elle a conduit à une application aux conséquences immenses pour l'humanité, la maîtrise de l'énergie nucléaire. Mais la mécanique quantique a exigé des révisions conceptuelles encore plus déchirantes, indispensables pour comprendre la structure de la matière à des échelles de plus en plus petites (liaison chimique, atome, noyau, particules élémentaires). On sait peut-être moins que ce sont des applications directes de la physique quantique, la microélectronique et l'optoélectronique, qui ont permis le développement des technologies de l'information et de la communication qui ont déjà bouleversé nos sociétés.

Le premier mérite de la mécanique quantique — et non le moindre — est d'avoir élucidé la structure et les propriétés apparemment les plus banales (chimiques, électriques, mécaniques, thermiques) de la matière qui nous entoure. Auparavant, on ne savait pas expliquer pourquoi la matière est stable, alors qu'elle est formée de charges électriques de signes opposés qui auraient dû, en s'attirant, émettre du rayonnement et aboutir à l'effondrement de la matière sur elle-même. C'est à Niels Bohr que revient le mérite d'avoir compris en 1913 qu'il fallait une approche radicalement nouvelle, la quantification, pour surmonter cette difficulté majeure. Dès 1925, Heisenberg avait compris que vouloir confiner les charges coûte de l'énergie, ce qui empêche la matière de s'effondrer sur elle-même. En moins de deux décennies, la mécanique quantique allait donner une compréhension profonde et quantitative des propriétés de la matière, permettant le calcul des coefficients de conductivité électrique ou thermique, des coefficients d'élasticité, ou encore celui des énergies de liaison, toutes grandeurs qui avaient été introduites empiriquement en physique et en chimie classiques.

Mais la mécanique quantique a aussi permis de comprendre des propriétés beaucoup plus exotiques de la matière : la supraconductivité, c'est-à-dire la disparition de la résistivité électrique de certains conducteurs à très basse température, et la superfluidité de l'hélium liquide, c'est-à-dire la disparition de sa viscosité (fig. 5.1). Ces deux effets remarquables sont une conséquence de la « condensation de Bose-Einstein », phénomène imaginé par Einstein à l'époque des débuts de la mécanique quantique, qui se traduit par la condensation de toutes les particules dans la même onde de matière géante, que l'on a pu observer directement dans des expériences récentes (*cf.* encadré sur les condensats de Bose-Einstein gazeux).

La mécanique quantique a également bouleversé notre compréhension de la lumière. Dès 1900, Planck avait invoqué la *quantification des échanges d'énergie entre lumière et matière* afin de rendre compte des propriétés du rayonnement thermique (lumière émise par un corps porté à température élevée, comme le filament d'une lampe à incandescence). En 1905, pour interpréter ce que l'on savait alors de l'effet photoélectrique, Einstein introduisait explicitement la *quantification de la lumière elle-même* : en la considérant comme formée de grains indivisibles d'énergie, les *photons*, il déduisait un certain nombre de prédictions précises qui allaient être vérifiées expérimentalement par Millikan. L'importance de ce travail est soulignée par le prix Nobel de 1922 qu'Einstein reçut explicitement pour l'effet photoélectrique, c'est-à-dire pour la quantification du rayonnement lumineux.

Dès les années 1930, la théorie quantique était suffisamment avancée pour donner une description synthétique de la lumière et de la matière, ainsi que de leur interaction. Elle fournissait en particulier un cadre mathématique non ambigu à l'étonnante dualité onde-particule que de Broglie avait intro-

Figure 5.1 : Fontaine d'hélium superfluide. Cette photo montre l'hélium superfluide jaillissant du récipient dans lequel il se trouve, à travers un « bouchon » poreux. Dans un superfluide tel que l'hélium liquide en dessous de 2 degrés absolus, une augmentation locale de la température crée une surpression qui est susceptible de faire jaillir le liquide dont la viscosité est quasi nulle. C'est la découverte de cet « effet fontaine » par J. F. Allen et H. Jones en 1938 qui poussa F. London à admettre que l'hélium liquide possède une phase « condensée » du type prévu par Bose et Einstein (voir l'encadré sur les condensats de Bose-Einstein). Soixante-cinq ans plus tard, après de nombreuses controverses, il est généralement admis que London avait raison, bien que les atomes d'un liquide interagissent si fortement entre eux qu'un calcul *a priori* des propriétés de ce liquide soit très difficile.

Les condensats de Bose-Einstein gazeux

Le développement de la mécanique quantique a provoqué de nombreuses ruptures avec les concepts classiques. L'une des plus profondes est l'introduction d'objets rigoureusement identiques entre eux, idée jusqu'alors repoussée par philosophes et physiciens. Ainsi, on considère désormais que tous les électrons de l'Univers ont les mêmes propriétés physiques, masse et charge par exemple. Comme de plus, en physique quantique, la notion de trajectoire précise a perdu son sens, il devient impossible d'attribuer à chaque particule une étiquette qu'elle conserverait pour toujours : par exemple, à l'issue d'une collision entre deux particules identiques qu'on aurait décidé de numéroter initialement 1 et 2, on ne sait plus quelle est la particule 1 et la particule 2. Cette indiscernabilité des particules quantiques est responsable du phénomène de condensation prédit en 1924 par Einstein, en généralisant des travaux préliminaires du physicien indien Bose relatifs aux photons.

La prédiction d'Einstein était la suivante : si l'on refroidit un gaz parfait de particules identiques (et de spin entier pour être précis), il se produit un changement d'état à une température critique qui ne dépend que de la densité du gaz et des constantes fondamentales de la physique. En dessous de cette température, une fraction importante des particules s'accumule dans le niveau d'énergie fondamental de la boîte confinant le gaz. Cette transition de phase est très différente de celles qu'on rencontre dans la vie quotidienne, comme la liquéfaction d'un gaz usuel. La liquéfaction est causée par les interactions entre particules, alors que le phénomène découvert par Einstein se produit en l'absence de toute force ; il n'est dû qu'à l'indiscernabilité des particules qui sont susceptibles de se superposer pour constituer une onde macroscopique de matière.

Après avoir été accueillie plutôt fraîchement par les physiciens contemporains d'Einstein, cette prédiction fut réhabilitée en 1938 par Fritz London pour expliquer la superfluidité de l'hélium liquide. C'est en effet l'indiscernabilité des atomes d'hélium qui est responsable de cet écoulement sans viscosité du liquide (fig. 5.1). Toutefois, l'hélium liquide est un objet physique complexe, où les interactions jouent un rôle important, et il est beaucoup plus difficile à décrire que le gaz considéré par Einstein. Une recherche active de systèmes plus proches du modèle initial a démarré dans les années 1960 pour finalement aboutir en 1995 à la condensation de Bose-Einstein de vapeurs atomiques où les interactions sont contrôlables et peuvent rester négligeables. Les expériences menées par E. Cornell, W. Ketterle et C. Wieman ont été couronnées par le prix Nobel 2001.

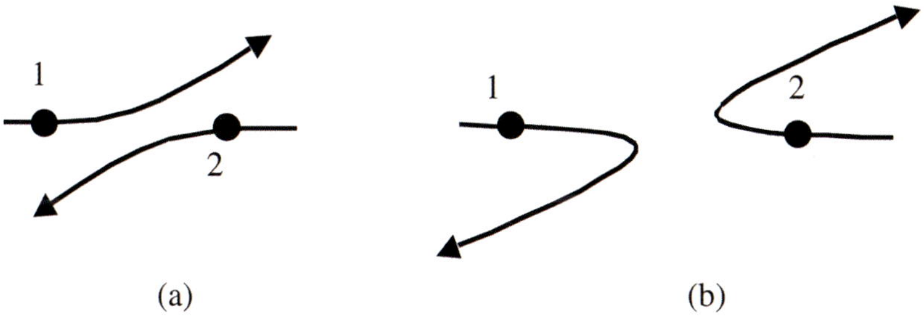

Figure 5.2 : Indiscernabilité des particules quantiques identiques. Pour des particules classiques, même identiques, on peut distinguer la collision (a) de la collision (b), et on sait donc si la particule 1 sort en haut à droite ou en bas à gauche : donner des numéros différents à ces deux particules a donc un sens. En physique quantique, en revanche, les trajectoires ne sont pas bien définies, et il se peut qu'on ne puisse distinguer entre le processus (a) et le processus (b) ; l'indiscernabilité des deux particules doit alors être prise en compte pour prédire l'issue de la collision.

La méthode mise au point par ces physiciens utilise plusieurs techniques expérimentales développées au cours des vingt dernières années en physique atomique et en physique des lasers. Une vapeur d'atomes (sodium ou rubidium) est d'abord prérefroidie par laser, puis piégée au centre d'une enceinte à vide par un fort gradient de champ magnétique. On poursuit alors le refroidissement en éjectant les atomes les plus énergétiques et en laissant les atomes restants atteindre un nouvel état d'équilibre, de plus basse température. Au prix d'une perte importante d'atomes (un facteur 100 à 1 000), ce refroidissement par « évaporation » permet d'atteindre la transition de phase prédite par Einstein, confirmant ainsi une des prédictions les plus surprenantes de la mécanique quantique (fig. 5.3a et 5.3b).

Comment se représenter un condensat de Bose-Einstein ? Une description très imagée consiste à considérer que l'onde de matière

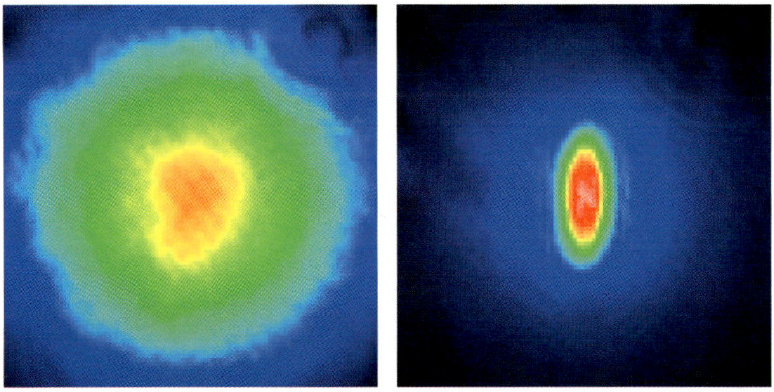

Figure 5.3 : Images en fausses couleurs d'un gaz d'atomes de rubidium confiné dans un piège magnétique avant refroidissement par évaporation (à gauche) et après refroidissement (à droite). La tache elliptique au centre de la figure de droite correspond à un condensat de Bose-Einstein, c'est-à-dire à une accumulation de particules dans le niveau d'énergie fondamental du piège. La température correspondante est 0,2 millionième de Kelvin.

associée à cette assemblée est similaire au pas régulier d'une troupe de soldats, alors qu'un gaz ordinaire correspond plutôt à une foule bariolée avec des individus évoluant dans des directions différentes. De manière plus précise, on peut dire que les divers atomes d'un condensat de Bose-Einstein sont tous décrits par le même état quantique, comme les photons d'un faisceau laser sont tous dans la même onde électromagnétique. À l'opposé, les atomes d'un gaz ordinaire sont décrits par des paquets d'ondes distincts, non synchronisés entre eux, comme la lumière d'une lampe à incandescence ou d'une bougie est constituée d'un ensemble de trains d'ondes incohérents.

C'est précisément cette analogie avec le laser qui rend la recherche actuelle sur les condensats aussi stimulante et intense. On produit déjà des faisceaux de particules matérielles cohérents, baptisés « lasers à atomes », avec lesquels on pourra dupliquer certaines expériences menées avec des lasers à lumière : interférométrie, holographie, ou encore microgravure. Avec la découverte des condensats de gaz métastables, l'analogie avec l'optique quantique est encore plus étroite puisqu'il est possible de détecter les atomes un par un, comme on avait appris à le faire dans les années 1950 avec les photons, ouvrant ainsi la voie à l'optique quantique moderne (fig. 5.4).

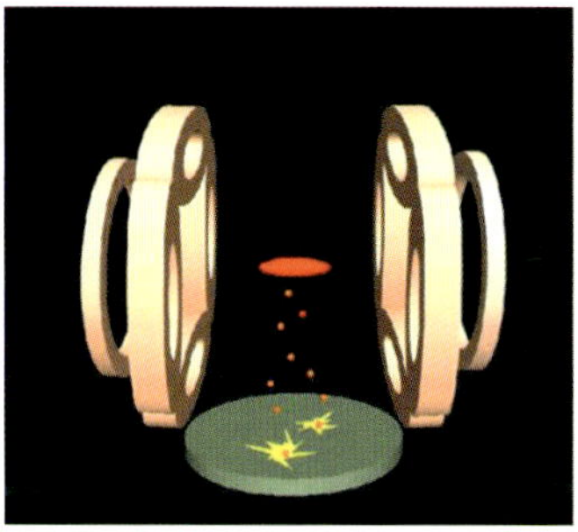

Figure 5.4 : Appareil utilisé pour la condensation de Bose-Einstein de l'hélium métastable. La particularité de cet élément est qu'il est possible de détecter les atomes un par un, comme on sait détecter les photons un par un. Il devient alors possible de développer une véritable optique atomique quantique, analogue à l'optique quantique qui s'est développée à partir de 1960, après l'invention du laser et la maîtrise des techniques de comptage de photons.
La figure montre les bobines permettant de créer les champs magnétiques qui confinent, au sein d'une enceinte à vide (non dessinée), le condensat de Bose-Einstein (en rouge). Les atomes relâchés à partir du condensat tombent sur un détecteur qui les détecte un par un.

Ces condensats fournissent désormais un moyen de préparer une assemblée de nombreuses particules dans un état quantique parfaitement déterminé. Cette possibilité, auparavant limitée à des objets élémentaires (un ou quelques ions, par exemple), pourrait être mise à profit pour développer des systèmes massivement parallèles de traitement quantique de l'information.

duite de façon heuristique mais qui restait incompréhensible dans un mode de pensée classique (fig. 5.5).

Ce comportement différent, suivant l'expérience réalisée, est un exemple de la dualité onde-particule. Il peut également

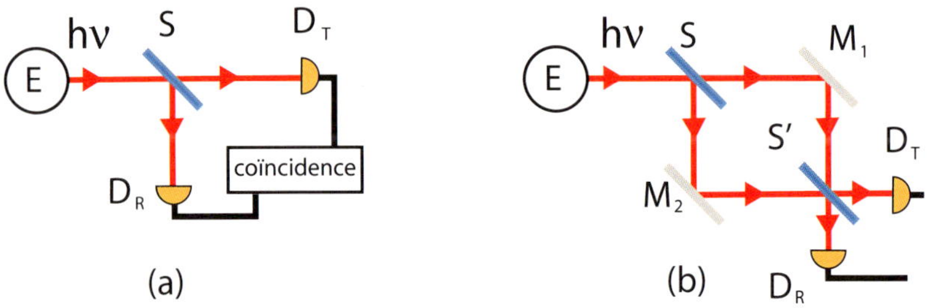

Figure 5.5 : Dualité onde-particule pour un seul photon.
a) Dans l'expérience schématisée à gauche, le photon unique hν émis par l'émetteur E est envoyé sur une lame semi-réfléchissante S, qui transmet 50 % de la lumière, et en réfléchit 50 %. Le circuit de coïncidences, capable de détecter un déclenchement simultané des deux compteurs de photons D_R et D_T, n'observe aucun événement, ce qui s'interprète en décrivant le photon comme une particule insécable, qui est soit transmise, soit réfléchie, mais ne peut être divisée.
b) Dans le schéma de droite, le faisceau lumineux divisé sur la séparatrice S est recombiné sur la séparatrice S', ce qui donne lieu à un phénomène d'interférences : les probabilités de détection en D_R et D_T dépendent (sinusoïdalement) de la différence des chemins [SM_1S'] et [SM_2S'], que l'on peut faire varier en déplaçant les miroirs M_1 et M_2. Ces interférences ne peuvent s'interpréter qu'en invoquant une onde qui se sépare en deux sur S et qui est recombinée sur S'. Or le phénomène a lieu même avec les photons uniques dont on a observé dans l'expérience (a) qu'ils vont soit d'un côté, soit de l'autre, mais pas des deux côtés à la fois.

s'observer avec des électrons, des neutrons, ou même des objets plus complexes comme les atomes ou les molécules.

Après la Seconde Guerre mondiale, la théorie quantique permit d'aller encore plus loin dans le monde de l'infiniment petit, en constituant le cadre approprié pour décrire les particules élémentaires. C'est aussi en s'appuyant sur la description quantique de la matière que les physiciens inventèrent de nouveaux objets qui n'existaient pas dans la nature et que les ingénieurs surent bientôt produire en grande série.

Ce furent d'abord le transistor et ses descendants, les circuits intégrés (fig. 5.6), inventés par un groupe de brillants physiciens du solide à partir d'une réflexion fondamentale sur la nature quantique de la conduction électrique. Inutile d'insister

Figure 5.6 : Du transistor au microprocesseur : la physique quantique en action. À gauche : photo du premier transistor, réalisé aux Bell Labs, en 1947. On distingue les morceaux de silicium dopés, et le bloc de cuivre faisant contact. La taille du système était de l'ordre du centimètre. À droite : un circuit intégré moderne, qui contient des millions de transistors pour une taille de l'ordre du centimètre.

sur l'importance de cette invention (voir le chapitre 12), qui a permis le développement de l'électronique puis la multiplication des possibilités de calcul, de traitement et de stockage de l'information, comme la machine à vapeur avait, deux siècles auparavant, multiplié la puissance mécanique utilisable par l'homme et conduit à la révolution industrielle.

Au cœur d'innombrables applications, le laser est le deuxième enfant de la mécanique quantique. On connaît les imprimantes laser, le guidage des engins de travaux publics, les lecteurs de code-barres ou de disques compacts, le découpage précis des tôles et des vêtements, la chirurgie laser, etc. On commence à mesurer l'importance des télécommunications par laser et fibres optiques qui ont multiplié le débit d'information que l'on peut faire circuler à l'échelle de la planète : ce sont des térabits (millions de millions d'unités d'information) par seconde que l'on sait aujourd'hui transmettre à travers les océans, sur une seule fibre optique équipée d'amplificateurs laser intégrés. Si l'on compare aux quelques bits par seconde des premiers télégraphes Morse, on mesure le chemin parcouru. Les hauts débits des autoroutes de l'information permettent aujourd'hui à l'humanité de partager les informations stockées dans les ordinateurs du monde entier, ou de mettre en commun leurs puissances de calcul (fig. 5.7).

La place prise par les applications des lasers ne doit pas faire croire que les progrès dans la compréhension et la maîtrise de l'interaction matière-lumière se seraient arrêtés en 1960. On a vu par exemple apparaître l'optique quantique dont la plupart des concepts étaient ignorés en 1960, et qui permet de repousser les limites des méthodes d'observation et de mesure optiques grâce à une meilleure compréhension des limitations ultimes, de nature quantique. On citera aussi la découverte *a priori* paradoxale, couronnée par le prix Nobel 1997, de Steven Chu, Claude Cohen-Tannoudji et Bill Phillips, qu'une utilisation judicieuse du laser peut permettre non pas de chauffer la matière, mais de la refroidir à des températures proches du zéro absolu. Ces progrès de la recherche fondamentale ont rapidement débouché sur une amélioration considérable de la précision des horloges atomiques

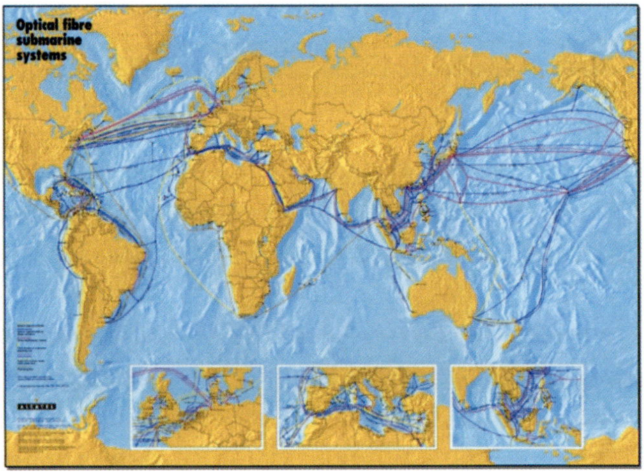

Figure 5.7 : Télécommunications optiques. Grâce aux amplificateurs lasers à erbium intégrés dans les fibres optiques elles-mêmes, on peut aujourd'hui transmettre à travers les océans un térabit (mille milliards d'informations élémentaires) chaque seconde, sur une seule fibre. Cette carte donne une idée (incomplète) du réseau mondial des fibres optiques pour les télécommunications.

(*cf.* encadré sur les horloges atomiques), et sur le développement d'interféromètres atomiques prometteurs pour analyser le sous-sol ou étudier les irrégularités du mouvement de rotation terrestre. D'ici une à deux décennies, les horloges atomiques logées dans les satellites du système GPS, ou de ses successeurs, seront sans doute à atomes froids, permettant de se situer au centimètre près à la surface de la Terre. Et puis, par ce mouvement de balancier dont ils sont coutumiers, les physiciens projettent aujourd'hui d'utiliser ces horloges améliorées, et les interféromètres atomiques, pour revenir sur des problèmes de physique fondamentale, comme des tests de relativité générale, ou la recherche d'éventuelles modifications des lois physiques à l'échelle de l'âge de l'Univers. On ne peut qu'être stupéfait qu'il soit aujourd'hui envisageable de détecter en quelques années les infimes variations des lois physiques qui refléteraient les évolutions que laissent imaginer certaines observations astronomiques remontant le cours du temps sur des milliards d'années.

Ainsi, après bientôt un siècle, *la première révolution quantique* n'en finit pas de produire ses effets. La théorie quantique élaborée dans les années 1905-1925, et raffinée à la fin des années 1940, reste le cadre naturel dans lequel les physiciens continuent de découvrir et de comprendre les propriétés exotiques de la matière dans des situations extrêmes, ou même dans des conditions inconnues dans la nature. C'est aussi le cadre dans lequel doivent se placer les ingénieurs qui cherchent à pousser à leurs limites ultimes les technologies dont l'histoire récente nous montre que les progrès vont de pair avec la compréhension de la nature quantique de ces limites. Mais, au-delà de cette physique quantique traditionnelle, on assiste aujourd'hui à ce que l'on peut sans doute appeler une *seconde révolution quantique,* qui a débuté avec les travaux de John Bell sur le problème d'Einstein-Podolsky-Rosen.

Horloges atomiques à atomes refroidis par laser

Quand les atomes sont lents, on peut les observer longtemps, ce qui offre la possibilité de mesurer avec une grande précision la fréquence de transition entre deux niveaux d'énergie atomiques. Les horloges atomiques et les senseurs inertiels à ondes de matière (qui pourraient un jour remplacer les centrales de navigation inertielle à laser que l'on trouve dans les avions modernes) sont deux applications parmi les plus importantes des atomes froids. Ainsi, en une dizaine d'années, les horloges atomiques ont gagné presque deux ordres de grandeur en précision : aujourd'hui, leur inexactitude n'excède pas une seconde d'erreur en cinquante millions d'années, et les perspectives d'amélioration sont encore importantes.

Comment fonctionne une horloge atomique ? Depuis la Conférence générale des poids et mesures de 1967, « la seconde est la durée de 9 192 631 770 périodes de la radiation correspondant à la transition entre les deux niveaux hyperfins de l'état fondamental de l'atome de césium 133 ». Ces deux niveaux correspondent aux deux orientations relatives possibles (parallèle ou antiparallèle) du moment magnétique de l'électron externe et du moment magnétique du noyau. Pour basculer d'une orientation à l'autre, il faut appliquer une onde de fréquence parfaitement déterminée, dont la valeur est fixée par définition à la valeur ci-dessus. Une horloge réalise simplement une expérience de spectroscopie résonante, qui consiste à rechercher la valeur de fréquence qui maximise le taux de transition entre les deux niveaux : on prépare un échantillon d'atomes de césium froids dans leur niveau d'énergie fondamental. En balayant la fréquence ν d'une source micro-onde autour de la valeur $\nu_0 = 9\,192\,631\,770$ Hz, on mesure le nombre d'atomes transférés dans le niveau supérieur de la transition par le champ micro-onde en fonction de la fréquence, ce qui conduit à une courbe de résonance avec un maximum bien marqué. Ayant pointé le sommet de la résonance, un asservissement électronique y verrouille la fréquence de la source micro-onde. La précision de ces mesures est d'autant plus grande que la durée de mesure est plus grande. L'intérêt des atomes froids est donc qu'ils sont lents et restent plus longtemps dans la zone de mesure. Pour des atomes à une température de 1 microKelvin (à un millionième de degré du zéro absolu), la vitesse d'agitation thermique est de l'ordre du centimètre par seconde et l'on pourrait espérer un temps de mesure de une seconde pour une zone de mesure de un centimètre. Mais sur Terre, l'accélération de la pesanteur limite le temps de mesure : en une seconde, les atomes tomberaient de cinq mètres. Aussi utilise-t-on une fontaine atomique dans laquelle les atomes sont lancés verticalement vers le haut à travers une cavité micro-onde où règne le champ excitateur. Les atomes interagissent avec le champ une fois à la montée et une seconde fois à la descente (figure 5.8). Pour une fontaine de un mètre de hauteur, le temps de mesure (l'intervalle de temps séparant les deux passages des atomes dans la cavité) est de l'ordre de la seconde. C'est un gain d'un facteur 100 à 1 000 par rapport aux horloges à césium conventionnelles. Avec cette méthode, l'exactitude des horloges à césium développées au laboratoire SYRTE de l'observatoire de Paris et du Bureau national de métrologie atteint aujourd'hui 7×10^{-16} en valeur relative. De façon paradoxale, cette exactitude est aujourd'hui sévèrement limitée par les très fortes interactions entre atomes de césium qui existent à très basse température, effet qui ne pouvait pas être prévu au moment du choix de l'atome de césium en 1967 pour la définition de la seconde. C'est pourquoi une fontaine opérant avec des atomes de rubidium pour lesquels ces interactions sont bien plus faibles et très bien mesurées grâce aux condensats de Bose-Einstein est en passe de surpasser son homologue à césium. Par ailleurs, on assiste aujourd'hui à un développement rapide des horloges optiques et non plus micro-ondes à atomes froids, et à des progrès réguliers dans les méthodes de comparaison entre horloges. Dans le domaine visible du spectre électromagnétique (la lumière visible), la fréquence de base de l'horloge est de l'ordre de 5×10^{14} Hz, au lieu de 10^{10} Hz dans le domaine micro-onde. Cela permet d'espérer atteindre des stabilités de fréquence de 10^{-17} ou 10^{-18}. Ainsi les jours de l'atome de césium sont désormais comptés !

Dans une fontaine atomique, le temps qui sépare les deux interactions avec le champ dans la cavité micro-onde reste limité par l'accélération de la pesanteur. En situation de microgravité, à bord de satellites, ce temps peut encore être allongé d'un ordre de grandeur. C'est l'objet du projet PHARAO (Projet d'horloge atomique par refroidissement d'atomes en orbite), développé par le CNES et plusieurs laboratoires français, et qui a été sélectionné par l'ESA (Agence spatiale européenne) pour voler sur la station spatiale internationale fin 2006. Cette horloge aura d'excellentes performances dans l'espace, son échelle de

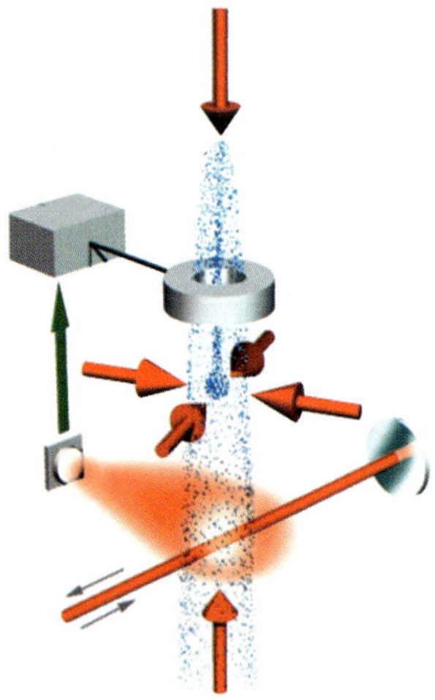

Figure 5.8 : Principe d'une fontaine atomique. Un nuage d'atomes de césium est refroidi par six faisceaux laser à une température de 1 μK et lancé vers le haut à une vitesse de 4 m/s. Les atomes traversent à la montée et à la descente une cavité où règne un champ micro-onde de fréquence proche de celle de la transition entre les niveaux hyperfins de l'atome de césium. Les atomes excités par le champ micro-onde sont détectés en dessous du dispositif par un faisceau laser qui les fait fluorescer. La durée entre les deux interactions est de l'ordre de 0,5 s.

temps sera accessible à un grand nombre de laboratoires, et elle pourra contribuer à la réalisation du temps atomique international. Par comparaison avec d'autres horloges au sol, divers tests de physique fondamentale pourront être réalisés, comme la mesure ultraprécise de l'effet Einstein (l'effet d'un champ de gravitation sur le temps propre d'une horloge) et la recherche d'une éventuelle évolution dans le temps des constantes fondamentales de la physique. Sur un plan beaucoup plus pratique, les systèmes de navigation par satellite tels que le GPS américain (*Global Positioning System*) ou le futur système européen GALILEO font appel à des horloges atomiques. Le recours à des horloges beaucoup plus stables permettra d'améliorer la précision du positionnement. Alors, les progrès des horloges et des méthodes de transfert de temps à distance autoriseront à leur tour des avancées dans un grand nombre de disciplines, comme les télécommunications à haut débit, la géodésie, la géophysique et l'astrophysique.

D'Einstein-Podolsky-Rosen aux photons jumeaux : l'intrication quantique

LE DÉBAT BOHR-EINSTEIN

La mécanique quantique n'a pu se construire qu'au prix de révisions radicales et douloureuses des concepts qui s'étaient imposés en physique classique. Ainsi, pour prendre en compte la dualité onde-particule, elle a dû renoncer à celui de trajectoire. On traduit ce renoncement par les relations de dispersion de Heisenberg (appelées aussi « relations d'incertitude ») qui quantifient l'impossibilité de définir simultanément la position et la vitesse d'une particule avec une précision arbitrairement grande. On peut également illustrer ce renoncement en remarquant que, dans une expérience d'interférence, la particule « suit plusieurs chemins à la fois » (fig. 5.9).

En fait, ces renoncements étaient si radicaux que plusieurs physiciens, dont Einstein et de Broglie, et dans une certaine mesure Schrödinger, n'admettaient pas leur caractère définitif, à la différence de Bohr qui en avait fait la clef de voûte de l'interprétation de la nouvelle théorie connue sous le nom d'« interprétation de Copenhague ». Einstein ne remettait pas en cause le formalisme mathématique de la mécanique quantique ni ses prévisions, mais il semblait penser que les renoncements préconisés par Bohr dans son interprétation ne traduisaient que l'état d'inachèvement de la théorie quantique. Cette position allait donner lieu à des débats homériques entre eux, en particulier celui qui débuta avec la publication, en 1935, de l'article d'Einstein, Podolsky et Rosen (EPR), dont le titre pose la question : « La description quantique de la réalité physique peut-elle être considérée comme complète ? ». Dans cet article, Einstein et ses coauteurs montrent que le formalisme quantique prédit l'existence d'états particuliers de deux particules, par exemple deux électrons, caractérisés par de très fortes corrélations à la fois des vitesses et des positions (fig. 5.8).

Figure 5.9 : L'expérience de pensée d'Einstein, Podolsky et Rosen (1935). Dans un état quantique EPR, les deux particules 1 et 2 sont totalement corrélées en position et en vitesse. La mesure de position de la première particule peut donner un résultat quelconque (M_1, M_1'...) ; mais si on a trouvé M_1 on trouve avec certitude la deuxième particule en M_2, symétrique de M_1 par rapport à l'origine, et de même si on a trouvé M_1' pour la première on trouve M_2' symétrique pour la deuxième. De la même façon, les mesures sur les vitesses sont totalement corrélées (on trouve toujours des vitesses opposées : $V_2 = -V_1$ ou $V_2' = -V_1'$). Comme une mesure sur la particule 1 ne saurait affecter instantanément la particule 2 éloignée, EPR concluent que la particule 2 possédait, avant les mesures, une valeur parfaitement déterminée de position et de vitesse, alors que l'état quantique ne spécifie pas ces grandeurs : EPR en concluent que la description quantique de cette situation est incomplète, et qu'il faut compléter le formalisme quantique. John Bell démontrera, trente ans plus tard, qu'il est impossible de compléter le formalisme quantique dans l'esprit des idées EPR.

Plus précisément, pour un état EPR, le formalisme quantique prédit que des mesures de position sur chacun des deux électrons donneront des valeurs symétriques par rapport à l'origine, et que des mesures de vitesses donneront de même des résultats toujours opposés. Dans un tel état, il suffit donc de mesurer la vitesse d'un électron pour connaître avec certitude celle de l'autre électron. Mais au lieu de mesurer sa vitesse, on pourrait choisir de mesurer la position du premier électron et l'on en déduirait la position du second. Les deux électrons étant éloignés l'un de l'autre, le choix de la grandeur mesurée sur le premier ne saurait modifier l'état du second. Einstein et ses coauteurs en déduisent que le second électron possédait, avant la mesure, des valeurs parfaitement déterminées de vitesse et de position. Et comme le formalisme quantique ne peut pas donner de valeur précise simultanée à ces deux quantités (comme le montrent par exemple les relations d'incertitude de Heisenberg), EPR concluent que le formalisme quantique est incomplet, qu'il ne rend pas compte de la totalité de la réalité physique, et qu'il faut donc s'attacher à essayer de le compléter. Niels Bohr fut, semble-t-il, bouleversé par cet argument qui s'appuie sur le formalisme quantique lui-même pour en montrer le caractère incomplet, provisoire. Ses écrits montrent une conviction profonde que si le raisonnement EPR était correct, compléter le formalisme quantique ne serait pas suffisant, c'est toute la physique quantique qui s'effondrerait. Bohr contesta donc immédiatement le raisonnement EPR en affirmant que dans un état quantique de ce type, « non factorisable », on ne peut parler des propriétés individuelles de chaque électron, et cela même s'ils sont très éloignés l'un de l'autre. Avec Schrödinger, qui découvrit au même moment ces états étonnants, on allait désormais parler d'état « intriqué » pour indiquer que les deux électrons sont indissolublement enchevêtrés, qu'ils forment un objet unique quelle que soit leur distance de séparation.

On pourrait penser que ce débat entre deux géants de la physique du XXe siècle eut un immense écho chez les physiciens. En fait, lorsque l'article EPR parut en 1935, la mécanique quantique allait de succès en succès et, mis à part Bohr, la plupart des physiciens ignorèrent ce débat qui leur paraissait académique : il semblait que l'adhésion à l'une ou l'autre des positions fût une affaire de goût personnel (ou de position épistémologique) sans aucune conséquence pratique sur la mise en œuvre du formalisme quantique, ce qu'Einstein lui-même ne semblait pas contester. Il fallut attendre trente ans pour voir paraître un démenti cinglant à cette position relativement consensuelle.

LE THÉORÈME DE BELL

C'est en 1964 que John Bell, physicien théoricien irlandais travaillant au CERN à Genève, publie un court article qui va bouleverser la situation. En quelques lignes de calcul, il montre que si l'on prend au sérieux l'argument EPR, et donc qu'on introduit explicitement des variables supplémentaires spécifiant la totalité de la réalité physique au sens d'Einstein, par exemple à la fois les positions et les vitesses des électrons intriqués, alors on aboutit à une contradiction avec certaines prédictions quantiques. Plus précisément, même si un tel formalisme à paramètres supplémentaires (on parle aussi de « variables cachées ») permet de rendre compte avec succès de certaines corrélations fortes prévues par le formalisme quantique, ce succès ne s'étend pas à la totalité des observations possibles (on parle d'« observables »). Il n'est donc pas possible de comprendre les corrélations EPR en complétant le formalisme quantique au sens d'Einstein. Aujourd'hui encore, ce résultat ne laisse pas de nous étonner[1], et il a fallu recourir à l'expérience pour se convaincre qu'il existe bien dans la nature des corrélations aussi fortes que celles prévues par le formalisme quantique.

Pour établir l'incompatibilité entre les prédictions quantiques et les modèles à paramètres supplémentaires « à la Einstein »,

John Bell a montré que les corrélations prévues par ces modèles ont des valeurs limitées par des inégalités — aujourd'hui appelées « inégalités de Bell » — que violent certaines prévisions quantiques. Le choix entre les positions d'Einstein et de Bohr n'est alors plus une question de goût personnel, puisqu'elles conduisent à des prévisions quantitativement différentes. Il devient possible de trancher le débat par l'expérience en mesurant les corrélations dans des paires intriquées et en confrontant les résultats aux inégalités de Bell. En 1964, il n'existait aucun résultat expérimental permettant de conclure. Les expérimentateurs se mirent donc au travail pour construire une expérience « sensible », dans une des rares situations où la mécanique quantique prédit une violation des inégalités de Bell. Les expériences les plus convaincantes ont été réalisées avec des paires de photons sur lesquels des mesures de polarisation — suivant deux directions distinctes — jouent un rôle analogue aux mesures de position et de vitesse dans le schéma EPR originel. Après une première génération d'expériences pionnières, une nouvelle série d'expériences conduites au début des années 1980, suivant des schémas de plus en plus proches de « l'expérience de pensée » idéale, donnèrent un ensemble de résultats incontestables, en excellent accord avec la mécanique quantique, et violant nettement les inégalités de Bell. Une troisième génération d'expériences entreprises à partir du début des années 1990 est venue conforter ces résultats. Il faut se rendre à l'évidence :

Les photons intriqués jumeaux ne sont pas deux systèmes distincts portant deux copies identiques d'un même ensemble de paramètres. Une paire de photons intriqués doit en fait être considérée comme un système unique, *inséparable*, décrit par un état quantique global, impossible à décomposer en deux états relatifs à chacun des deux photons : les propriétés de la paire ne se résument pas à la réunion des propriétés des deux photons.

L'inséparabilité quantique se manifeste même si les deux photons sont éloignés l'un de l'autre et qu'aucune interaction n'a le temps de se propager de l'un à l'autre (sauf à une vitesse supérieure à celle de la lumière, ce qui est exclu par la relativité). Dans les expériences de 1982, les photons étaient séparés d'une dizaine de mètres au moment de la mesure, ce qui suffisait déjà à établir la séparation relativiste (fig. 5.10). Dans les expériences récentes, des sources d'un nouveau type permettent d'injecter les photons intriqués dans deux fibres optiques partant dans des directions opposées, et l'inséparabilité a pu être vérifiée à des distances de plusieurs dizaines de kilomètres (fig. 5.11). Même à de pareilles distances, tout se passe donc comme si les deux photons restaient toujours en contact, et si le résultat de la mesure effectuée sur l'un affectait instantanément l'autre. Cela semble contradictoire avec le principe de causalité relativiste qui spécifie qu'aucune interaction ne peut se propager plus vite que la lumière. En fait, il n'y a pas violation de la causalité au sens opératoire, c'est-à-dire qu'on ne peut utiliser la non-séparabilité quantique pour transmettre plus vite que la lumière un signal ou une information utilisable, et l'intrication quantique ne permet donc pas la « télégraphie supraluminale » chère aux auteurs de science-fiction. Cela ne veut pourtant pas dire qu'elle ne peut avoir d'applications, comme on le verra plus loin. Cela ne veut pas dire non plus que les problèmes conceptuels posés par les propriétés troublantes des états intriqués soient résolus, les physiciens sont loin d'avoir atteint un consensus sur la façon de comprendre l'inséparabilité quantique. Nul ne peut dire aujourd'hui si les progrès viendront de nouvelles expériences, de percées théoriques ou de ruptures épistémologiques.

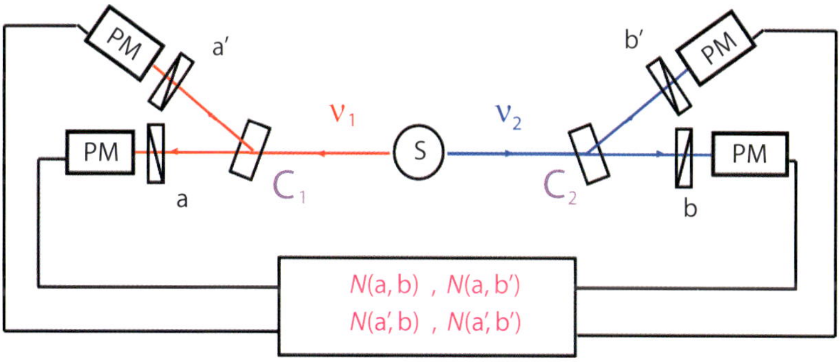

Figure 5.10 : Expérience d'Orsay (1982). L'utilisation de nouveaux lasers a permis le développement d'une source efficace de paires de photons intriqués, au sein de l'enceinte à vide située au centre de la photo. Des mesures de polarisation ont montré l'existence de corrélations violant les inégalités de Bell, prouvant ainsi la non-séparabilité des photons de chaque paire, même lorsqu'ils sont éloignés l'un de l'autre. Dans cette expérience à l'échelle d'un petit laboratoire, les deux photons étaient éloignés de 12 m au moment des mesures, ce qui suffisait à garantir une séparation relativiste des mesures (les orientations des polariseurs étaient modifiées suffisamment vite pour qu'aucun signal voyageant à une vitesse inférieure ou égale à celle de la lumière ne puisse connecter ces mesures).

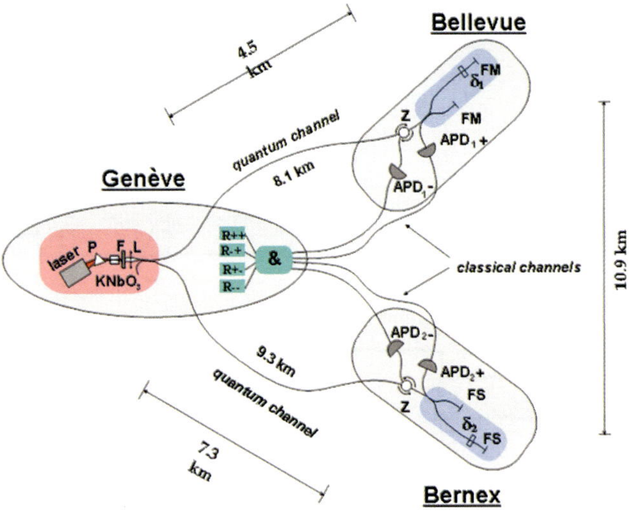

Figure 5.11 : Expérience de Genève (2000). Cette expérience utilise les fibres optiques du réseau commercial de télécommunications. La source (située à Cornavin) est à plus de dix kilomètres des détecteurs (Bellevue et Bernex). Cette expérience a permis de montrer que l'intrication continue à exister pour deux photons séparés de plus de dix kilomètres. Dans une expérience analogue réalisée à Innsbruck, on met à profit le temps de propagation dans les fibres pour choisir aléatoirement l'orientation des appareils de mesure (polariseurs) pendant les quelques microsecondes qui s'écoulent entre l'émission des photons et leur observation.

La mécanique quantique et les systèmes individuels

Jusqu'à la fin des années 1970, les situations expérimentales où la mécanique quantique était impliquée concernaient toujours de très grands ensembles d'objets microscopiques sur lesquels on observait un signal moyenné. Ainsi la lumière émise par une lampe à décharge, dont les propriétés spectrales ont conduit à la première révolution quantique, est-elle émise par les millions de milliards d'atomes d'un gaz. De même, la superfluidité de l'hélium liquide ou la supraconductivité de certains métaux s'observent-elles sur des quantités macroscopiques, où le nombre d'atomes est de l'ordre du nombre d'Avogadro (6×10^{23}, six cent mille milliards de milliards). Un faisceau laser contient un nombre de photons du même ordre, produits par un milieu amplificateur qui comporte un nombre tout aussi colossal d'ions émetteurs... Dans ce type de situation, il n'y a aucune difficulté à utiliser les résultats probabilistes des calculs quantiques. Puisque les observations portent sur de grands ensembles, les probabilités s'interprètent de manière statistique : si le calcul prévoit qu'un atome dans une lampe spectrale a une probabilité de 80 % d'émettre de la lumière rouge et de 20 % d'émettre du bleu, nous dirons naturellement que 80 % des atomes émettent du rouge et 20 % du bleu. Mais pourrait-on encore appliquer le formalisme quantique si l'on avait un seul atome émetteur ? À cette question, Bohr répondait « oui » sans hésitation, alors qu'Einstein en doutait. Ici encore le débat semblait n'être qu'une question de principe, sans portée pratique, qui ne concernait guère la majorité des physiciens, lesquels travaillaient toujours sur de grands ensembles.

L'OBSERVATION DES OBJETS MICROSCOPIQUES INDIVIDUELS

À la fin des années 1970, les physiciens ont inventé des méthodes pour manipuler et observer un seul électron, ou un seul ion, conservé pendant des heures (voire des jours, des mois) à l'aide de champs électriques et magnétiques qui le maintiennent loin de toute paroi, dans une enceinte à vide : on parle alors de particule unique « piégée ». Au cours de la décennie suivante est apparue la microscopie de champ proche (microscope à effet tunnel, microscope à force atomique), qui a permis d'observer et de manipuler des atomes individuels déposés sur une surface (fig. 5.12). À la même époque, les progrès conceptuels et expérimentaux de l'optique quantique ont conduit au développement de sources où les photons sont émis un par un, comme dans l'expérience de la figure 5.2. Ces avancées expérimentales, couronnées par plusieurs prix Nobel, ont d'abord eu des conséquences importantes en physique fondamentale.

C'est ainsi que le piégeage d'objets élémentaires uniques a fait considérablement avancer la connaissance de certaines grandeurs microscopiques, dont la valeur fournit souvent un test sévère de la théorie. Par exemple, les longs temps d'observation accessibles avec un électron unique piégé ont permis de mesurer une quantité fondamentale, le « rapport gyromagnétique de l'électron », avec 13 chiffres significatifs (précision d'une partie par dix millions de millions, ce qui équivaut à mesurer la distance de la Terre à la Lune avec une précision de quelques millièmes de millimètre !). Or cette quantité peut être calculée à l'aide de l'électrodynamique quantique, version raffinée de la théorie quantique appliquée aux charges électriques élémentaires : l'accord excellent avec l'expérience est à un niveau de précision tel qu'on ne sait ce qu'il faut admirer le plus, la performance des expérimentateurs, le talent des théoriciens capables de mener à bien des calculs si complexes, ou la puissance prédictive de la théorie.

Figure 5.12 : Corral atomique. Cette image au microscope à effet tunnel montre un « corral atomique » réalisé à l'aide d'atomes de fer déposés sur une surface de cuivre. Les atomes se manifestent par des pics de densité électronique. Les vagues visualisent la fonction d'onde des électrons du cuivre qui sont réfléchis par les atomes de fer.

Le piégeage d'objets élémentaires permet également des tests cruciaux de propriétés aussi fondamentales que la symétrie matière-antimatière : on a ainsi pu vérifier avec une précision confondante l'égalité des charges (au signe près) et des masses d'un proton et d'un antiproton, ou d'un électron et d'un positron (fig. 5.13). Ce type de mesures vise à tester les symétries fondamentales — ou leur brisure — qui sont au cœur de notre compréhension du monde (voir le chapitre 3).

LES SAUTS QUANTIQUES

Parallèlement aux progrès expérimentaux, le piégeage d'objets microscopiques individuels a obligé les physiciens à se reposer la question, soulevée elle aussi par Einstein, de la signification de la théorie quantique lorsqu'on l'applique à un objet unique. Considérons par exemple la situation de la figure 5.10 où un

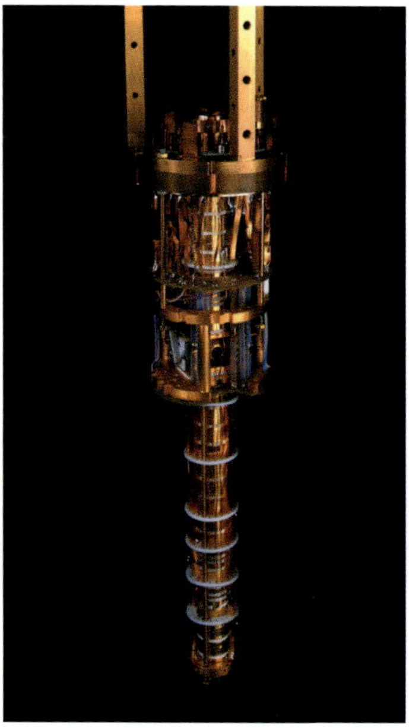

Figure 5.13 : Piégeage électromagnétique d'un positron. Une combinaison d'électrodes et de bobines permet de maintenir un seul positron (antiélectron) pendant plusieurs jours dans une enceinte à vide, sans contact avec les bobines qui contrôlent sa position. Ce piège permet également de confiner des antiprotons, ce qui a permis l'obtention d'antihydrogène. C'est avec des pièges analogues qu'il a été possible de tester la symétrie matière-antimatière à des niveaux de précision de un milliardième.

atome, soumis à un faisceau laser bien choisi, peut se trouver dans un état « brillant » avec une probabilité Π_B, et dans un état « noir » avec la probabilité complémentaire $\Pi_N = 1 - \Pi_B$. Par « brillant » ou « noir », on veut dire que si l'on ajoute un faisceau laser auxiliaire — une « sonde » —, un atome dans l'état noir ne diffusera aucun photon tandis que dans l'état brillant il en diffusera de nombreux parfaitement observables avec un photodétecteur, ou même à l'œil nu. Lorsqu'on a une vapeur contenant un grand nombre d'atomes dans cette situation, l'interprétation des prédictions probabilistes ne présente pas de difficultés : une fraction Π_B des atomes diffuse des photons, tandis que les autres atomes (dont la fraction est Π_N) ne diffusent pas. Mais que se passe-

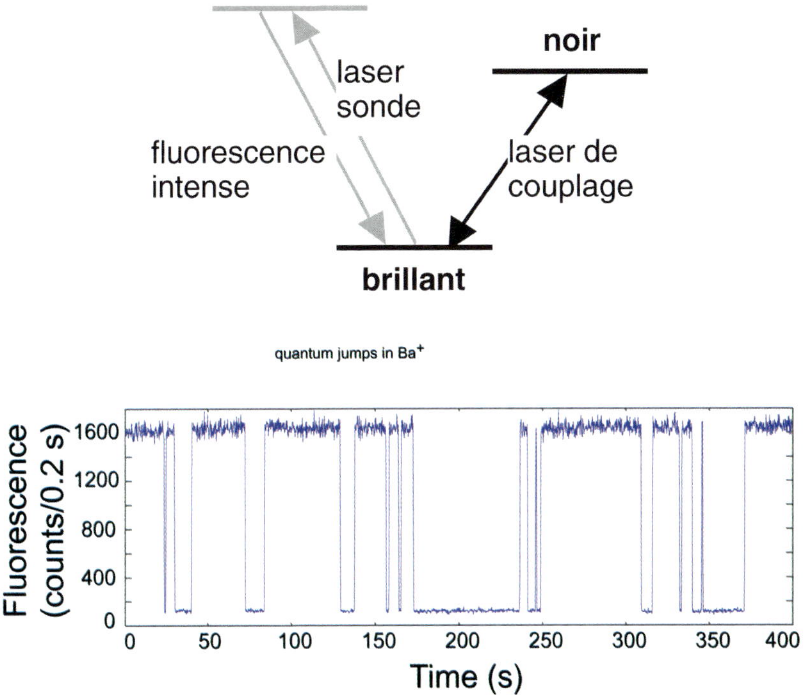

Figure 5.14 : Sauts quantiques d'un ion unique piégé. Sous l'effet du laser de couplage, l'ion est dans une superposition linéaire de deux états, brillant et noir. Si on l'éclaire par un laser sonde auxiliaire, l'ion dans l'état brillant diffuse de nombreux photons facilement détectables, alors que dans l'état noir aucun photon du laser annexe n'est diffusé. La figure du bas (enregistrement de la fluorescence en fonction du temps dans une situation de ce type) montre les basculements brutaux d'un état à l'autre à des instants aléatoires, appelés « sauts quantiques ». Si on avait un grand nombre d'ions dans cette situation, on verrait un taux de diffusion de photons quasiment constant, proportionnel à la probabilité de trouver les ions dans l'état brillant. Ce n'est que lorsqu'on a su piéger un ion unique avec des systèmes analogues à celui de la figure 5.13 que l'on a pu observer les sauts quantiques, dont l'existence était jusque-là très controversée.

rait-il pour un atome unique placé dans la même situation ? Sommés de répondre à ce genre de question, les fondateurs de la mécanique quantique de l'« École de Copenhague » répondaient qu'en présence du premier laser l'atome est en fait dans une

« *superposition linéaire* » de l'état noir et de l'état brillant, état quantique contre-intuitif où l'atome est à la fois brillant et noir. Et lorsqu'on applique le laser sonde, on trouve l'atome soit dans l'état brillant, soit dans l'état noir, avec les probabilités Π_B ou Π_N, sans que l'on puisse savoir d'avance lequel des deux cas sera observé. Mais ils ajoutaient que si l'on répétait l'expérience un grand nombre de fois, alors on observerait la situation brillante pour une fraction Π_B des expériences et la situation noire pour la fraction Π_N.

En fait, cette description dans laquelle l'atome est dans une superposition de l'état noir et de l'état brillant ne répond pas à la question : que se passe-t-il au cours du temps pour un atome unique que l'on observe en permanence ? Même si la question apparaissait totalement académique dans les années 1930, où l'on était loin de penser qu'on pourrait un jour observer des objets microscopiques uniques, les physiciens de l'École de Copenhague ne l'éludaient pas : pour y répondre, ils invoquaient le « postulat de réduction du paquet d'onde » qui affirme que lorsqu'un système quantique interagit avec un appareil de mesure, en l'occurrence le laser auxiliaire, ce système quantique cesse d'être dans une superposition d'états et saute dans l'un ou l'autre d'entre eux. On prévoit donc que l'atome basculera alternativement, à des instants aléatoires, de l'état brillant, où l'on peut observer les photons diffusés, à l'état noir, où aucun photon n'est diffusé, et réciproquement.

L'existence de ces « sauts quantiques », qui implique une évolution discontinue du système, avait été violemment contestée par nombre de physiciens parmi les plus grands (tels Einstein ou Schrödinger), qui y voyaient tout au plus un artifice commode, à valeur pédagogique, et semblaient penser que la description quantique ne s'appliquait qu'aux grands ensembles, qu'elle ne pouvait décrire le comportement d'un système individuel. Les progrès expérimentaux ayant permis au milieu des années 1980 l'observation de la fluorescence d'un ion unique piégé (un ion n'est qu'un atome chargé électriquement, mais c'est cette charge qui permet de le piéger facilement), le débat a pu être tranché par l'expérience : on observe effectivement que l'ion évolue aléatoirement entre des périodes où il est invisible et des périodes où il fluoresce intensément (fig. 5.14). Cette observation a beaucoup frappé les physiciens. Au-delà de sa valeur démonstrative, elle a déclenché des progrès inattendus à la fois dans le domaine expérimental et dans le domaine théorique.

DES RETOMBÉES PRATIQUES ET THÉORIQUES

Dans le domaine expérimental, on utilise aujourd'hui le phénomène des périodes noires pour mesurer la fréquence de certaines raies spectroscopiques extrêmement fines, inobservables jusqu'alors, et qui sont d'excellents candidats pour de nouvelles horloges atomiques, encore plus précises que celles dont nous disposons. Dans le domaine théorique, la réflexion sur les sauts quantiques a déclenché l'émergence de nouvelles méthodes, appelées « Monte-Carlo quantique », qui donnent une description très proche de ce qu'on observe dans les expériences. Ces méthodes utilisant le calcul sur ordinateur simulent une histoire quantique possible pour le système unique, en tirant au sort les sauts quantiques, les probabilités gouvernant ce tirage ayant été calculées à partir des équations quantiques. Si ces méthodes nouvelles sont bien adaptées à la description des systèmes uniques, elles se sont également parfois révélées — après moyenne — remarquablement plus efficaces que les méthodes théoriques quantiques traditionnelles pour étudier l'évolution d'un grand ensemble de systèmes identiques. De plus, en permettant de se poser des questions sur l'évolution individuelle de chaque système, ces méthodes de Monte-Carlo quantique ont permis de faire le lien entre certains processus quantiques et des statistiques inhabituelles — les statistiques de Lévy — qui jouent un rôle crucial dans des domaines aussi variés que la biologie, les marchés financiers, ou les embouteillages de la circulation automobile. Comme souvent, ce genre de rapprochement entre sujets *a priori* sans rapport s'est avéré particulièrement fécond.

DU MICROSCOPIQUE AU MÉSOSCOPIQUE

Sachant que la mécanique quantique peut décrire le comportement des objets individuels microscopiques, on peut évidemment se demander si elle s'applique à des objets plus gros. On sait bien qu'il n'y a pas besoin d'elle pour décrire le mouvement des planètes ou d'une pomme qui tombe : la physique classique s'en acquitte parfaitement, ce qui explique d'ailleurs sans doute la difficulté de comprendre les concepts quantiques à partir d'une intuition forgée dans le monde macroscopique. Certes, nous avons besoin de la physique quantique pour calculer les propriétés (mécaniques, électriques...) des matériaux dont est fait un objet macroscopique, mais pas pour décrire le comportement de l'objet lui-même.

Il existe toutefois une échelle intermédiaire, l'échelle mésoscopique, où c'est l'objet lui-même — et pas seulement son matériau — qui doit être décrit par la mécanique quantique. On sait ainsi réaliser aujourd'hui des anneaux conducteurs mésoscopiques (à ne pas confondre avec les fils supraconducteurs), dont la taille est de l'ordre du micromètre, et la résistance électrique nulle ne peut être comprise qu'en considérant la fonction d'onde globale de l'ensemble des électrons de ce nanocircuit. Un autre exemple célèbre (prix Nobel 2001) d'objet mésoscopique est celui des condensats de Bose-Einstein gazeux, ensemble d'atomes (typiquement quelques millions) qui eux aussi doivent être décrits par une fonction d'onde quantique globale (voir l'encadré sur les condensats de Bose-Einstein gazeux).

Si ces objets mésoscopiques où une description quantique s'impose sont encore des curiosités de laboratoire de recherche fondamentale, il ne fait guère de doute que les progrès des nanotechnologies, en particulier la miniaturisation ininterrompue des composants semi-conducteurs, obligeront bientôt l'industrie de la microélectronique à suivre une approche complètement quantique pour maîtriser ces nanocomposants.

DU MÉSOSCOPIQUE AU MACROSCOPIQUE : LA DÉCOHÉRENCE DES SYSTÈMES QUANTIQUES

Mais alors, si l'on observe un comportement quantique avec des objets de plus en plus gros, où se situe la frontière ? À vrai dire, on ne connaît pas la réponse à cette question, l'une des plus importantes qui soient posées aux physiciens du début du XXIe siècle.

L'une des propriétés spécifiques de la physique quantique est l'existence des *superpositions d'états* : si un système possède plusieurs états quantiques possibles, il peut non seulement se trouver dans l'un d'eux, mais il peut également se trouver dans un état hybride formé à partir de ces états de base, une « *superposition cohérente* » de ces états. Les états intriqués sont de telles superpositions cohérentes, mais il existe des exemples beaucoup plus simples et pourtant très étonnants. Nous avons déjà cité le cas d'un atome se trouvant dans la superposition d'un état noir et d'un état brillant. La situation devient encore plus troublante lorsque les deux états correspondent à des situations manifestement incompatibles, par exemple des localisations éloignées. Ainsi, considérons un atome arrivant sur une séparatrice à atomes, analogue à une lame semi-réfléchissante pour les photons (fig. 5.5). Il peut soit être transmis, soit être réfléchi, ce qui conduit à des trajectoires distinctes. Mais il peut aussi être dans une *superposition des états transmis et réfléchi, c'est-à-dire présent à la fois en deux points différents de l'espace.* On peut démontrer expérimentalement que cet état existe vraiment en recombinant les deux trajets et en observant des interférences, qu'on ne peut interpréter qu'en admettant que l'atome a suivi les deux chemins à la fois (le schéma est analogue à celui utilisé pour les photons, fig. 5.5).

Un tel comportement a effectivement été observé avec des objets microscopiques (électrons, photons, neutrons, atomes, molécules), ou mésoscopiques (courants électriques dans des nanocircuits), mais jamais avec des objets macroscopiques, alors que rien ne l'interdit *a priori* dans le formalisme quantique. Ce problème a attiré l'attention de nombreux physiciens, à commencer par Schrödinger qui en a donné une illustration amusante sous la forme du fameux chat qui pourrait à la fois être mort et vivant, ces deux états représentant un exemple particulièrement frappant d'états incompatibles. Pourquoi, dans le monde réel, n'observe-t-on pas la superposition cohérente des états « mort » et « vivant » ?

Les physiciens invoquent généralement la *décohérence quantique* pour expliquer l'impossibilité d'une superposition cohérente d'états d'objets macroscopiques. La décohérence doit se manifester dès qu'un système quantique interagit avec le monde extérieur. Reprenons l'exemple de l'atome dont les trajectoires se sont séparées à l'intérieur d'un interféromètre. Si on l'éclaire avec de la lumière laser, il devient possible d'observer sa trajectoire et de dire s'il suit un trajet ou l'autre. Alors, les interférences disparaissent. On retrouve une situation classique, sans superposition cohérente. Or, plus un objet est complexe et gros et plus il est, en général, sensible aux perturbations extérieures. On sait par exemple que plus une molécule est compliquée et plus elle a de possibilités d'absorber le rayonnement. La décohérence par interaction avec le monde extérieur serait donc la clef du passage entre comportements classique et quantique.

Même si ce raisonnement est séduisant, il est loin de clore le problème et de nombreuses questions restent posées. Une des plus troublantes est qu'on ne sait pas identifier une échelle au-delà de laquelle il deviendrait impossible d'éviter la décohérence. Rien n'empêche en principe de prendre suffisamment de précautions pour protéger un système — si gros soit-il — de la décohérence. Ainsi, pour reprendre l'exemple de l'interférométrie atomique ou moléculaire, on a pu observer des interférences avec de très grosses molécules, à condition de se garder de les éclairer avec de la lumière qui permettrait de déterminer le chemin suivi. Quant à l'interaction avec le rayonnement thermique qui nous entoure, elle est beaucoup moins dommageable à la cohérence, et on peut toujours la réduire en abaissant la température des parois de l'enceinte dans laquelle se déroule l'expérience. À l'heure actuelle, on n'a aucun argument vraiment convaincant permettant de savoir s'il existe une taille limite fondamentale au-dessus de laquelle les molécules cesseraient d'interférer. Une réponse à cette question aurait des implications immenses, tant sur le plan conceptuel que pour les technologies du futur.

L'information quantique

DES CONCEPTS AUX APPLICATIONS ?

Alors que les physiciens croyaient avoir digéré la révolution quantique amorcée par Bohr et l'École de Copenhague, la découverte en 1965 des inégalités de Bell et l'observation expérimentale, quelques années plus tard, de leur violation les ont forcés à reconnaître le caractère véritablement révolutionnaire de l'intrication quantique, qui était resté ignoré par la plupart des acteurs de la première révolution quantique. Cette prise de conscience est contemporaine de l'observation des objets microscopiques individuels et de leurs sauts quantiques. Ces deux concepts, l'intrication quantique et l'évolution quantique des objets individuels, étaient certes contenus dans le formalisme quantique, mais leur portée était restée largement sous-estimée. C'est la reconnaissance de leur importance qui est à la base d'une nouvelle révolution quantique.

La portée de cette nouvelle révolution quantique pourrait aller bien au-delà des concepts et atteindre le traitement et la transmission de l'information. C'est le domaine de *l'information* quantique, qui vise à mettre en œuvre ces concepts physiques nouveaux — l'intrication et la manipulation d'objets individuels — pour aboutir à des applications étonnantes. Il s'agit d'une part de la cryptographie quantique, qui commence à être opérationnelle, et d'autre part du calcul quantique, qui n'en est qu'à une phase de recherche fondamentale encore très éloignée des applications. On ne sait absolument pas aujourd'hui s'il sera possible un jour de construire un véritable « ordinateur quantique », dont les performances potentielles seraient sans commune mesure avec celles des ordinateurs actuels.

LA CRYPTOGRAPHIE QUANTIQUE

La cryptographie est la science du codage et de la transmission des messages secrets. Elle permet de communiquer des informations sur un canal public sans que des tiers puissent les déchiffrer. Historiquement, on a toujours assisté à une course-poursuite entre des méthodes de codage de plus en plus raffinées et des méthodes de déchiffrage de plus en plus puissantes. Codage et déchiffrage s'appuient d'une part sur des progrès mathématiques, d'autre part sur la puissance croissante des ordinateurs. On comprend que la sécurité d'un code repose sur l'hypothèse que l'espion qui tente de déchiffrer un message n'a pas un niveau de mathématiques ou d'informatique beaucoup plus avancé que l'expéditeur. Seule fait exception la clef de codage à utilisation unique : il s'agit d'une suite aléatoire de caractères, existant en deux exemplaires identiques entre les mains de l'émetteur et du récepteur. On montre, par un théorème à la rigueur toute mathématique, qu'il est alors possible de réaliser un codage inviolable d'un message unique, pourvu que sa longueur soit inférieure ou égale à celle de la clef secrète. Toutes les autres méthodes ne sont sûres que pour un niveau donné de développement mathématique et technologique.

En cryptographie quantique, la sécurité ne dépend plus du niveau de développement : elle repose sur les lois fondamentales de la physique quantique. L'idée de base en est qu'il est possible de détecter un espion tentant de prendre connaissance de la clef secrète par la trace qu'il laisse nécessairement, puisqu'en physique quantique il n'existe pas de mesure qui ne perturbe le système mesuré. En l'absence de telle trace, on est sûr qu'il n'y a pas eu d'espion lisant la clef. On peut donc échanger en toute sécurité deux copies d'une clef identique, ce qui permettra ultérieurement, après vérification de l'absence de trace, une transmission publique parfaitement sûre. Comment être sûr en pratique que personne n'a pu lire cette clef pendant sa transmission sur un canal espéré secret ? Il existe plusieurs schémas répondant au problème. L'utilisation de paires de particules EPR offre une solution particulièrement élégante : tant que les mesures ne sont pas faites sur deux particules intriquées éloignées, le résultat de la mesure est imprédictible (sinon il y aurait des paramètres supplémentaires et les inégalités de Bell ne seraient pas violées). Ce n'est qu'au moment de la mesure que deux résultats identiques apparaissent sur les appareils des deux partenaires : auparavant, la clef n'existait pas, et il n'y avait rien à espionner ! On pourrait évidemment craindre la manœuvre d'un espion réalisant une mesure intermédiaire et faisant ainsi apparaître la clef, puis renvoyant des photons identiques à ses résultats de mesure, ce qui lui permettrait d'avoir un troisième exemplaire de la clef de codage. On montre en fait que pour démasquer cet espion sophistiqué, il suffit de réaliser, sur un sous-ensemble de mesures, un test des inégalités de Bell : si elles sont violées, il ne peut y avoir d'espion. Des démonstrateurs fonctionnent déjà sur ce principe.

Ordinateur et information quantiques

L'« ordinateur quantique » est un sujet un peu polémique, qui donne lieu à des professions de foi contradictoires. D'un côté, on présente le calcul quantique comme « la prochaine révolution technologique » et, de l'autre, on affirme que « ça ne marchera jamais ». La plupart des physiciens travaillant dans ce domaine ont une opinion plus nuancée.

Lorsqu'on parle d'« ordinateur quantique », il convient de distinguer deux contenus associés à ce terme, qui sont bien séparés au stade actuel : d'une part, une révolution conceptuelle, extrêmement fructueuse sur le plan théorique ; d'autre part, une mise en œuvre expérimentale, qui n'en est qu'à ses premiers balbutiements.

Le concept d'information quantique a effectivement un caractère révolutionnaire : on peut en utilisant la physique quantique concevoir de nouvelles façons de calculer et de communiquer dont les règles ne sont plus celles de la science classique. Il en résulte de nouvelles méthodes de cryptographie dont la sécurité s'appuie sur les bases mêmes de la physique, de nouvelles méthodes de calcul qui peuvent être exponentiellement plus efficaces, etc. Tout cela intéresse énormément les théoriciens de l'information et de l'algorithmique. Ces nouveaux concepts conduisent à de nouveaux algorithmes, et à de nouvelles architectures de calcul, fondées sur des « portes quantiques » sans équivalent classique (porte « racine de non », porte « non contrôlée », etc.). Ces idées se développent fort bien sur le papier, donnent lieu à de très nombreuses publications scientifiques, progressent très vite, et sont incontestablement nouvelles et stimulantes. Toujours sur le plan conceptuel, et même sans parler de « calcul quantique », il semble clair que la rencontre récente entre la théorie de l'information et la mécanique quantique — qui constitue le cœur de l'« information quantique » — provoque un renouvellement très stimulant des outils théoriques utilisés de part et d'autre. Cela peut conduire en particulier à de nouvelles approches des fondements de la théorie quantique, à de nouvelles façons de définir et de traiter l'information. Selon une célèbre citation de Rolf Landauer, « l'information est de nature physique », il n'est donc pas surprenant que la mécanique quantique, qui sous-tend toute la physique actuelle, se découvre des liens intimes avec la théorie de l'information.

La mise en œuvre de ces nouveaux concepts est encore balbutiante. La mécanique quantique étant universellement applicable, tout système quantique devient un moyen de calcul potentiel. Il y a bien sûr des conditions restrictives, qui sont connues, mais le nombre de candidats possibles reste très grand : photons polarisés, atomes et ions piégés, spins de noyaux atomiques qui peuvent être piégés, inclus dans des molécules, implantés (dans des semi-conducteurs, des nanotubes de carbone), systèmes supraconducteurs à quantum de flux ou de charge, électrons flottant sur l'hélium liquide... Ces systèmes permettent de fabriquer des « qubits », variables quantiques élémentaires qui, à la différence des bits classiques qui ne peuvent valoir que 0 ou 1, peuvent également être placés dans une superposition de leurs deux états de base. Il existe un certain nombre de démonstrations convaincantes de portes quantiques élémentaires qui effectuent des opérations de logique quantique sur ces qubits, aboutissant à des états intriqués. En revanche, on est encore loin de savoir combiner entre eux de tels circuits quantiques élémentaires pour réaliser des architectures utiles. Il faudrait développer une ingénierie des objets quantiques, pour fabriquer des systèmes qui n'existent pas dans la nature, mais qui sont permis par les lois de la physique quantique. En pratique, les idées qui semblent les plus prometteuses pour cette ingénierie quantique sont liées à la manipulation d'objets quantiques individuels (photons, atomes, ions, spins, boîtes quantiques...), ou à des nanocircuits quantiques (jonctions Josephson). Les recherches actuelles en sont au stade de la découverte des lois et des techniques qui permettent de manipuler ces objets, sans perdre leur cohérence quantique. Il s'agit donc encore de physique, plus que de technologie.

Ainsi, ce que l'on appelle en 2003 « ordinateur quantique » est la combinaison d'un concept nouveau (l'information quantique ne se manipule pas comme l'information classique) et de mises en œuvre très préliminaires de techniques nouvelles, issues des recherches fondamentales en physique quantique, et que l'on peut considérer comme un volet du développement des nanosciences.

UN EXEMPLE : L'ALGORITHME DE SHOR

Les calculs s'effectuent au moyen d'algorithmes, dont la durée d'exécution permet aux mathématiciens de caractériser la difficulté du problème posé, et donc de classer les problèmes en fonction de leur difficulté. Ce classement avait conduit à penser que la complexité est une propriété intrinsèque d'un problème et non de la machine qui effectue le calcul. C'est effectivement vrai tant que la physique qui régit le calculateur reste inchangée : la décomposition d'un nombre en facteurs premiers est par exemple un problème « difficile » pour *tous* les ordinateurs classiques. Cela signifie que le temps nécessaire pour faire le calcul augmente très vite (exponentiellement) lorsqu'on cherche à factoriser des nombres de plus en plus grands. Mais Peter Shor a montré en 1994 que ce problème devient « facile » sur un ordinateur quantique : le temps de calcul n'augmente que comme un polynôme de la taille du nombre à factoriser. Ainsi, le fait de changer les principes physiques du calculateur permet de concevoir un nouvel algorithme, qui dans ce cas particulier est exponentiellement plus rapide.

La méthode utilisée dans l'algorithme de Shor est très différente des algorithmes à l'œuvre dans les calculateurs classiques. L'algorithme naïf qui consiste à tenter d'effectuer des divisions par les nombres premiers de plus en plus grands est dans tous les cas très peu efficace ; il existe des algorithmes classiques bien meilleurs qui permettent par exemple de factoriser un nombre de 150 chiffres en quelques mois de calcul distribué entre plusieurs ordinateurs. L'algorithme de Shor utilise pour sa part un théorème de la théorie des nombres qui dit que pour factoriser un nombre P, on peut construire une fonction simple F de P et de la variable entière n, qui est périodique en n [on a $F(P, n) = a^n \bmod R$, où a est un entier premier avec P]. Si l'on connaît cette période R, on obtient facilement les facteurs de P [les facteurs sont donnés par pgcd $\{P, a^{R/2} + 1\}$ et pgcd $\{P, a^{R/2} - 1\}$]. Ce théorème n'a rien de quantique, mais si l'on veut trouver R en utilisant un ordinateur classique, il faut évaluer la fonction F un très grand nombre de fois, ce qui rend le calcul difficile.

Au contraire, un ordinateur quantique serait capable d'évaluer *en parallèle* toutes les valeurs prises par F, pour toutes les valeurs de n que peuvent contenir ses registres. On effectuerait ensuite plusieurs opérations (mesure projective, transformée de Fourier...), qui donneraient un nombre aléatoire, résultat du calcul. En répétant ce calcul, on obtiendrait une série de nombres, qui en fait ne sont pas complètement aléatoires, mais répartis régulièrement. En analysant ces régularités, on pourrait remonter à la période *R* et donc factoriser. On voit ainsi que le calcul quantique fonctionne sur un mode très particulier : il ne donne pas un résultat au sens habituel du terme, mais plutôt un indice qui permet d'obtenir (exponentiellement) plus vite le résultat cherché. Cela illustre le fait que l'ordinateur quantique, s'il est un jour mis en œuvre, n'aura pas pour but de remplacer les calculettes de poche mais bien plutôt de traiter l'information suivant des concepts entièrement nouveaux.

Tout cela peut sembler abstrait, mais l'exemple de la factorisation va en montrer l'enjeu. Comme on l'a dit, on peut avec les méthodes connues, et en mobilisant une grande puissance de calcul, factoriser un nombre de 150 chiffres en quelques mois. Il est alors facile de montrer que la même puissance de calcul mettrait, pour factoriser un nombre de 400 chiffres, un temps supérieur à l'âge de l'Univers (quinze milliards d'années) ! Cette croissance extraordinaire du temps de calcul avec la taille du problème est la signature d'un problème difficile — on dit encore « complexe ». Supposons maintenant que nous disposions d'un ordinateur quantique capable lui aussi de factoriser le nombre de 150 chiffres en un mois. Alors ce même ordinateur quantique pourrait factoriser le nombre de 400 chiffres en seulement trois ans ! Le problème est de construire un tel ordinateur quantique, qui devrait mettre en œuvre des centaines de milliers de « qubits » intriqués, sans perte de cohérence…

VERS DES CIRCUITS ÉLECTRONIQUES QUANTIQUES ?

Bien que les ordinateurs actuels utilisent les propriétés quantiques des matériaux qui en constituent les circuits, leur principe de fonctionnement ne tire pas parti de la mécanique quantique : les variables électriques comme les tensions et les courants sont en effet toujours des variables classiques, au sens où leurs valeurs sont bien définies à tout instant. Ainsi, dans un ordinateur, un bit est implémenté par deux états stables différents des courants et des tensions d'un circuit. Au contraire, le calcul quantique nécessite de disposer de *bits quantiques* ou *qubits*, systèmes qui peuvent être dans une superposition de l'état 0 et de l'état 1. Il faut de plus être capable de combiner entre eux ces états pour effectuer des calculs logiques élémentaires à l'aide de *portes quantiques*. Divers systèmes ont permis de mettre en œuvre les éléments de base du calcul quantique. Ainsi, on peut réaliser des bits quantiques avec les spins des noyaux d'atomes constituant des molécules et les manipuler avec des techniques de résonance magnétique nucléaire (RMN). C'est ainsi qu'un groupe d'IBM a réussi à implémenter l'algorithme de factorisation pour le nombre 15 (ce qui n'est évidemment pas impressionnant en tant que résultat, mais valide le principe). D'autres démonstrations de portes quantiques utilisent comme qubits des ions piégés en interaction avec le rayonnement laser. Bien qu'encourageantes, ces expériences de démonstration semblent difficiles à généraliser à un grand nombre de portes logiques quantiques interconnectées, généralisation pourtant nécessaire pour mettre en œuvre des algorithmes véritablement utiles. Il est donc tentant de tirer parti de la souplesse de dessin et de construction des circuits électroniques, dont la réalisation bénéficie des méthodes de la microélectronique.

Ces circuits électroniques quantiques, qui doivent être aussi quantiques que des atomes tout en restant contrôlables électriquement, sont des objets mésoscopiques, intermédiaires entre le monde microscopique quantique et le monde macroscopique classique. Ils sont à ce titre exemplaires de ce que les nanosciences peuvent apporter. Notons que des systèmes mixtes, dans lesquels des atomes ou des ions sont piégés dans des circuits microfabriqués, sont également envisageables.

LA DÉCOHÉRENCE DANS LES CIRCUITS ÉLECTRONIQUES

Pourquoi les circuits électroniques sont-ils *a priori* des systèmes physiques moins quantiques que les atomes ? C'est qu'un circuit électronique, comportant un grand nombre d'atomes et des fils de connexion, est en interaction permanente avec son environnement. Courants et tensions dans les fils du circuit, mesurés en quelque sorte en permanence, deviennent alors des quantités bien définies à tout instant, c'est-à-dire des quantités classiques : un bit vaut 1 ou 0, et rien d'autre n'est possible. En régime quantique au contraire, on peut avoir une superposition cohérente d'états transportant des courants différents, ce qui réalise un bit quantique. Mais l'interaction du circuit avec son environnement tend à transformer ce type de superposition cohérente en un mélange statistique incohérent d'états classiques. Cette

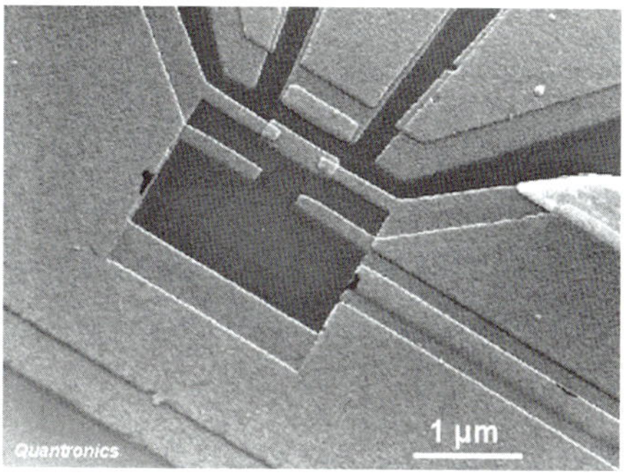

Figure 5.15 : Photographie au microscope électronique de la partie centrale du « Quantronium ». Les parties grises sont les deux couches d'aluminium dont la superposition crée les jonctions Josephson. La préparation d'un état superposé des deux états du bit quantique s'effectue en appliquant des impulsions radiofréquence à l'électrode de grille couplée capacitivement à la petite île entre les deux nanojonctions Josephson (croix).

évolution fatale du bit quantique s'effectue au bout d'un temps très court, appelé « temps de cohérence ». Pour allonger le temps de cohérence d'un circuit électronique, il faut le découpler de son environnement, comme un atome dans le vide, sans pour autant supprimer les connexions qui permettent de le faire fonctionner et de le mesurer.

LA MISE EN ŒUVRE DE BITS QUANTIQUES DANS DES CIRCUITS ÉLECTRONIQUES

Plusieurs groupes ont réalisé des systèmes à deux niveaux avec des circuits électroniques supraconducteurs contenant des jonctions Josephson. La supraconductivité permet de se débarrasser d'une source importante de décohérence due au mouvement thermique aléatoire des électrons. La figure 5.15 montre un de ces circuits, baptisé « quantronium », sur lequel on a pu mesurer un temps de cohérence de 500 nanosecondes (un demi-millionième de seconde).

Ce temps de cohérence est assez long pour réaliser une porte logique impliquant 2 bits quantiques et préparer des états intriqués de circuit électronique. Il est par contre cent fois trop court pour espérer réaliser un processeur. La fabrication d'un processeur quantique élémentaire à base de circuits électroniques pose donc un problème redoutable, mais essentiellement technique, et il est probablement possible de fabriquer un démonstrateur primitif. En revanche, les technologies actuelles ne permettent pas d'envisager sérieusement la fabrication d'un processeur utile. Savoir si d'autres technologies le pourraient est une question ouverte.

LE CALCUL QUANTIQUE

Au début des années 1990, une découverte théorique a contraint les informaticiens à remettre en cause un dogme de base de leur discipline : si l'on dispose d'ordinateurs quantiques capables d'utiliser le phénomène d'intrication quantique d'objets individuels, on pourra mettre en œuvre des algorithmes radicalement nouveaux permettant d'effectuer certaines opérations difficiles, comme la décomposition d'un nombre (grand) en facteurs premiers, dans des temps beaucoup plus courts qu'avec les méthodes habituelles. Par exemple, la décomposition d'un nombre de 400 chiffres demanderait avec les ordinateurs les plus puissants actuels, même mis en réseau à l'échelle mondiale, un temps de calcul supérieur à l'âge de l'Univers. Mais avec un ordinateur quantique constitué de quelques centaines de milliers de qubits intriqués (voir l'encadré sur l'information quantique), il suffirait de quelques mois ! Cette découverte a une portée conceptuelle considérable, puisqu'elle montre que, contrairement à ce qu'on croyait jusqu'alors, la façon de faire les calculs (l'algorithmique) n'est pas indépendante du type de machine utilisé. Elle pourrait aussi avoir des conséquences pratiques immenses, puisque le cryptage (classique) des informations (par exemple sur la Toile) repose aujourd'hui sur l'impossibilité de factoriser les très grands nombres en un temps raisonnable. Des méthodes de factorisation rapides ouvriraient une brèche dans la sécurité des communications, sans doute catastrophique pour les sociétés modernes.

Encore faut-il être capable de construire un ordinateur quantique. Pour attaquer le problème, de nombreux groupes dans le monde se sont lancés dans le développement de systèmes physiques réalisant une variable quantique élémentaire, le « qubit », et de son unité de calcul de base, la « porte logique quantique ». Une porte logique quantique effectue des opérations élémentaires sur les qubits, comme une porte logique habituelle opère sur les bits ordinaires. Mais à la différence de ceux-ci, qui ne peuvent prendre que deux valeurs, 0 ou 1, les bits quantiques peuvent être mis dans une superposition linéaire des deux états 0 et 1, comme un atome peut être dans une superposition linéaire des états « brillant » et « noir ». Une porte logique quantique doit pouvoir combiner plusieurs bits quantiques se trouvant dans de telles superpositions, en donnant pour résultat un état intriqué des qubits. D'intrication en intrication, on obtient des états représentant simultanément un nombre immensément grand de situations, et il devient possible d'effectuer des calculs massivement parallèles, même avec un nombre modéré de portes logiques quantiques. Les possibilités sont incomparablement plus vastes que celles de l'algorithmique classique. On comprend qu'il ait fallu attendre le théorème de Bell, qui a permis de prendre conscience du caractère extraordinaire des états intriqués, pour que ces concepts émergent. Et c'est encore le théorème de Bell qui permet de démontrer qu'un ordinateur quantique est irréductible à un ordinateur classique.

L'ordinateur quantique existera-t-il un jour ? Il serait présomptueux de répondre, mais la recherche expérimentale sur les portes logiques quantiques est très active et a déjà obtenu des résultats intéressants. Plusieurs pistes sont en cours d'exploration, avec des bits quantiques reposant sur les systèmes les plus divers : atomes, ions ou photons uniques, mais aussi molécules complexes manipulées par les méthodes de la résonance magnétique nucléaire ; signalons encore les jonctions Josephson, systèmes artificiels réalisés par les techniques de nanofabrication, qui offrent la perspective d'être connectés les uns aux autres dans des architectures de plus en plus complexes. Pour tous ces systèmes une grande inconnue demeure : saura-t-on maîtriser le problème de la décohérence, dont il est à craindre que les effets soient d'autant plus dramatiques que le système est plus grand ? Ce n'est qu'à cette condition que l'on peut croire en l'avenir de l'ordinateur quantique. Mais même si l'on n'aboutit pas à une réalisation concrète telle qu'on peut en rêver aujourd'hui, nul doute que cet effort de recherche marquera une étape importante dans l'histoire de l'informatique aussi bien que dans celle de la physique quantique.

La physique quantique : un défi pour l'intuition, une source de ruptures technologiques

Près d'un siècle après son émergence, la physique quantique occupe toujours une position singulière. Elle met en jeu des concepts absolument étrangers à une intuition forgée par l'observation des objets et des phénomènes à notre échelle. Même si les physiciens s'y sont habitués, et même si l'on maîtrise le formalisme mathématique permettant d'en rendre compte, l'abandon du concept de trajectoire, et plus généralement d'évolution précise de l'ensemble des observables d'un système, qui étaient si difficiles à accepter pour les contemporains de Niels Bohr, reste très peu intuitif. À ces difficultés originelles se sont ajoutés d'autres comportements quantiques au moins aussi déroutants : c'est l'évolution des systèmes microscopiques individuels par « sauts quantiques », observables aujourd'hui à l'œil nu ; et c'est surtout l'existence avérée d'états « intriqués » de plusieurs particules, qui se comportent alors comme un tout inséparable même si elles sont éloignées les unes des autres. La question de la frontière entre le monde quantique et le monde classique, plaisamment illustrée par la parabole du chat de Schrödinger, reste un des problèmes conceptuels majeurs sur lesquels butent les physiciens, même si des progrès dans la connaissance des phénomènes de décohérence ouvrent des pistes intéressantes. Ces difficultés conceptuelles se résoudraient-elles si l'on était capable de réaliser la synthèse de la physique quantique et de la relativité générale ? On peut l'espérer, mais nul ne le sait.

La compréhension profonde du monde quantique est un défi qui ne doit pas rester confiné à la seule communauté des physiciens. Tous ceux qui essaient de penser le monde, à commencer par les philosophes, doivent savoir que ces problèmes conceptuels existent, et en apprécier la difficulté, mais aussi la portée. Les progrès passeront-ils par une reformulation des bases mêmes de la théorie ? Seront-ils déclenchés, comme le plus souvent en physique, par un résultat inattendu qui pourrait apparaître dans les expériences toujours plus raffinées que les physiciens s'ingénient à développer ?

Cette nouvelle révolution quantique débouchera-t-elle sur une révolution technologique ? Niels Bohr et ses élèves ne savaient pas que quelques décennies plus tard, c'est leur formalisme quantique qui permettrait l'invention du transistor, des circuits intégrés, du laser. Peut-être sommes-nous aujourd'hui dans une situation analogue vis-à-vis de l'intrication quantique et du comportement quantique des objets uniques. Instruits par l'expérience, nous tentons de trouver des applications pour ces phénomènes déroutants. L'information quantique est une voie de recherche audacieuse dont nul ne peut prédire l'issue. Mais on peut parier, sans trop de risques, que des applications que nous ne soupçonnons pas aujourd'hui émergeront tôt ou tard, car comment des phénomènes aussi extraordinaires ne stimuleraient-ils pas l'imagination des chercheurs et des inventeurs ?

NOTE

1. S'il s'appliquait au cas des jumeaux humains homozygotes (vrais jumeaux), on devrait renoncer à l'explication génétique des corrélations observées entre leurs caractères physiques (sexe, couleur des yeux...) ou biologiques (groupe sanguin...) : l'identité absolue des génomes ne suffirait pas à expliquer la totalité des ressemblances observées chez les vrais jumeaux !

CHAPITRE 6

Les électrons dans les solides

Que serait notre environnement quotidien si l'on en savait moins sur le comportement des électrons dans la matière ? Sans transistors nous n'aurions ni l'électronique ni l'informatique que nous connaissons ; sans lasers à semi-conducteurs, nous n'aurions ni lecteurs de disques compacts ni télécommunications rapides, et sans supraconducteurs, pas d'imagerie médicale par résonance magnétique nucléaire. Pas de télévision non plus, pas de satellites, pas de téléphones portables, pas de photopiles solaires... Or, aucune de ces applications ne tient au hasard, aucune d'entre elles n'aurait vu le jour si les physiciens n'avaient pas compris ce que sont un métal, un semi-conducteur, un transistor, un laser, un supraconducteur, un ordre magnétique, etc.

Il est frappant de constater qu'en physique des solides, recherche fondamentale et recherche appliquée se sont enrichies l'une l'autre pendant toute la seconde moitié du XXe siècle. Par ailleurs, les progrès théoriques ont toujours été accompagnés de progrès parallèles d'une part en science des matériaux (invention de matériaux nouveaux, contrôle de plus en plus fin de leur élaboration) et d'autre part dans les techniques de mesure nécessaires à leur compréhension.

Les succès récents de cette physique sont tellement impressionnants qu'on hésite à imaginer qu'ils puissent être du même ordre au XXIe siècle. Après tant de découvertes révolutionnaires le temps serait-il venu simplement d'approfondir ou d'appliquer davantage ? En fait, nous sommes confrontés à une foule de questions fondamentales sans réponse, comme si chaque fois qu'un nouvel état de la matière était découvert, chaque fois qu'un nouvel effet physique était interprété, une exception remarquable faisait irruption, la mise au point d'une nouvelle méthode de mesure faisait apparaître une nouvelle variété de comportements inexpliqués, la fabrication d'un nouveau matériau au comportement imprévu remettait en cause le bel édifice patiemment construit, ouvrant la voie à des applications inattendues, et ainsi de suite.

Prenons un premier exemple. Certains croyaient la physique des semi-conducteurs moribonde lorsque, dans les années 1970, de nouvelles méthodes d'élaboration de matériaux ont été mises au point. Ces méthodes, telles que l'« épitaxie par jet moléculaire », ont permis de faire croître les cristaux nécessaires à l'électronique à la monocouche atomique près. On a pu réaliser ce qu'on appelle des « puits quantiques », c'est-à-dire des couches semi-conductrices d'une dizaine de nanomètres d'épaisseur (le nanomètre est le millionième de millimètre), insérées entre des matériaux différents, le tout avec une précision atomique. Le confinement des électrons dans la direction perpendiculaire aux couches était tel que de nouvelles propriétés quantiques sont apparues, donnant naissance aux nouveaux types de lasers qui ont envahi les télécommunications modernes. Or, l'étude fondamentale de l'interface entre deux semi-conducteurs différents a débouché sur une révolution conceptuelle. En 1980, von Klitzing a d'abord découvert que la résistance électrique de ces interfaces, qu'on appelle « hétérojonctions », dépendait d'un champ magnétique appliqué d'une manière inattendue. Il a découvert l'« effet Hall quantique ». Ces hétérojonctions réussissaient pour la première fois ce que l'on n'avait jamais pu faire avec des semi-conducteurs massifs : injecter des charges électriques en grand nombre sans diminuer leur mobilité. Deux ans plus tard, la qualité des hétérojonctions fabriquées par Gossard aux laboratoires Bell était devenue telle qu'elle permit à Tsui et Störmer, aux mêmes laboratoires, de découvrir un état de la matière étonnant. En effet, grâce aux travaux théoriques de Laughlin, on comprit que, dans les hétérojonctions de Tsui et Störmer, les électrons s'associaient sous forme de particules composites qui n'appartenaient à aucune des catégories que la physique quantique connaissait jusqu'alors. Elles n'étaient ni fermions ni bosons et simulaient l'existence de charges électriques qui correspondaient à des fractions d'électrons, obéissant à des lois « statistiques fractionnaires ». Ainsi, poussés par les besoins de l'électronique de pointe (tous nos téléphones mobiles contiennent des hétérojonctions), les progrès parallèles en sciences des matériaux et en méthodes expérimentales débouchaient sur une révolution conceptuelle en mécanique quantique. Von Klitzing en 1985, puis Tsui, Störmer et Laughlin en 1998, reçurent tous le prix Nobel.

Un autre exemple concerne les métaux supraconducteurs. Remontons le cours du XXe siècle. La plupart des propriétés des métaux habituels ont été comprises entre 1920 et 1950, notamment grâce à Sommerfeld, Pauli, Bloch et Landau. On avait par ailleurs découvert en 1911 que la résistance électrique du mercure devenait nulle à très basse température, en dessous de quelques degrés absolus (quelques Kelvin). Par la suite, on découvrit que beaucoup d'autres métaux avaient un comportement semblable, et les travaux de Bardeen, Cooper et Schrieffer démontrèrent qu'il s'agissait, là encore, d'un nouvel état de la matière dans lequel les électrons, associés par paires, se condensaient sous forme d'une onde macroscopique susceptible de se déplacer sans dissipation. Cet état est une manifestation de la physique quantique, voisin de l'état superfluide de l'hélium liquide et des condensats de Bose-Einstein découverts très récemment dans le rubidium et le sodium gazeux (voir le chapitre précédent). La fabrication de fils supraconducteurs à base de niobium a permis la construction d'aimants aux performances hors d'atteinte avec les bobinages conventionnels à base de cuivre.

Au début des années 1980, toute la communauté des physiciens croyait la supraconductivité comprise et admettait que, malheureusement, aucun matériau ne pourrait présenter de telles propriétés au-dessus d'une température relativement basse, de l'ordre de 25 Kelvin (– 248 °C). Or, en 1986, au laboratoire IBM de Zurich, Bednorz et Mueller ont découvert une classe tout à fait nouvelle de matériaux supraconducteurs, des oxydes de cuivre et de métaux de transition (lanthane, yttrium...) dont la supraconductivité persistait jusqu'à des températures nettement plus élevées. Aujourd'hui, on connaît un oxyde de cuivre et de thallium qui est supraconducteur à 150 Kelvin, bien au-dessus de la température de l'air liquide, d'où leur nom de « supraconducteurs à haute température critique ». Comment de tels oxydes peuvent-ils perdre toute résistance électrique alors qu'à haute température ce sont parfois de mauvais conducteurs qui donneraient plutôt l'impression qu'ils devraient devenir isolants à froid ? Presque vingt ans après leur découverte, de nombreuses hypothèses ont été proposées pour expliquer le comportement de ces curieux oxydes, mais aucun consensus n'a encore pu être trouvé sur une explication générale de leurs propriétés. C'est toute la physique des métaux et toute celle de la supraconductivité qui se trouvent brutalement remises en cause... Sans préjuger d'autres surprises possibles, nous allons voir maintenant plus en détail que la compréhension de la matière conductrice exige de nouveaux progrès de la physique.

Une limite quantique de certaines lois classiques : boîtes et fils quantiques

Les semi-conducteurs massifs, c'est-à-dire à trois dimensions, n'ont plus guère de mystères. Sous forme de films minces, donc à deux dimensions, non plus. Ces progrès ont débouché sur l'invention du transistor à effet de champ, lequel a permis la miniaturisation de plus en plus poussée de l'électronique d'aujourd'hui. Sur nos genoux, un petit ordinateur portable pèse à peine deux kilogrammes, effectue plus d'un milliard d'opérations par seconde et possède une mémoire de plusieurs dizaines de milliards de mots. En 1960, la taille typique d'un transistor était encore proche du millimètre, donc incompatible avec de telles performances. Mais depuis, cette taille a été divisée par dix tous les quinze ans environ, permettant un doublement de la puissance tous les dix-huit mois. En l'an 2000, la technologie en est à 180 nanomètres de dimensions typiques pour les composants élémentaires et, comme la tendance ne semble pas se démentir, on prévoit d'arriver aux limites quantiques du nanomètre vers 2020. En avance sur la technologie, la physique fondamentale examine donc la question du comportement de la matière conductrice à l'échelle du nanomètre : fils ultraminces et nanoboîtes suscitent un intérêt justifié.

À cette échelle, les collisions dites « inélastiques » qui détruiraient le caractère ondulatoire des électrons sont rares ; ceux-ci sont donc bien représentés par des ondes stationnaires résonnant entre les murs qui les confinent. De même qu'une corde tendue vibre sous forme d'ondes stationnaires dont les fréquences possibles sont des multiples d'une fréquence fondamentale, de même les électrons d'une boîte de quelques nanomètres n'ont accès qu'à une série d'états dont les énergies possibles sont quantifiées au lieu de varier continûment. Cette propriété est déjà mise à profit dans les puits quantiques, dont l'épaisseur est ajustable entre 5 et 15 nanomètres. De même qu'un violoniste déplace son doigt pour changer la longueur vibrante de sa corde et ajuster la hauteur du son émis, de même on peut fabriquer des lasers de couleurs différentes en utilisant de telles couches dont on change l'épaisseur, donc les niveaux d'énergie électroniques (fig. 6.1). De nos jours, tous les disques compacts sont lus par des lasers dont la zone active est une structure à puits quantiques.

Bien qu'on sache contrôler l'épaisseur de ces couches à l'atome près, contrôler leurs dimensions latérales avec une

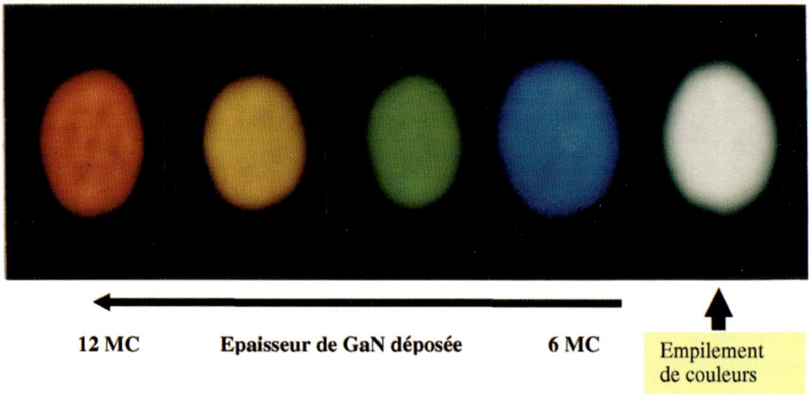

Figure 6.1 : Selon l'épaisseur de la couche de nitrure de gallium utilisée, on obtient une émission de lumière dont la couleur varie du bleu (pour 6 monocouches) au rouge (pour 12 monocouches). En empilant les couches on peut aussi produire de la lumière blanche.

précision analogue est très difficile. Or, il se trouve qu'une instabilité mécanique conduit à la formation spontanée d'îlots dans certaines conditions de croissance des cristaux qui supportent ces dispositifs électroniques. Lorsqu'on fait croître par exemple de l'arséniure d'indium (InAs) sur de l'arséniure de gallium (GaAs), le cristal InAs est sous contrainte car sa maille cristalline est différente de celle du GaAs sous-jacent. Au-delà de trois couches atomiques d'InAs, continuer à croître couche par couche coûterait trop d'énergie élastique, si bien que le cristal préfère développer un réseau d'îlots d'InAs, sortes de petites boîtes cristallines très minces dont les dimensions latérales font quelques dizaines de nanomètres. Ces boîtes ressemblent à de gros atomes car le mouvement des électrons y est confiné dans les trois directions de l'espace. Toutefois, contrairement aux électrons des atomes libres, ceux des boîtes quantiques sont couplés aux vibrations du réseau cristallin sous-jacent et leurs raies d'émission lumineuse sont relativement larges. L'analogie avec les atomes a donc été exagérément soulignée, et ces objets demandent à être nettement mieux compris. C'est particulièrement important si l'on songe à s'en servir pour effectuer des calculs quantiques, car ceux-ci exigent une cohérence quantique que les interactions avec l'environnement détruisent. Des progrès sont en cours, on vient par exemple de réussir à émettre des photons un par un avec de telles boîtes, prouesse qui pourrait s'avérer fort utile si, un jour, la cryptographie quantique venait à se développer.

Les fils unidimensionnels ne sont pas non plus sans surprises. Tout physicien est habitué, par exemple, à considérer que, dans un fil électrique, la résistance est due aux collisions que subissent les électrons soit avec des défauts variés, soit entre électrons, soit avec les quanta de vibration du réseau cristallin. On explique ainsi que la tension électrique U est proportionnelle au courant I qui traverse la résistance R : la loi d'Ohm U = RI s'applique avec une résistance proportionnelle à la longueur du fil. Mais si ce fil est un vrai conducteur unidimensionnel, c'est-à-dire un objet dont les dimensions latérales sont de l'ordre d'un seul atome, toute cette physique classique cesse d'être vraie. De même que sur une route à une seule voie un seul accident bloque complètement la circulation, alors que sur une route à deux voies, elle est simplement ralentie puisqu'un contournement des obstacles est possible, de même l'effet des collisions est beaucoup plus important dans des conducteurs unidimensionnels que dans des fils épais. Les interactions entre électrons deviennent elles aussi critiques (fig. 6.2). Couronnée par le prix Nobel de chimie 1996, la découverte de toute une famille de nouvelles formes du carbone vient de fournir aux physiciens de nombreux systèmes conducteurs à une dimension, les nanotubes de carbone qui sont à la fois surprenants et mystérieux.

Le carbone existe sous diverses formes. On connaissait le *diamant*, bien sûr, qui est un isolant électrique comme le silicium ou le germanium, mais aussi un excellent conducteur thermique, ce qui pourrait s'avérer fort utile à une microélectronique dont la puissance devient telle que se posent de difficiles problèmes d'évacuation de chaleur. On connaissait aussi le *gra-*

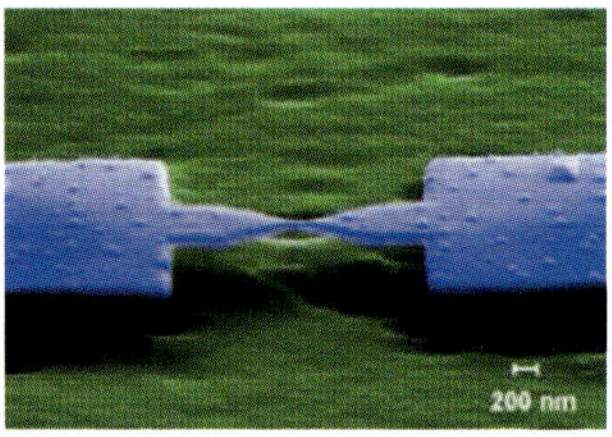

Figure 6.2 : Un nanopont d'aluminium (en bleu) au-dessus d'un substrat en polyimide (en vert). La longueur totale du pont est d'environ deux microns. Sa largeur et son épaisseur, à l'endroit le plus étroit, sont d'environ 100 nanomètres. À cette échelle, dite mésoscopique, la conduction électrique n'est pas régie par la loi d'Ohm.

phite, où les atomes de carbone sont organisés en plans successifs et qui est légèrement métallique mais ne devient supraconducteur que si des électrons sont donnés à ces plans graphitiques par intercalation d'alcalins. C'est vers la fin des années 1980, par pulvérisation dans l'arc électrique produit entre deux électrodes de carbone, qu'on a découvert une série de nouvelles formes de carbone. Cet arc produit une multitude d'agrégats dont le plus stable est la molécule C_{60} qui ressemble à un ballon de football dont les coutures seraient les liaisons entre atomes, une sorte de grillage sphérique. Elle appartient à toute une famille de grillages moléculaires baptisés « fullerènes », du nom de l'architecte Buckminster-Fuller qui avait conçu des édifices utilisant ce type de structures.

Ces molécules ont pu être dissoutes dans du toluène, puis cristallisées. L'insertion d'alcalins, qui donnent des électrons, permet de charger les boules de C_{60} et de produire ainsi des cristaux qui sont métalliques et même supraconducteurs (le composé K_3C_{60}, par exemple). L'étude de monocouches de C_{60}, les particularités de l'état métallique, l'existence de composés isolants de type A_nC_{60} avec n = 1, 2 ou 4, et celle de certains composés magnétiques, la nécessaire considération des modes de déformation des cages sphériques C_{60}, posent de nombreux problèmes non résolus. On songe même à utiliser ces molécules surprenantes comme vecteurs de médicaments.

Si intéressants que soient ces fullerènes, les nanotubes de carbone, qui sont des composés voisins, semblent encore plus prometteurs (fig. 6.3 et 6.4). Il s'agit de feuillets de graphite, sortes de grillages de carbone enroulés en cylindres dont le diamètre est de l'ordre du nanomètre et la longueur de quelques microns. Les nanotubes à un seul feuillet ne présentent que deux orbitales électroniques délocalisées pouvant participer à la conduction électrique le long du tube. Leur grande qualité cristalline alliée à une forte rigidité en font l'un des rares — sinon le seul — fils conducteurs quasiment unidimensionnels.

Eh bien ! ces fils moléculaires n'obéissent pas à la loi d'Ohm.

Les propriétés de ces fils sont très complexes. Certaines expériences ont montré que les interactions entre électrons ten-

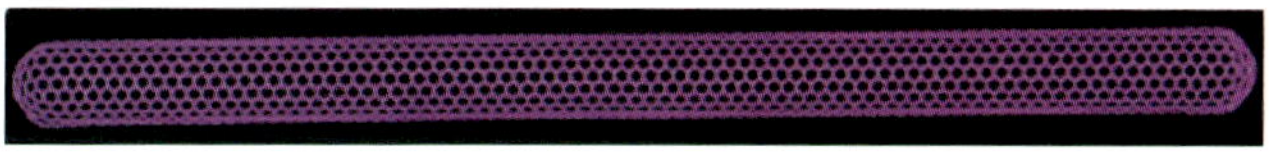

Figure 6.3 : Représentation schématique d'un nanotube de carbone. L'extrémité qui ferme le tube est une moitié de molécule C_{60}. et contient des pentagones alors que le tube lui-même est un grillage d'hexagones. À chaque nœud de ce réseau se trouve un atome de carbone. Ce tube est droit mais certains ont une structure hélicoïdale (voir figure suivante).

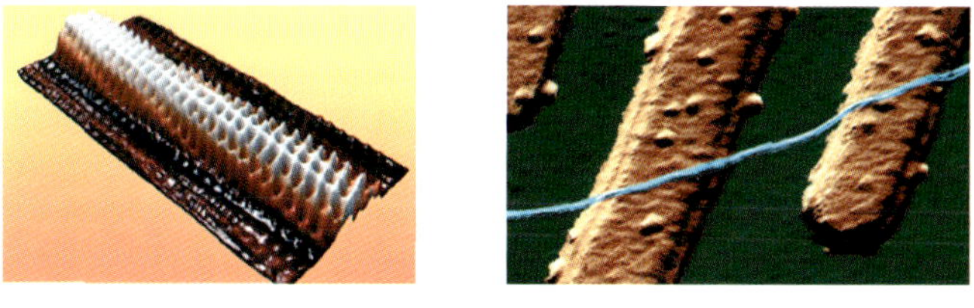

Figure 6.4 : À gauche, image d'un nanotube de carbone hélicoïdal obtenue avec un microscope à effet tunnel. À droite, un nanotube de carbone déposé sur deux électrodes de platine, elles-mêmes déposées sur un substrat en silice ; la distance entre deux électrodes est de 0,2 micron.

daient à les rendre isolants à basse température. Mais ces expériences posent des problèmes de contacts électriques difficiles, or on ne peut pas aisément séparer la physique du tube de celle des contacts. D'autres expériences effectuées sur des faisceaux de nanotubes à un seul feuillet, montés sur contacts d'or, ont au contraire permis d'observer que les nanotubes, loin de devenir isolants à basse température, deviennent supraconducteurs au voisinage de 0,3 Kelvin. Cet état supraconducteur n'est observé que si l'échantillon dépasse une longueur caractéristique de l'ordre supraconducteur, mais on ne sait pas encore bien ce qui se passe dans un tube individuel. L'existence d'une supraconductivité intrinsèque aux tubes individuels, c'est-à-dire indépendante des contacts, semble néanmoins démontrée, et cela suggère, contrairement aux expériences à plus haute température, la présence d'interactions attractives entre électrons dans les nanotubes. Il devient enfin possible d'étudier la supraconductivité dans la limite unidimensionnelle.

Par ailleurs, la conduction de la chaleur à une dimension pose, elle aussi, des problèmes de physique fondamentale qu'on tente actuellement de résoudre. Enfin, plusieurs applications potentielles des nanotubes sont actuellement à l'étude, depuis la fabrication de câbles ayant une bien meilleure résistance mécanique que l'acier jusqu'à l'insertion de ces fils moléculaires dans les circuits intégrés. L'une des applications qui devrait prochainement atteindre le stade commercial est la fabrication d'écrans plats utilisant les propriétés d'émission électronique de nanotubes arrangés en forme de tapis-brosses.

Mais en fait, le problème des métaux à une dimension est évidemment plus vaste et se pose depuis plus longtemps que celui des nanotubes de carbone. En 1979 en particulier, la découverte de la supraconductivité de la matière organique dans les sels de Bechgaard, des solides moléculaires conducteurs, fruits d'une collaboration entre chimistes danois et physiciens du solide français, avait en effet alerté la communauté scientifique sur la nécessité d'aller au-delà de la description des métaux par Landau. C'est même dès les années 1950 que Tomonaga et Luttinger avaient montré que la description de Landau ne pouvait s'appliquer à des systèmes à une seule dimension. Dans un métal ordinaire, chaque électron est habillé d'interactions avec son environnement et devient une excitation collective que Landau avait appelée une « quasi-particule » de Fermi. Cette quasi-particule transporte non seulement une charge électrique mais aussi un petit moment magnétique provenant de sa liberté à tourner sur elle-même (son « spin »). Mais, dans la description que fait Luttinger d'un métal à une seule dimension, le spin et la charge sont séparés ! Si surprenant que ce modèle puisse paraître, il semble confirmé par l'étude des sels de Bechgaard. Ces sels sont des chaînes de grosses molécules organiques conductrices à base de carbone et de sélénium ($Se_4C_{10}H_{12}$), qui sont séparées par des colonnes d'ions inorganiques dont le rôle est uniquement de rendre les molécules organiques chargées, donc susceptibles de conduire un courant électrique. Les propriétés de ces matériaux dépendent de la répulsion entre électrons à l'intérieur des chaînes, mais aussi du couplage entre celles-ci. Or, selon l'amplitude de ces différents effets, le matériau peut être un semi-conducteur, un isolant ou un métal, lequel peut être soit du type Luttinger à une dimension, soit du type Landau à trois dimensions dans le domaine des basses températures.

La variété des comportements de ces solides organiques est telle que, malgré une intense activité de recherche expérimentale et théorique, certains de leurs états ne sont pas entièrement compris aujourd'hui. C'est particulièrement vrai de leur supraconductivité bien qu'elle ait été observée depuis plus de vingt ans. Comme on le sait, l'apparition de la supraconductivité exige l'association des électrons en paires de Cooper. Dans la plupart des supraconducteurs, on a pu démontrer que la force attractive qui les apparie à basse température provient de l'interaction des électrons avec le réseau cristallin, lequel se déforme légèrement lorsqu'ils s'y déplacent. C'est donc une attraction d'origine élastique. Or dans ces sels, la proximité des états supraconducteurs et magnétiques laisse penser que cette force pourrait être très différente, d'origine magnétique. De fait, on vient de découvrir que cette question du couplage se pose dans une tout autre catégorie de nouveaux matériaux, les oxydes de cuivre mentionnés au début de ce chapitre et qu'il nous faut maintenant considérer.

Isolant, magnétique ou supraconducteur ? Les oxydes métalliques remettent en cause la théorie des métaux et des supraconducteurs

En 1986, la découverte des oxydes supraconducteurs (fig. 6.5) a donc provoqué un véritable séisme dans la commu-

Figure 6.5 : Au-dessus d'une pastille en oxyde de cuivre, yttrium et baryum (YbaCuO) refroidie à 77 K grâce à de l'azote liquide, un aimant permanent de 50 mm de diamètre lévite spontanément. C'est une conséquence de la supraconductivité de cet oxyde de cuivre qui en fait un diamagnétique parfait, c'est-à-dire un matériau qui exclut tout champ magnétique.

nauté internationale des physiciens des solides. L'événement déclencha une véritable quête du Graal laissant espérer la découverte d'un supraconducteur à température ambiante, c'est-à-dire une révolution technologique majeure. Même si cette quête ne semble pas aboutir, du moins en ces premières années 2000, les applications de ces nouveaux matériaux supraconducteurs sont d'ores et déjà importantes. Pourtant, quinze ans après leur découverte, ils posent un véritable défi à la physique théorique : pourquoi une supraconductivité à si haute température ? Comment comprendre les propriétés magnétiques et l'état métallique étrange qu'on y observe ?

Les théoriciens se heurtent à deux difficultés majeures : d'une part, les électrons de ces matériaux sont en interactions fortes de sorte que l'approche à la Landau ne suffit plus ; on a besoin de forger de nouveaux outils théoriques pour les décrire. D'autre part, il est aujourd'hui clair que de nombreux états possibles sont accessibles car, bien que très différents les uns des autres, ils ont des énergies voisines. En somme, non seulement le calcul est difficile mais, en plus, la conclusion est très sensible à la précision du résultat. Certes, face à ce véritable défi, les chercheurs bénéficient de méthodes théoriques nouvelles (la théorie de la fonctionnelle de densité qui a valu son prix Nobel à Kohn en 1998, les simulations numériques de Carr et Parinello...) ainsi que d'ordinateurs d'une puissance sans cesse accrue. On constate cependant qu'aucun consensus n'a été atteint pour l'instant. On peut imaginer qu'un jour on pourra concevoir ces matériaux avec l'assistance d'ordinateurs en fonction des applications que l'on désire. Ce n'est pas encore le cas.

On sait bien que deux électrons, c'est-à-dire deux charges négatives, se repoussent à cause de la loi de Coulomb. Pour obtenir des paires, il faut qu'apparaisse une interaction attractive plus forte que la répulsion de Coulomb. Ces considérations simples conduisent généralement à considérer que le magnétisme est incompatible avec la supraconductivité. En effet, dans la plupart des matériaux magnétiques, l'existence d'une forte aimantation est due à une répulsion coulombienne qui repousse les électrons sur des orbitales particulières. Par ailleurs, l'une des propriétés principales des supraconducteurs est d'exclure tout champ magnétique, ce sont des diamagnétiques parfaits. Avec la découverte de certains matériaux dits « à fermions lourds » puis de ces oxydes de cuivre, on admet pourtant aujourd'hui que magnétisme et supraconducivité ne sont pas forcément antagonistes. Pire si l'on peut dire, on considère aujourd'hui que l'attraction responsable de la formation des paires dans ces nouveaux supraconducteurs pourrait avoir une origine magnétique, donc très différente de l'attraction élastique présente dans les supraconducteurs conventionnels.

Découverte dans le mercure en 1911, la supraconductivité conventionnelle n'avait été comprise par Bardeen, Cooper et Schrieffer qu'en 1957, un demi-siècle plus tard. La compréhension de la supraconductivité des oxydes prendra-t-elle aussi longtemps ? Bien que des progrès indéniables aient été accomplis — on sait par exemple que la symétrie des paires ressemble davantage à celle d'un trèfle à quatre feuilles qu'à celle d'une sphère comme dans les supraconducteurs conventionnels —, nul ne sait vraiment aujourd'hui quand un consensus sera vraiment atteint.

L'état supraconducteur est loin d'être le seul à résister aux efforts des chercheurs. Des modifications mineures du contenu en oxygène de ces matériaux suffisent à détruire la supraconductivité. Ce ne sont pas du tout des conducteurs conventionnels. Dans un métal, la chaleur spécifique est proportionnelle à la température et la susceptibilité magnétique est indépendante de la température, ce que Landau a bien compris en traitant ses quasi-particules comme un gaz dilué. Mais rien de tout cela ne tient lorsqu'on passe aux oxydes de cuivre. Faudra-t-il abandonner le concept de quasi-particule ? Des méthodes permettant de traiter les électrons fortement corrélés sont en cours d'élaboration mais n'ont pas encore abouti. Non moins difficile à comprendre est la formation possible de paires au-dessus de la température où apparaît la supraconductivité. Il est possible aussi que des paires de spins antiparallèles forment des liquides de spins aux propriétés complètement nouvelles. Certains composés s'organisent en bandes alternativement chargées et magnétiques... Toutes ces propriétés étranges ont profondément bouleversé la physique des électrons dans les solides.

La multiplicité des questions nouvelles est à la fois la conséquence et l'origine de progrès considérables dans les méthodes expérimentales d'étude de cette matière : diffusion de neutrons, réflectance optique, mesures fines de transport (résistivité électrique, effet Hall, pouvoir thermoélectrique...). La spectroscopie de photoémission résolue en angle est particulièrement utile. Elle a bénéficié de l'avènement des sources intenses de rayonnement synchrotron qui ont par ailleurs de multiples applications en chimie, biologie, pharmacie, etc., c'est-à-dire bien au-delà des frontières de la physique. C'est une méthode privilégiée pour accéder aux propriétés des particules individuelles (masse effective, énergie, durée de vie...).

Inventé par Binnig et Rohrer dans le même laboratoire IBM de Zurich en 1979 et prix Nobel 1986, le microscope à effet tunnel permet d'étudier avec une précision auparavant impensable les impuretés qui détruisent la supraconductivité, la structure interne des tourbillons qui permettent la pénétration quantifiée d'un champ magnétique dans certains supraconducteurs, les interférences entre quasi-particules, etc. La qualité des cristaux a elle aussi été considérablement améliorée. L'élaboration de nouveaux composés qui n'existent pas dans la nature joue un rôle moteur dans ce domaine. Sans une collaboration fructueuse entre physiciens et chimistes des solides, on n'en serait pas là.

Qu'ils soient théoriques ou technologiques, les défis actuels pourraient certainement suffire à attirer l'attention des chercheurs. Une multitude d'applications potentielles ne gâche évidemment pas ce tableau général. On sait en effet que sans bobinages supraconducteurs, on ne saurait pas construire les aimants nécessaires à la résonance magnétique nucléaire moderne. Or, cette technique est devenue indispensable non seulement en imagerie médicale (les scanners IRM) mais aussi dans l'industrie chimique, pharmaceutique et agroalimentaire. De même, il serait impensable, sans aimants supraconducteurs, de construire les grands accélérateurs de particules modernes ou les sources de rayonnement synchrotron dont les biologistes ne peuvent plus se passer pour comprendre la structure de leurs molécules. Les nouveaux supraconducteurs à haute température servent déjà à fabriquer des filtres hyperfréquence dans les satellites de surveillance militaire et surtout dans les relais de téléphonie mobile. Si l'on savait mieux en faire des fils souples, nul doute qu'on s'en servirait aussi pour construire des moteurs sans pertes ou pour faire léviter des trains... Enfin, la manière très particulière dont certains supraconducteurs laissent pénétrer un champ magnétique est déjà mise à profit pour l'élaboration de magnétomètres quantiques, les SQUID. Or ces SQUID ont une sensibilité telle qu'ils permettent par exemple la mesure de l'activité du cerveau ! On peut aujourd'hui suivre l'activité cérébrale grâce à des supraconducteurs conventionnels et la fabrication de SQUID à partir de ces supraconducteurs à haute température pourrait améliorer la sensibilité de ces méthodes d'étude des mécanismes de la pensée. On voit donc à quel point recherche fondamentale et recherche appliquée vont de pair en ce domaine, à quel point recherche en physique fondamentale, et recherche en sciences des matériaux et en méthodes expérimentales sont liées. C'est non moins vrai de la « spintronique », le dernier exemple dans ce chapitre.

L'intrusion du magnétisme quantique dans l'électronique

L'électronique s'est d'abord développée en agissant uniquement sur la charge des électrons. Plus récemment, on a cherché à utiliser leur spin, c'est-à-dire leur magnétisme quantique, afin d'agir sur le transport des charges électriques. Un nouveau domaine s'est ainsi développé, celui de l'électronique de spin, ou « spintronique », à la frontière du magnétisme et de l'électronique.

Chaque fois qu'un programme est chargé depuis le disque dur d'un ordinateur, c'est aujourd'hui un effet de spintronique, appelé « magnétorésistance géante » des multicouches magnétiques (en anglais *Giant Magnetoresistance* ou GMR) qui est utilisé. Une multicouche magnétique est un empilement de couches ultrafines (quelques plans atomiques) de deux métaux, un métal magnétique comme le fer et un métal non magnétique comme le chrome. Dans une telle multicouche, les aimantations de deux couches de fer voisines s'orientent spontanément dans des directions opposées. Cependant, l'application d'un champ magnétique aligne ces aimantations de sorte que ce basculement d'une configuration « antiparallèle » vers une configuration « parallèle » divise par 2 ou 3 la résistance électrique de la multicouche. On appelle « magnétorésistance » la variation de la résistance électrique d'un conducteur en fonction du champ magnétique : la magnétorésistance des multicouches, à

Figure 6.6 : Image en microscopie électronique en transmission à haute résolution d'une hétérostructure $La_{0.7}$ $Sr_{0.3}$ $MnO_3/SrTiO_3/La_{0.7}$ $Sr_{0.3}$ MnO_3 déposée par ablation laser pour la réalisation d'une jonction tunnel. On distingue les rangées d'atomes de la structure cristalline qui sont espacées de 3,9 Å = 0,39 nm. L'épaisseur de la couche de $SrTiO_3$ qui constitue la barrière tunnel est de 22 Å.

cause de son amplitude extrêmement élevée, a été appelée « géante » par les auteurs de la découverte dans un laboratoire de l'université d'Orsay. Grâce à cet effet, on peut détecter des variations très petites de champ magnétique, il a donc été rapidement appliqué à la réalisation de capteurs et de têtes de lecture.

Grâce à la sensibilité des têtes de lecture GMR, on a pu diminuer considérablement la taille des inscriptions magnétiques sur les disques durs et augmenter la densité d'information stockée. De grands effets de magnétorésistance sont obtenus lorsque les électrons dont le spin est orienté dans une certaine direction circulent beaucoup plus facilement que les autres. Comme cela n'a lieu que si la distance entre couches successives n'excède pas la distance moyenne entre collisions des électrons, on comprend que la GMR n'a pu être découverte que lorsqu'on a su maîtriser la fabrication des couches à l'atome près.

Mais l'électronique de spin s'est maintenant étendue bien au-delà du domaine des multicouches magnétiques. On utilise aujourd'hui l'influence du spin dans d'autres nanostructures artificielles comme des jonctions tunnel ou des nanocontacts qui combinent métaux, isolants et semi-conducteurs.

Une jonction tunnel magnétique est une hétérostructure formée de deux couches de matériaux ferromagnétiques qui sont comme deux électrodes séparées par une barrière isolante (fig 6.6). Cette barrière est suffisamment fine pour autoriser les électrons à passer au travers par effet tunnel, un effet quantique qui est une autre conséquence de la nature ondulatoire des électrons. De même que pour la magnétorésistance géante des multicouches, la résistance électrique d'une telle jonction tunnel varie fortement lorsque l'orientation relative des aimantations des deux électrodes magnétiques s'inverse. L'amplitude de cet effet tunnel magnétique dépend de l'aimantation des électrodes.

Pour des alliages de métaux ferromagnétiques comme le cobalt ou le fer et une barrière isolante d'alumine ou d'oxyde de magnésium, on obtient une variation de la résistance d'environ 40 % entre les configurations parallèle et antiparallèle. À très basse température, en utilisant une barrière isolante centrale en titanate de strontium ($SrTiO_3$) et deux couches magnétiques d'oxyde de manganèse $La_{0.67}Sr_{0.33}MnO_3$, on a pu obtenir une résistance vingt fois plus élevée dans la configuration magnétique antiparallèle (fig. 6.6). La découverte de matériaux qui auraient des propriétés semblables à température ambiante est un enjeu important pour l'avenir.

De nombreuses applications des jonctions tunnel magnétiques sont actuellement en développement. Pour la lecture de disques et bandes magnétiques et pour divers types de capteurs, elles prendront sans doute le relais des multicouches. Pour d'autres applications, il est important de réduire leur taille à quelques dixièmes de micron grâce aux techniques actuelles de lithographie. On tente particulièrement de mettre au point des mémoires d'accès rapide pour ordinateur (*Magnetic Random Access Memory* ou MRAM). Ces MRAM devraient permettre d'atteindre les densités et les vitesses des mémoires actuelles à semi-conducteurs tout en présentant l'avantage d'être permanentes.

Le domaine de l'électronique de spin s'élargit dans de nombreuses autres directions. Certaines expériences prouvent, par exemple, qu'un courant permet de renverser l'aimantation, un effet très intéressant pour la commande de dispositifs ou pour l'écriture magnétique. Prédite chez IBM en 1996, cette possibilité a maintenant été confirmée à Cornell et à Orsay. Les intensités de courant nécessaires pour renverser le moment magnétique d'un élément sont d'autant plus petites que celui-ci est petit, de telle sorte que le processus devrait être rentable pour la commutation de microdispositifs d'électronique de spin, par exemple de mémoires magnétiques. Pour de tels microdispositifs, la commutation par transfert de spin pourrait supplanter bientôt la commutation par champ magnétique extérieur qui dépense inutilement de l'énergie dans un grand volume et qui, de plus, est difficile à focaliser sur un élément particulier. On remarquera aussi que le renversement d'un moment magnétique local par injection de spins correspond à un nouveau concept qui inverse le rôle de l'aimantation et du courant :

c'était un changement de configuration d'aimantation qui créait une variation de courant, alors que c'est maintenant un courant ou une variation de courant qui crée un changement de configuration d'aimantation. Cette possibilité d'aller-retour entre courant et aimantation ouvre de nouvelles perspectives d'applications.

Les structures associant matériaux magnétiques et semi-conducteurs devraient permettre de combiner des fonctions d'électronique de spin, d'électronique habituelle et d'opto-électronique dans une même hétérostructure, dite « hybride ». On peut, par exemple, imaginer des microprocesseurs reprogrammables à volonté par modification de la configuration de leurs composantes magnétiques. Le but des structures hybrides est d'obtenir des composants combinant des fonctions de stockage permanent d'information, de calcul et de communication sur une même puce. Jusqu'à présent cependant, les progrès on été assez lents dans ce domaine de l'électronique avec semi-conducteurs. D'où viennent les difficultés ? Injecter des spins dans un semi-conducteur est un premier problème difficile, mais on sait maintenant que l'injection est efficace si l'on introduit une jonction tunnel précisément adaptée à l'interface entre métal et semi-conducteur. Une autre solution consiste à contourner l'obstacle en élaborant des semi-conducteurs ferromagnétiques. Ainsi l'arséniure de gallium GaAs devient ferromagnétique quand on le dope avec du manganèse. Toutefois, GaMnAs n'est ferromagnétique qu'en dessous de 110 K ; on cherche donc d'autres semi-conducteurs qui seraient ferromagnétiques à température ambiante. Une piste prometteuse est celle des nitrures de gallium ou d'oxyde de zinc.

Enfin, savoir injecter des spins dans une boîte quantique, mélanger les états de spin de deux boîtes voisines et détecter l'état de spin d'un système de boîtes sont des préalables indispensables si l'on veut utiliser de tels dispositifs pour construire un jour un ordinateur quantique. C'est une autre direction de recherche aux enjeux importants pour l'électronique de spin de demain.

L'objet de ce chapitre n'était pas de dresser un tableau exhaustif de l'état de ce vaste domaine de la physique qu'est la physique des électrons dans les solides. Nous avons laissé de côté, par exemple, les semi-conducteurs ferromagnétiques, les courants permanents dans des anneaux conducteurs de petite taille et les effets d'interférences qu'on y observe, la possibilité éventuelle de fabriquer des transistors organiques, l'avenir des diodes et lasers à base de nitrures, le blocage du transport des électrons dans des nanocircuits conducteurs, l'effet Josephson, de nombreuses études de la transition entre comportement quantique et comportement classique en fonction de la température, etc. Les quelques exemples que nous avons choisis montrent à quel point cette physique est vivante. Ils montrent aussi que, plus que tout autre domaine de la recherche, la physique des solides progresse selon une dialectique subtile entre compréhension fondamentale, expérimentation scientifique et applications technologiques.

CHAPITRE 7

La matière molle

« Matière molle » : c'est à l'université d'Orsay, au début des années 1970, que Madeleine Veyssié introduisit ce terme pour désigner tout ce qui va des matières plastiques aux bulles de savon, en passant par les gels, les élastomères, les cristaux liquides, les crèmes cosmétiques, les boues, les pâtes céramiques, etc. Qu'ont donc en commun tous ces matériaux intermédiaires entre les liquides et les solides habituels, dont la liste peut paraître hétéroclite ? Est mou, bien sûr, un matériau qui se déforme beaucoup lorsqu'on appuie dessus. Les physiciens ont généralisé cet adjectif pour désigner toute la matière dont la réponse à une sollicitation, pas forcément mécanique, est grande. Dans ce domaine, les applications abondent. Les questions fondamentales aussi, aux deux extrêmes des échelles de taille. Comment, par exemple, se déplace une grosse molécule polymère dans l'enchevêtrement de ses voisines ? Pourquoi et comment se replie une protéine ou une longue molécule d'ADN ? Pourra-t-on un jour comprendre les surprenantes propriétés macroscopiques d'un liquide aussi important que l'eau à partir de sa structure microscopique ? Comment se décolle un adhésif ? Et comment coule une pâte ? Qu'en est-il aussi des nombreuses instabilités de forme des liquides ?

Les grandes réponses de la matière molle

Si l'on applique une contrainte de cisaillement à un bloc de fer, il résiste (fig. 7.1). Cette résistance dépend du module de

Figure 7.1 : Soumis à une contrainte de cisaillement, un solide se déforme de manière élastique réversible, alors qu'un liquide s'écoule.

cisaillement qui est grand dans la matière dure, typiquement 10^7 bars, ce qui signifie une déformation d'un millionième seulement pour une contrainte de 10 bars. Qu'est-ce donc qu'un solide ? C'est de la matière qui résiste élastiquement au cisaillement : quand on relâche la contrainte, il revient à sa forme première (si toutefois la contrainte était inférieure à la limite élastique). Quant à un liquide, c'est au contraire de la matière qui coule lorsqu'on la cisaille.

Les choses seraient simples, et les liquides clairement distingués des solides, si tout cela ne dépendait pas de l'intensité de la contrainte. Si l'on cisaille faiblement un flan ou de la mousse de savon, on observe une déformation élastique, c'est-à-dire réversible, et grande. Mais si on applique une forte contrainte à cette matière molle, elle se déformera de manière irréversible, elle coulera ou s'étalera. On voit ainsi qu'une même matière peut être solide à faible contrainte et liquide à forte contrainte[1].

De fait, même la matière dure est déformable sous très forte contrainte ou à contrainte modérée si l'on attend assez longtemps. Pour fabriquer des fils métalliques, par exemple, on extrude le métal à travers un trou sans qu'il soit nécessaire de le faire fondre : sa plasticité est suffisante pour couler, sous forte contrainte, comme un liquide très visqueux. Donc, ce qui fait que la matière est molle, c'est d'abord que sa déformation est grande même sous faible cisaillement (élasticité) mais aussi qu'au-delà d'un seuil facilement accessible, elle se déforme comme un liquide (plasticité).

On peut ensuite généraliser et considérer comme matière molle tous les matériaux dont la réponse est grande, même à une sollicitation faible, que celle-ci soit mécanique, électrique, magnétique ou autre. Un cas particulièrement important est celui des cristaux liquides dont l'utilité à l'affichage (montres, écrans d'ordinateurs...) n'est plus à démontrer. Les colloïdes qui servent de révélateurs lors de certains tests médicaux sont un autre exemple de matière molle qui répond fortement, cette fois à une perturbation chimique. Dans certaines dispersions de fines particules dans l'eau, il suffit d'ajouter certains ions en faible quantité pour provoquer un gonflement énorme du système, ou au contraire son effondrement, ou encore la séparation du liquide et des particules solides. L'exemple des peintures illustre la richesse et la complexité de la matière molle, donc son intérêt pour les physiciens. On demande en effet à une peinture d'être fluide mais de garder ses pigments en suspension. Elle doit ne s'écouler qu'au-delà d'un certain seuil. Il faut qu'on puisse l'étaler sans trop d'effort sur la surface à peindre, puis la surface de la couche doit se lisser sous l'effet de sa tension superficielle. En revanche, il serait désastreux que la peinture coule par terre. Enfin, après séchage à l'air, une couche dure, brillante ou mate, doit se former pour la protéger des différentes agressions possibles, chimiques ou mécaniques. Ces propriétés sont remarquablement combinées dans les peintures actuelles... et pourtant elles sont contradictoires !

Les lois de la matière molle, aux échelles mésoscopiques

Les recherches sur la matière molle ont souvent été motivées par des applications nouvelles, mais les chercheurs ont vite compris que les progrès découleraient d'une maîtrise des lois de comportement de ces matériaux. Les principaux succès ont été obtenus en se plaçant à l'échelle des dimensions intermédiaires, qui correspondent à des assemblages d'un grand nombre de molécules : ce sont les échelles dites « mésoscopiques ». Les lois qui décrivent le comportement de la matière molle à ces échelles sont analogues à celles qui décrivent des comportements critiques dans d'autres domaines de la physique.

La physique des cristaux liquides, polymères et colloïdes a été comprise à la fin du XXe siècle. Leur étude a fourni une série d'exemples illustrant le rôle de la symétrie dans les changements d'états de la matière. Pierre-Gilles de Gennes a ainsi montré la stricte analogie qui existe entre certains changements d'état de cristaux liquides et un phénomène aussi éloigné en apparence que la transition d'un métal de son état normal à un état supraconducteur.

Curieusement, les difficultés rencontrées aujourd'hui concernent à la fois l'échelle atomique et l'échelle macroscopique, de part et d'autre de l'échelle mésoscopique. On cherche par exemple à comprendre la structure d'un liquide aussi étonnant que l'eau, ou les lois physiques gouvernant certains processus biologiques, mais aussi des phénomènes courants tels que l'adhésion, la fracture, le frottement solide, etc.

Les cristaux liquides : des molécules qui s'alignent

Habituellement, dans un cristal, les molécules n'ont ni la liberté de se déplacer ni celle de tourner sur elles-mêmes (sauf dans les cristaux dits « plastiques »). Leurs degrés de liberté de translation et de rotation sont gelés. En revanche, dans un liquide ordinaire, les molécules sont libres de tous leurs mouvements. C'est à la fin du XIXe siècle que l'on découvrit certains liquides qui cristallisaient en passant par plusieurs états intermédiaires bien définis. Leurs molécules ne perdent leurs différentes libertés qu'en plusieurs étapes successives. Ces états intermédiaires sont des cristaux liquides de différentes sortes, que Georges Friedel a classés en 1922 dans son célèbre article sur les « états mésomorphes de la matière ». On en connaît aujourd'hui plusieurs dizaines de types différents, appelés « smectiques », « nématiques », « cholestériques »... correspondant à différentes symétries possibles, mais il pourrait y en avoir beaucoup d'autres (fig. 7.2 et 7.3).

Beaucoup de ces cristaux liquides sont constitués de molécules en forme de bâtonnets allongés. Leurs applications utilisent la sensibilité de leur arrangement à la présence de parois et à l'application d'un champ électrique. En l'absence de paroi ou de champ extérieur, toutes les directions de l'espace seraient équivalentes et cela ne coûterait aucune énergie de changer en bloc l'orientation des molécules. Des traitements appropriés des parois permettent d'orienter les molécules de façon uniforme dans les cas les plus simples, torsadée dans la plupart des applications commerciales. Pour l'affichage, on joue alors sur l'antagonisme entre l'effet des parois et celui d'un champ électrique. Au-delà d'un certain seuil, le champ fait basculer l'orientation des molécules, et si l'on regarde ce cristal liquide à travers un polariseur, il change d'aspect.

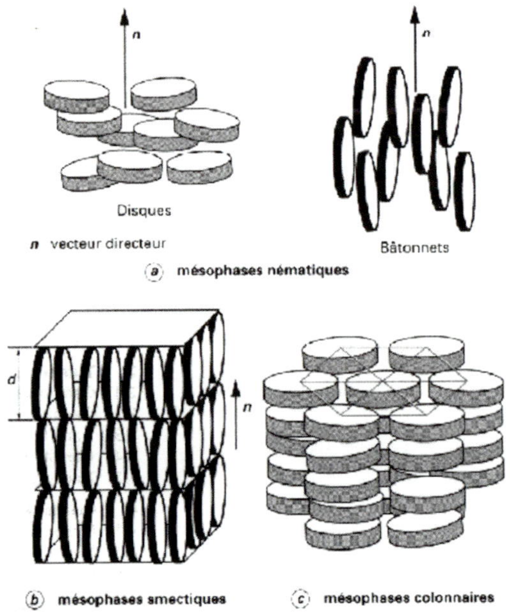

Figure 7.2 : Les cristaux liquides les plus simples sont constitués de molécules en formes de bâtonnets ou de disques. Ces molécules peuvent s'aligner spontanément (structures nématiques ou cholestériques) ; dans certains cas, elles peuvent aussi ordonner leurs positions selon une direction de l'espace (structures smectiques).

Malgré ses évidents succès, un tel procédé d'affichage souffre d'un double défaut : d'une part, la réponse du cristal liquide est lente, d'autre part, le seuil n'est pas aussi précis qu'on le souhaiterait. C'est un problème sérieux pour les moniteurs d'ordinateurs ou la télévision de haute définition car l'affichage doit y être rapide. La lenteur est liée au fait que la restauration de la direction initiale, après coupure du champ électrique, est un processus diffusif partant des surfaces. L'obtention de temps rapides nécessite donc l'utilisation de films d'épaisseur micronique ou submicronique, mais cela coûte cher si les écrans sont grands. Pour pallier le second défaut, on utilise des nématiques dits « torsadés » où le seuil de basculement des molécules a lieu dans une plage de valeurs du champ très étroite. En pratique,

Figure 7.3 : Image vue au microscope polarisant d'un filament de phase cholestérique confiné dans un tube capillaire.

les deux problèmes sont résolus en mettant derrière chaque pixel un transistor qui détermine le seuil et la rapidité. Des solutions alternatives se dessinent avec l'utilisation de cristaux liquides ferroélectriques ou antiferroélectriques, c'est-à-dire où des charges électriques sont disposées de manière ordonnée. Les réponses sont plus rapides, mais la nécessité d'utiliser des systèmes d'épaisseur micronique demeure. La difficulté réside dans la maîtrise des surfaces, dont la technologie et la compréhension fondamentale progressent. La majeure partie des applications des cristaux liquides concerne l'électronique mais, en incluant des cristaux liquides dans un film polymère, on envisage aussi de fabriquer des écrans souples, dont la taille pourrait être assez grande pour l'affichage dans les lieux publics, ou qui pourraient permettre la production de vitres ou parois à transmission variable.

Ce domaine exige une connaissance interdisciplinaire des polymères et des cristaux liquides, or tout est loin d'être élucidé. On souhaite ainsi comprendre l'effet du désordre des parois sur la texture du cristal liquide, par exemple des élastomères à cristaux liquides. Certaines associations de deux types de monomères, appelées « copolymères », présentent parfois des propriétés très originales que théoriciens et chimistes de synthèse tentent de prévoir ; c'est ainsi que fut découvert récemment le premier composé ferroélectrique longitudinal, ou que furent obtenus de nouveaux matériaux résistants aux chocs. Enfin, à l'interface avec la biologie, l'étude d'objets biologiques tels que les filaments du cytosquelette en présence de protéines sera très utile pour fournir des points de repère à la biologie cellulaire. Inversement, la synthèse de cristaux liquides capables d'effectuer une fonction particulière pourra s'inspirer de la biologie et fournira de nombreux sujets de réflexion à la physique.

Les polymères : des molécules géantes

Les polymères et autres macromolécules sont des objets beaucoup plus grands que les molécules ordinaires. Ils peuvent relier deux points d'un fluide en écoulement, transmettre une force d'un point à un autre, retenir un volume de liquide près d'une surface. Pour se déformer, la matière polymérique fondue exige une reptation des macromolécules entre leurs voisines (fig. 7.4). Le concept de reptation a permis de comprendre la très grande viscosité de ces polymères fondus, et marqué les progrès réalisés depuis les années 1970. La physique des polymères est devenue rigoureuse et quantitative.

La contribution de Pierre-Gilles de Gennes à cette physique est essentielle, elle fut honorée par l'attribution du prix Nobel en 1991. Dans ce qu'on appelle un « bon solvant », les interactions entre monomères sont répulsives. Partant d'une transformation mathématique assez formelle, de Gennes a su relier le problème de la configuration d'un polymère flexible dans un tel solvant à un problème de physique statistique des changements d'état. On a pu, par exemple, calculer le gonflement du

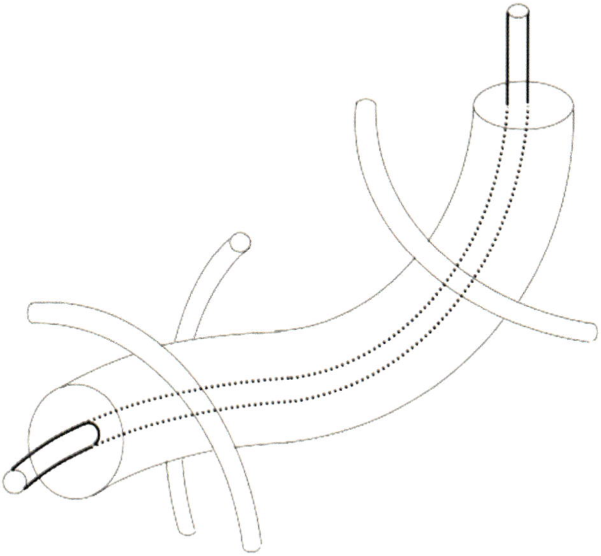

Figure 7.4 : Dans un polymère fondu, on considère que chaque macromolécule rampe dans un tube formé par ses voisines. C'est ce qui explique la grande viscosité du milieu. Toutefois, la taille de ce tube reste un peu mystérieuse car on ne sait pas la relier aux propriétés moléculaires. Cela nécessiterait une description détaillée des enchevêtrements, peut-être en termes de nœuds, ce qui semble très difficile. Pour les expérimentateurs, il est aussi délicat de changer ce paramètre de manière contrôlée.

polymère à partir de sa masse en s'inspirant de la théorie dite « de renormalisation » des changements d'état continus de la matière. Cette méthode de calcul, qui avait valu à Ken Wilson le prix Nobel 1982, consiste à calculer les propriétés macroscopiques d'un système physique à partir de ses propriétés microscopiques, en considérant leur évolution en fonction de la taille. On a ainsi compris la physique statistique des chaînes en solution, leur comportement au voisinage d'une surface, la viscosité des solutions diluées, etc. En outre, le développement des techniques de diffusion de rayonnement, notamment la diffusion de neutrons, a rendu possible une confirmation expérimentale précise des calculs théoriques.

Malgré tous ces succès, la physique des polymères présente des défis qui devront être relevés dans les années futures. Lorsqu'on dissout un polymère dans l'eau, des charges électriques peuvent apparaître sur les chaînes et induire une répulsion électrostatique à longue distance entre maillons. Certaines propriétés de ces « polyélectrolytes » sont surprenantes mais bien comprises. C'est le cas de certains gels de polyélectrolytes capables d'absorber jusqu'à 1 000 fois leur volume d'eau. Mais la rigidité de ces chaînes est mal comprise, et la viscosité de solutions de polyélectrolytes reste très mal décrite par les modèles actuels. En fait, l'enjeu majeur de ce domaine est de comprendre la physique des biopolymères, qui sont des polyélectrolytes : par exemple, le repliement des protéines ou des acides nucléiques. Qu'est-ce qui impose la forme d'une protéine ou celle d'un chromosome ? De quelle manière s'effectue le repliement de ces molécules biologiques qui conduit à une forme particulière ? La découverte des prions a illustré l'importance biologique de ces questions.

Par ailleurs, et c'est non moins important, la dynamique des fluides contenant des polymères en solution abonde en phénomènes paradoxaux. Par exemple, un polymère liquide monte le long d'un bâton en rotation alors que le niveau d'un fluide simple baisse ; on peut aussi siphonner une solution de polymères en dessous du niveau du siphon, la viscosité de polymères liquides baisse énormément lorsque la contrainte augmente, les polymères réduisent la traînée turbulente… Ces effets sont mal compris à l'échelle moléculaire. D'autres fluides complexes montrent des effets similaires mais il est particulièrement important de comprendre le cas des polymères parce qu'une bonne description microscopique semble possible et que, bien sûr, les applications sont nombreuses. Enfin, la physique des polymères s'oriente aussi vers des situations encore plus complexes où les polymères sont associés à des tensioactifs ou à des colloïdes. L'association de ces deux composants permet souvent la formation de matériaux dont la maîtrise est encore assez empirique.

Les colloïdes, des pâtes aux nano-objets

Les colloïdes sont des systèmes formés de très petits domaines de matière dans un certain état — une « phase » — dispersés dans une autre phase. Matériaux composites ou poreux, émulsions, mousses, fumées, aérosols, sont des exemples de colloïdes où chaque phase peut être solide, liquide ou gazeuse. On utilise l'adjectif « colloïdal » pour spécifier que, dans ces systèmes, les dimensions caractéristiques sont très inférieures au micromètre. Lorsque les domaines dispersés sont extrêmement petits, la quantité d'interfaces que contient le matériau est énorme. Par exemple, dans une dispersion concentrée de particules dont les diamètres sont de 15 nanomètres, chaque kilogramme de matière contient 100 000 m^2 d'interfaces ! En conséquence, les systèmes colloïdaux ont les propriétés des interfaces et non pas celles des phases qui les composent. Ainsi, une pâte formée de particules mouillées par l'eau n'a pas les propriétés de l'eau ni celles du solide macroscopique correspondant aux particules, mais plutôt des propriétés qui reflètent la nature des contacts entre particules. De même, une mousse n'a pas les propriétés des liquides qui forment les parois des cellules ni celles des gaz qui les remplissent, mais plutôt celles des couches interfaciales qui séparent liquide et gaz. Ou encore, une émulsion très concentrée, par exemple une mayonnaise, peut se comporter comme un gel, c'est-à-dire un solide faible et gonflé, alors qu'elle ne contient que des liquides.

On peut facilement manipuler les propriétés d'un système colloïdal en jouant sur l'état des interfaces. Cela se voit très bien dans le cas des dispersions de particules solides dans un liquide, qui peuvent être dans un état fluide, pâteux ou solide, suivant les interactions entre particules dispersées. Lorsque les surfaces des particules ont entre elles des interactions répulsives (c'est-à-dire que le contact solide/liquide est favorisé par rapport au contact solide/solide), les particules se déplacent facilement et la dispersion est un fluide. En revanche, lorsque les contacts sont adhésifs, les particules ne peuvent se déplacer qu'en brisant ces contacts. On a bien alors le comportement d'une pâte puisque l'écoulement ne peut être obtenu qu'en appliquant d'importantes contraintes mécaniques. Avec des interactions plus faibles et réversibles, on peut aussi obtenir des propriétés mécaniques plus subtiles : beaucoup de pâtes ne coulent qu'au-delà d'un certain seuil, et l'écoulement est généralement plus facile à grande vitesse parce que les particules se dissocient progressivement sous l'effet des forces appliquées. Dans certains cas cependant, l'écoulement devient plus difficile à grande vitesse parce que les particules se bloquent dans des configurations peu propices à leurs mouvements relatifs. Ces transitions de dissociation ou de blocage sont facilement accessibles par des modifications mineures du milieu de dispersion qui permettent d'agir sur les forces entre les surfaces des particules.

Cette facilité à manipuler des propriétés telles que la fluidité ou la cohésion fait que les systèmes colloïdaux sont souvent utilisés comme intermédiaires de fabrication : les pâtes céramiques, les pâtes cimentaires, les mélanges utilisés dans la fabrication des matériaux composites et les liquides déposés sur le papier pour l'opacifier sont des dispersions à l'échelle colloïdale. Dans ces applications, on ne recherche pas seulement un réglage fin des propriétés, on veut aussi forcer le système à basculer d'un état fluide dispersé vers un autre, cohésif, homogène ou poreux. Ces transitions sont possibles parce qu'un système colloïdal peut adopter un très grand nombre de configurations. Les forces entre interfaces empêchent le système d'atteindre rapidement un état d'équilibre qui correspondrait à une séparation complète en deux phases distinctes.

On peut aussi manipuler des objets colloïdaux isolés dans un liquide ou posés sur une surface. L'usage actuel les appelle alors « nano-objets », et les techniques qui permettent leur manipulation sont appelées « nanotechnologies ». Les applications les plus courantes concernent le diagnostic immunologique. Pour la détection des anticorps qui accompagnent une infection (par le VIH par exemple), on accroche sur une particule colloïdale des protéines qui se lient aux antigènes recherchés de manière sélective. Après cette étape de capture, les particules colloïdales sont récupérées (il suffit qu'elles soient magnétiques) et celles qui ont réussi la capture sont détectées en accrochant une autre protéine, porteuse d'un marqueur fluorescent. Pour le succès du diagnostic, les propriétés à l'échelle colloïdale sont critiques : en effet, la qualité d'un test se mesure au nombre de faux positifs ou de faux négatifs qu'il produit. Les faux positifs résultent d'une adsorption non spécifique. Si des protéines fluorescentes peuvent s'accrocher même en l'absence d'anticorps, par exemple sous l'effet des forces colloïdales usuelles, on obtient des faux positifs ; les faux négatifs viennent d'une gêne stérique qui empêche la capture parce que les réactifs sont mal positionnés en surface. Des difficultés semblables affectent les tests de diagnostic moléculaire dans lesquels on essaie de capturer et de reconnaître des monobrins d'ADN en les hybridant avec des séquences greffées sur une particule : les faux positifs résultent d'une adsorption non spécifique des brins sur les surfaces et les faux négatifs d'un échec de l'hybridation causé par les contraintes topologiques dues au greffage.

Dernier exemple de colloïde, les ferrofluides sont des suspensions de grains magnétiques de quelques nanomètres dans un liquide. Dans un bon ferrofluide, les particules doivent rester en suspension même à fort champ magnétique, et l'ensemble demeurer fluide. Le comportement d'un ferrofluide sous champ est celui d'un liquide possédant un paramagnétisme géant. Soumise à un champ magnétique tournant, une microgoutte de ferrofluide présente des morphologies étonnantes (fig. 7.5) qui pourraient trouver des applications en microfluidique, pour la fabrication de micropompes ou de micromoteurs.

L'imagerie médicale par résonance magnétique utilise la variation de concentration des protons de l'eau dans les différents tissus de l'organisme pour faire des images d'une grande

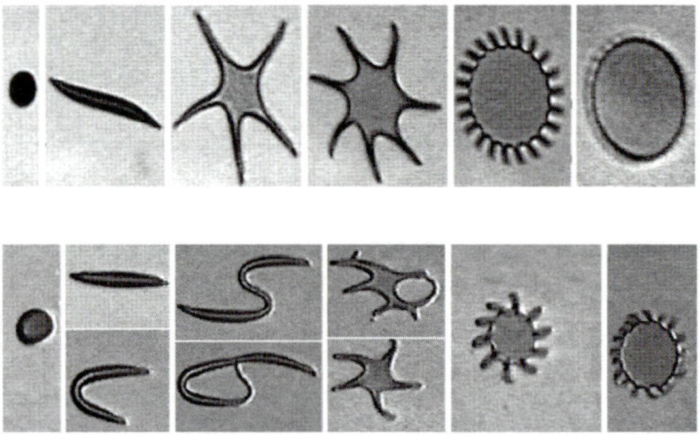

Figure 7.5 : Quelques morphologies successives adoptées par une microgoutte de ferrofluide soumise à un champ magnétique tournant. Le champ tourne autour d'un axe perpendiculaire au plan de la figure.

précision. Or les nanoparticules magnétiques créent un champ magnétique aléatoire dans leur voisinage, elles modifient donc la dynamique de relaxation magnétique des protons environnants, ce qui permet d'obtenir des images contrastées des régions où elles se concentrent. Grâce à leur très petite dimension, comparable à celle des structures biologiques, ces nanoparticules sont capables de franchir les barrières de l'organisme, de s'insérer dans les tissus et d'interagir de manière précise avec les cellules. Dans les recherches actuelles, deux stratégies d'utilisation des nanoparticules magnétiques comme traceur intelligent se dégagent. La première consiste à les diriger vers des cellules cibles en leur couplant un ligand spécifiquement reconnu par des récepteurs membranaires exprimés par ces cellules. On espère détecter ainsi *in vivo* une expression génique dont le témoin visible serait la liaison entre la particule et le récepteur exprimé. On pourrait aussi envoyer les nanoparticules sur des tumeurs, et détruire celles-ci par chauffage local en exposant les nanoparticules à un champ magnétique oscillant à haute fréquence. La seconde stratégie tire parti de la possibilité de faire entrer, *in vitro* et de façon spécifique, des nanoparticules en grand nombre dans la plupart des types cellulaires, y compris les cellules souches. N'affectant ni les propriétés de différentiation des cellules ni leurs capacités fonctionnelles, ce marquage magnétique est particulièrement intéressant pour les nouvelles thérapies de transplantation cellulaire : il permet de visualiser par IRM *in vivo* et sur le long terme le devenir de la greffe cellulaire, voire d'appliquer des forces magnétiques et de concentrer ainsi ces cellules au sein des organes à traiter.

Quelques problèmes non résolus à l'échelle macroscopique...

La matière molle présente des instabilités macroscopiques qui demandent à être comprises. L'une d'entre elles concerne les émulsions, mélanges d'huile, d'eau et de tensioactifs, c'est-à-dire de molécules qui s'attachent aux interfaces eau-huile parce qu'elles ont une tête hydrophile et une queue hydrophobe qui préfère l'huile (elles sont dites « amphiphiles »). Le résultat en est généralement une dispersion de gouttelettes d'eau dans l'huile, ou d'huile dans l'eau, avec des tensioactifs aux interfaces. Si l'on fait un mélange grossier avec peu d'eau (5 %) et du tensioactif (1 %) dans beaucoup d'huile (94 %), on obtient généralement des gouttes d'eau dans l'huile. Mais si l'on choisit bien le tensioactif (il doit être hydrophile), et si l'on cisaille lentement le mélange, on le transforme en une émulsion de gouttes d'huile emprisonnées par de minces films d'eau, comme une mousse savonneuse dont l'air serait remplacé par de l'huile. Au moment de l'inversion, il y a un changement catastrophique de la topologie que l'on ne sait pas décrire. On ne comprend pas, en effet, comment les gouttes d'eau peuvent se déformer puis se connecter de manière à former des films qui entourent les gouttes d'huile.

Il est encore plus surprenant de constater que des objets aussi simples que des gouttes liquides présentent parfois des formes incomprises. Les dessinateurs de livres pour enfants représentent généralement les gouttes de pluie qui tombent comme des larmes, renflées d'un côté et pointues de l'autre. Il n'en est rien : une goutte en chute libre est sphérique, ce qui minimise sa surface. Dans certaines situations pourtant, on observe des surfaces liquides pointues (fig. 7.6). Une goutte d'eau glissant sur une paroi solide peut dans une certaine gamme de vitesses présenter une pointe à l'arrière ; de même,

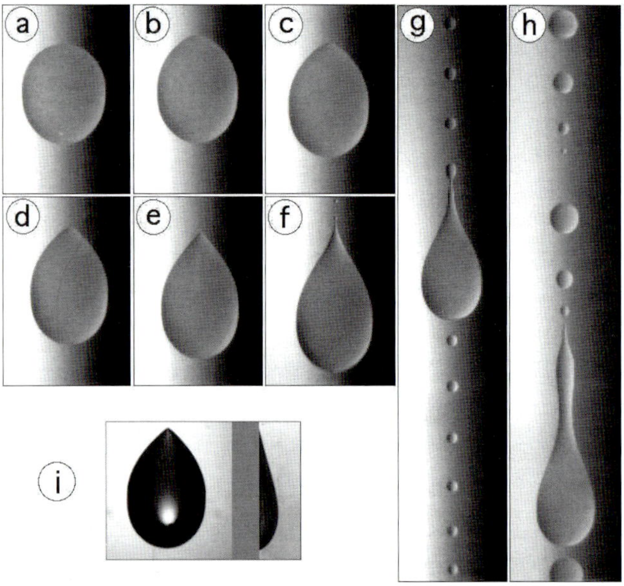

Figure 7.6 : Les dessinateurs de livres pour enfants représentent généralement les gouttes de pluie qui tombent comme des larmes, renflées d'un côté et pointues de l'autre. Il n'en est rien : une goutte en chute libre est sphérique, ce qui minimise sa surface. Par contre, une goutte d'eau glissant sur une paroi solide peut, dans une certaine gamme de vitesses, présenter une pointe à l'arrière à cause de la friction exercée par le solide sur le liquide. Aux vitesses plus élevées, la traîne de la goutte perd des gouttelettes, et ce décrochement peut devenir chaotique.

une surface peut former des pointes en présence d'un champ électrique ou d'une buse aspirante. Quelle est la courbure de ces pointes ? À Cambridge, K. Moffatt vient de prédire que cette courbure augmente exponentiellement avec la vitesse du fluide. Si tel est bien le cas, ces pointes doivent être tellement acérées que ce problème doit être traité à des échelles qui vont de la molécule au centimètre. Qu'en est-il de leur stabilité ? Dans certains écoulements instables, un film d'air peut-il s'insérer sous la goutte et perturber l'entraînement du liquide ? On devine que ces phénomènes d'apparence simple ont une grande importance pratique car, dans de nombreuses applications industrielles, ne serait-ce qu'en imprimerie, on a besoin de recouvrir rapidement des surfaces avec des films liquides. À nouveau, la recherche fondamentale rencontre la physique appliquée.

Le décollement d'un adhésif ou la rupture d'un joint de colle sont d'autres exemples de phénomènes concrets dont on aimerait comprendre les mécanismes. Sous tension, un matériau élastique mou rompt presque toujours par apparition de bulles. Or cette cavitation est rédhibitoire dès qu'une transparence parfaite est exigée, pour l'enrobage d'une fibre optique par exemple, où une bulle tous les kilomètres dans la couche protectrice est une source d'atténuation du signal optique. Les physiciens butent sur plusieurs problèmes : la croissance de ces bulles se fait à partir de défauts qui ne sont ni identifiés ni maîtrisés à l'heure actuelle, ce qui conduit les industriels à prendre des coefficients de sécurité aussi énormes qu'arbitraires. Ce problème est encore plus important dans le cas de l'adhésion d'un matériau mou sur une surface dure où la cavitation est toujours un phénomène précurseur du décollement (fig. 7.7). Les mécaniciens du solide savent prédire au-delà de quelle tension seuil ces bulles croissent, mais on ne comprend toujours pas leurs mécanismes d'apparition, faute en particulier de mesures suffisamment contrôlées et systématiques.

En fait, la mécanique des matériaux est elle-même assez mal comprise. Par exemple, on ne sait pas décrire le fluage d'un matériau polymère amorphe alors qu'on sait bien décrire la

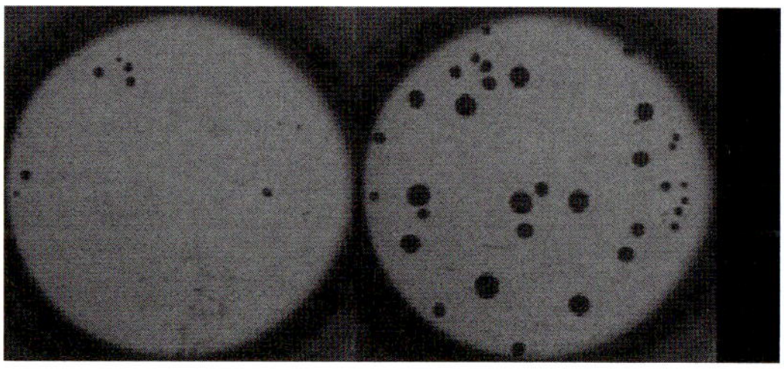

Figure 7.7 : Décollement d'un adhésif par germination de cavités à l'interface adhésif-substrat. Les deux images représentent, vu dessus, un disque de polymère de 6 mm de diamètre et 100 μm d'épaisseur sous une tension de 4 bars. À gauche, une seconde après l'application de la tension. À droite, 120 secondes plus tard. Les taches circulaires noires sont des bulles, précurseurs du décollement du polymère.

plasticité d'un cristal en termes de mouvements de dislocations et de lacunes. Quant à la propagation des fractures, en particulier lorsque le matériau présente des joints collés, ou à la physique du frottement entre deux solides en contact, voilà d'autres domaines de recherche qui sont d'une grande importance pratique et où abondent les questions fondamentales non résolues.

... et à l'échelle microscopique

À l'échelle microscopique, les problèmes posés ne sont pas plus faciles. Deux exemples suffiront à le montrer. L'importance du premier est évidente : on ne comprend toujours pas bien les propriétés de l'eau ! Le second — comment les cellules adhèrent-elles les unes aux autres ? — témoigne à nouveau de l'intérêt des physiciens de la matière molle pour les questions biologiques.

L'eau est le liquide le plus abondant à la surface de la Terre. Le milliard de km^3 d'eau qui forme les océans s'échange avec celle du manteau, sous l'écorce terrestre. C'est un liquide dont les propriétés sont surprenantes, à l'état pur et comme solvant. Il est dit « associé » car les molécules H_2O y sont connectées par des liaisons hydrogène (fig. 7.8). Ces liaisons fluctuantes

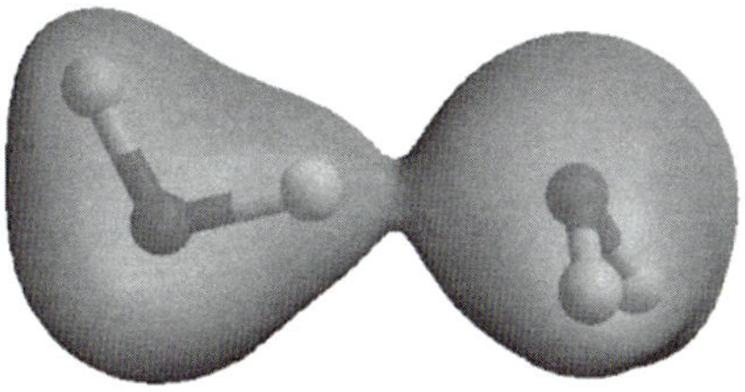

Figure 7.8 : Deux molécules d'eau reliées par une liaison hydrogène. Les noyaux des atomes sont indiqués en couleur sombre (pour les oxygènes) et blanche (pour les hydrogènes). Les régions ombrées représentent la densité électronique totale. Le tunnel reliant les deux molécules correspond à la liaison hydrogène, établie par une attraction de la molécule de droite vers l'hydrogène de la molécule de gauche. On peut vérifier, par une rotation d'une des molécules, que cette liaison ne s'établit que lorsque les atomes O, H et O sont alignés.

sont particulièrement intenses, ce qui en fait un liquide très cohésif : ses températures de cristallisation et d'ébullition sont très élevées pour un liquide qui n'est ni ionique ni métallique, et dont la masse molaire est faible. Ainsi, l'eau reste liquide à pression atmosphérique jusqu'à 100 °C, alors que l'extrapolation de la série H_2S, H_2Se, H_2Te donnerait une température d'ébullition de – 80 °C. Même parmi les liquides associés par liaisons hydrogène, la cohésion de l'eau est remarquable. Par exemple, l'ammoniac NH_3 bout à – 33 °C et l'acide fluorhydrique HF à + 20 °C (fig. 7.9).

La cohésion de l'eau se traduit aussi par une chaleur spécifique énorme : il faut trois fois plus d'énergie pour réchauffer

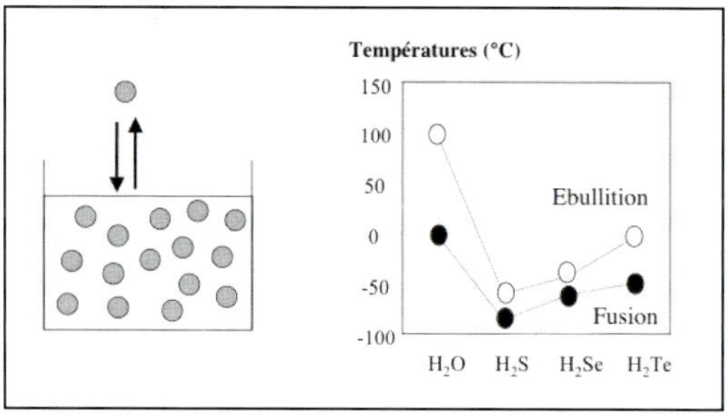

Figure 7.9 : La cohésion d'un liquide est mesurée par l'énergie qu'il faut fournir pour extraire une molécule du liquide (ébullition) ou simplement pour l'amener à sa surface (tension superficielle). La cohésion de l'eau est anormalement forte par rapport à celles des homologues H_2S, H_2Se, H_2Te : par extrapolation de températures d'ébullition de cette série, on attendrait pour l'eau une température d'ébullition située vers – 80 °C, or on la trouve 180 °C plus haut !

de un degré une masse d'eau que pour la même masse de pentane, et dix fois plus que pour la même masse de fer. Cette chaleur spécifique est aussi deux fois plus élevée que celle de la glace, alors que la plupart des liquides ont des chaleurs spécifiques proches de celles des solides correspondants. Cette anomalie est due au fait que l'énergie fournie à l'eau est consacrée à la rupture des liaisons hydrogène plus qu'à l'agitation thermique des molécules. La capacité calorifique des océans est donc grande, ce qui stabilise la température de la Terre. Les chaleurs latentes de cristallisation et de vaporisation sont telles que le transfert thermique par évaporation des océans et condensation en pluie est très efficace.

L'eau est aussi un liquide très cohésif d'un point de vue diélectrique : ses molécules portent des dipôles électriques qui s'orientent sous l'effet d'un champ électrique appliqué, ou autour d'un ion introduit dans le liquide. Cette réaction est très forte : la constante diélectrique de l'eau vaut 80 à 20 °C, soit six fois plus que ce qu'on attendrait d'après les propriétés de la molécule isolée. Cet effet coopératif est dû aux liaisons hydrogène qui polarisent fortement les molécules d'eau (fig. 7.10).

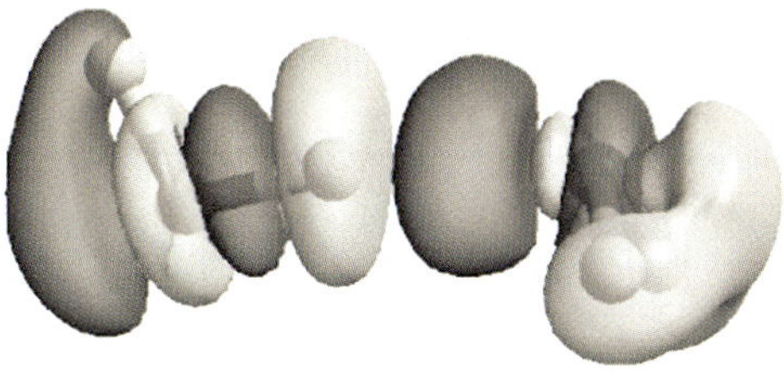

Figure 7.10 : Effet de la liaison hydrogène sur le moment dipolaire des molécules d'eau. Le dimère de la figure 7.8 est représenté en indiquant l'effet de la liaison sur la répartition des électrons (c'est-à-dire la différence entre la densité électronique totale dans le cas où il y a une liaison, et celle dans le cas où la liaison n'est pas établie). Les zones sombres correspondent à des régions où la formation de la liaison a provoqué une accumulation d'électrons, et les zones blanches aux régions qui ont été vidées de leurs électrons. On observe une structure du type « hamburger multicouches » : les doublets électroniques non liants de l'oxygène de droite (zone sombre centrale) ont chassé les électrons de l'hydrogène (zone blanche centrale), et cette influence s'est répercutée de part en part. Il en résulte un renforcement extraordinaire du moment dipolaire de la molécule d'eau, qui vaut 3 D dans l'eau liquide, au lieu de 1,85 D pour la molécule isolée.

C'est cette polarisation qui donne à l'eau de mer ou aux liquides physiologiques leur capacité à dissoudre des ions en très grandes quantités.

La densité de l'eau est aussi anormalement faible. À titre de comparaison, le néon, avec une configuration électronique semblable, est 20 % plus dense. L'eau liquide est donc pleine de cavités. Où sont ces cavités ? Dans une molécule d'eau, l'atome O a deux liaisons covalentes avec deux H, il est, en outre, susceptible d'effectuer deux liaisons hydrogène avec des molécules voisines. Ces quatre liaisons favorisent un environnement tétraédral qui laisse des cavités entre les molécules (fig. 7.11). Dans l'eau froide, en dessous de 4 °C, cette structure tétraédrale se renforce, les cavités deviennent de plus en plus nombreuses, et l'eau se dilate au lieu de se contracter comme les autres liquides (fig. 7.12). Dans la glace, les molécules ont un arrangement

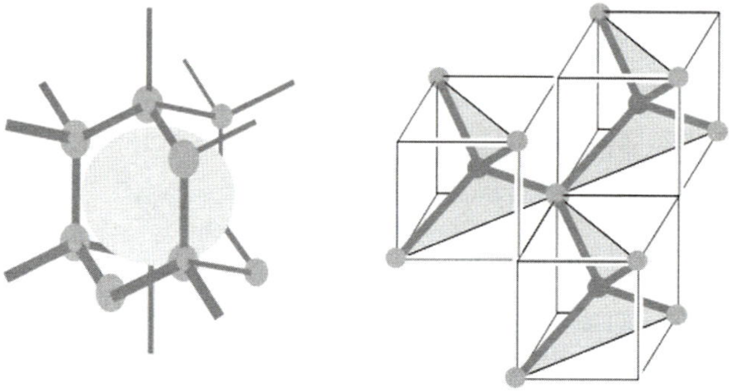

Figure 7.11 : Deux représentations du réseau cristallin de la glace, montrant la localisation des molécules d'eau (petits disques gris), des liaisons H (tiges) et des cavités (régions gris clair dans l'image de gauche, cubes non occupés dans celle de droite). La glace est un solide plein de vides : les atomes O et H y occupent seulement 46 % du volume total. L'eau liquide est, de même, un liquide plein de vides : les atomes O et H y occupent seulement 49 % du volume total. Ces cavités jouent un rôle important pour les propriétés de l'eau en tant que solvant.

tétraédral encore plus rigoureux, ce qui donne une densité encore plus faible : la glace flotte sur l'eau alors que presque tous les solides sont 10 % plus denses que leurs liquides respectifs. Cela a des conséquences considérables pour notre environnement : la banquise arctique flotte et protège l'eau profonde du refroidissement extérieur. Si la glace était plus dense que l'eau liquide, elle coulerait au fond des océans qui gèleraient en entier.

Les propriétés dynamiques de l'eau sont non moins surprenantes. En général, les propriétés des fluides confinés dans des pores ou des films nanométriques diffèrent considérablement de leurs propriétés dans de grands volumes : sous l'effet des pressions de confinement, ces liquides se stratifient, et ils résistent comme des solides lorsqu'on essaie de les faire s'écouler. Cette solidification a des conséquences importantes pour les problèmes de tribologie ou d'adhésion et pour le comportement des milieux granulaires. Cependant, contrairement aux autres liqui-

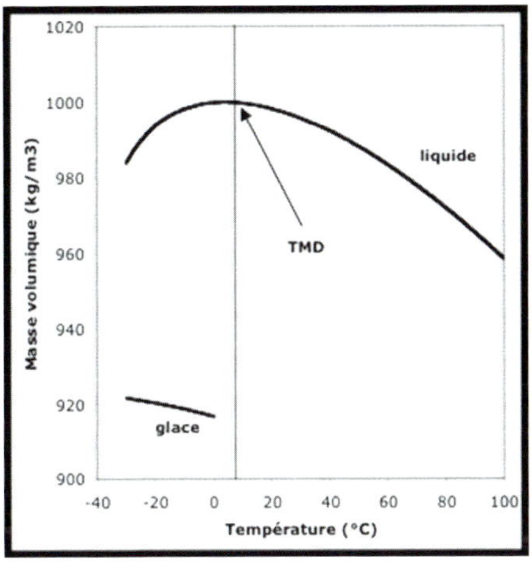

Figure 7.12 : La densité de l'eau varie de manière anormale avec la température : elle diminue à basse température, et celle de la glace est plus faible encore. Cette expansion est due au couplage entre création de liaisons hydrogène et formation de cavités dans la structure de l'eau liquide.

des, l'eau reste fluide même dans des géométries extrêmement confinées. Cette résistance à la solidification semble être due aux anomalies volumiques de l'eau, qui devient plus fluide lorsqu'elle est soumise à une pression de confinement. La persistance de l'état fluide de l'eau est capitale pour le fonctionnement des cellules biologiques : en effet, de nombreux processus requièrent le déplacement de couches d'hydratation avant le contact entre macromolécules, ou avant le passage d'un ligand vers son récepteur. De même le passage des ions à travers les canaux qui traversent les membranes des cellules n'est possible que parce que l'eau confinée dans ces canaux reste dans un état fluide.

Enfin, l'eau est aussi un solvant étonnant. On comprend bien que les molécules polaires ou ioniques se dissolvent facilement dans l'eau tandis que les molécules apolaires le font beaucoup plus difficilement. Cette préférence est à l'origine de phénomènes physico-chimiques comme la micellisation des molécules de tensioactifs, la formation des membranes biologiques et le repliement ou la dénaturation des protéines.

Cependant, la dissolution dans l'eau de ces molécules hydrophobes ou amphiphiles se fait de manière tout à fait anormale : alors que la dissolution dans n'importe quel solvant est un processus défavorable du point de vue des énergies, mais favorisé par l'entropie, c'est l'inverse qui se produit pour la dissolution des molécules apolaires dans l'eau. Ces effets varient fortement avec la température ; de plus, les solubilités augmentent aussi bien quand on va vers les basses températures (c'est bien pour les poissons, qui respirent l'oxygène dissous) que lorsqu'on va vers les températures élevées (l'eau supercritique est un bon solvant, utilisé, par exemple, pour extraire la caféine). Le minimum de solubilité coïncide à peu près avec le maximum de densité de l'eau pure, ce qui suggère que ces solubilités anormales sont liées à l'équation d'état de l'eau liquide, elle aussi anormale. Il semble raisonnable d'imaginer que le coût d'introduction d'un soluté dans l'eau est le coût de formation d'une cavité dans le liquide, qui est élevé parce que la molécule d'eau est une très petite molécule, et qu'il faut exclure toutes ces molécules de la cavité — mais on ne comprend pas bien l'origine entropique de ce coût.

Ces propriétés ont-elles une origine commune ? Les théories anciennes attribuaient toutes ces anomalies au fait que les molécules d'eau sont liées par des liaisons hydrogène. Mais l'eau est anormale même si on la compare aux autres liquides associés (éthanol, glycols, formamide, etc.) qui ne présentent ni les propriétés volumiques anormales de l'eau, ni son polymorphisme, ni son comportement comme solvant. Invoquer la présence de liaisons hydrogène ne suffit donc pas. Peut-être découvrira-t-on un jour un liquide aussi anormal que l'eau. À l'heure actuelle, la compréhension de la structure et des propriétés de l'eau est un véritable défi.

Des théories de l'eau ont connu le succès en expliquant certaines anomalies avant d'être abandonnées faute d'expliquer l'ensemble des propriétés. Parmi elles, la théorie dite « des icebergs », dans sa version liquide pur (l'eau liquide serait formée de petits groupes de molécules, ayant la structure de la glace, séparées par un liquide désordonné) et dans sa version solvant (autour d'un soluté apolaire, les molécules d'eau se réorganiseraient pour former plus de liaisons hydrogène que l'eau pure, ce qui expliquerait le coût entropique de l'introduction du soluté). De nombreuses théories ont aussi postulé des structures particulières, semblables par exemple aux cages que forment les molécules d'eau dans les hydrates de gaz cristallins. Depuis une dizaine d'années, une série de modèles postulent que l'eau est formée d'agrégats fluctuants de molécules qui peuvent être arrangées de deux manières distinctes, l'une compacte et l'autre moins. L'eau pourrait donc exister sous deux formes liquides distinctes, l'une peu dense que l'on connaît, et l'autre plus dense qui existerait dans un domaine de températures dont on ne peut que s'approcher dans des conditions expérimentales réelles. Cette hypothèse de deux états distincts de l'eau liquide est en partie justifiée par la découverte récente de deux formes différentes de glace amorphe, l'une dense et l'autre moins. Elle propose une interprétation possible des propriétés de l'eau très froide, qui peut rester dans un état de surfusion jusqu'aux environs de – 40 °C. Pour vérifier certaines conséquences de cette hypothèse, on tente actuellement de tester la cohésion interne de l'eau pure avec des ultrasons particulièrement intenses, plus de 1 000 bars d'amplitude.

Il peut sembler paradoxal que dans une civilisation capable de prouesses technologiques considérables, on n'arrive pas à décrire le liquide constitutif de tous les systèmes vivants. D'une part, les informations expérimentales sont limitées. Par exemple, on ne sait pas mesurer les fonctions de corrélation qui décrivent les arrangements de petits groupes de trois molécules ou plus dans un liquide ; depuis un demi-siècle, on est limité à la mesure des fonctions de corrélation de paires. D'autre part, on ne sait pas bien décrire un liquide dans lequel les molécules forment des liaisons ayant un fort caractère orientationnel. On sait modéliser ces liaisons, simuler les mouvements des molécules soumises à ces interactions et à l'agitation thermique, reproduire ainsi certaines propriétés du liquide, mais on n'a pas encore réussi à construire une vraie théorie qui reproduise les trois comportements essentiels — équilibre liquide-vapeur avec son point critique, maxima de densité et constante diélectrique — avec le minimum d'ingrédients.

Quelques mots, enfin, d'une autre classe de problèmes microscopiques, illustrée par l'adhésion cellulaire. La biologie a identifié les agents responsables de cette adhésion (protéines, glycoprotéines et acides nucléiques) mais longtemps décrit leurs interactions par leurs effets, sans en expliquer les mécanismes physiques. Or, ce niveau de description ne suffit plus. Dans une première étape, les outils développés par la physique de la matière molle peuvent permettre de mesurer finement ces interactions. Grâce à une émulsion magnétique, on peut par exemple greffer des protéines à la surface de gouttes ou de particules. On disperse dans l'eau des gouttes d'huile calibrées dont la taille est comparable à la longueur d'onde de la lumière. Chaque goutte contient des grains magnétiques qui s'alignent si l'on applique un champ magnétique et devient alors un petit aimant (un « dipôle magnétique »). Ces dipôles forment des chaînes en fonction du champ appliqué. La distance entre gouttes dans une chaîne résulte alors de la compétition entre forces ioniques répulsives dues aux surfaces des gouttes, forces magnétiques attractives et forces d'adhésion entre molécules greffées. Si les gouttes sont calibrées, cette distance est régulière, et l'émulsion diffracte la lumière. Il suffit donc d'approcher un petit aimant pour qu'elle se colore en rouge, puis en vert. La couleur de la dispersion permet ainsi de tester les forces d'adhésion entre molécules. En général, les interactions entre protéines sont répulsives à grande distance mais attractives à courte distance, ce qui induit l'adhésion. De plus, cette adhésion est sélective, elle suppose que des molécules complémentaires se reconnaissent. Le même type d'étude de la reconnaissance moléculaire entre molécules biologiques se fait par adsorption sur des vésicules phospholipidiques, sortes de membranes cellulaires artificielles, dont la très faible élasticité est adaptée à la mesure de pico-forces entre molécules isolées. On peut étudier des interactions entre protéines qui ne sont pas rigidement liées à une surface : on respecte ainsi la liberté orientationnelle des interactions en milieu biologique. On peut aussi faire facilement des moyennes sur des événements entre molécules uniques. Les physiciens de la matière molle accèdent donc, depuis peu, aux interactions qui règlent l'adhésion cellulaire, aux interactions antigène-anticorps, et aux mécanismes qui sont à l'origine de la cohésion d'assemblages plus complexes de macromolécules biologiques. Au-delà de la mesure de ces interactions, se pose la question de leurs mécanismes. Ces mécanismes sont fondés sur le comportement de macromolécules et de petits ions en milieu aqueux. Il est vraisemblable qu'à un stade ou un autre, on aura besoin, là aussi, d'une meilleure compréhension de l'eau elle-même.

NOTE

1. En réalité, cela dépend aussi du temps pendant lequel on applique cette contrainte : un matériau peut être élastique à l'échelle de la seconde et couler si l'on attend un mois.

LE DÉSORDRE

CHAPITRE 8

Vieillissement et rajeunissement des matériaux

L'âge du système

On dit que les peuples heureux n'ont pas d'histoire. Il en va de même des systèmes physiques. Il y a une classe restreinte de systèmes qui trouvent facilement l'état dans lequel toutes leurs interactions sont satisfaites, au mieux. Les cristaux en sont un bon exemple. Ces systèmes n'évoluent pas : en examinant un cristal, on n'a aucune information sur son âge ou son histoire. Par extension, on peut regrouper dans la même classe des systèmes qui trouvent facilement un état localement favorable, même si ce n'est pas le plus favorable de tous les états possibles. Ainsi, on peut traiter le diamant comme un système stable, à l'équilibre, parce que la transformation en graphite ne se passera jamais dans les conditions usuelles.

En revanche, il y a une classe beaucoup plus large de systèmes qui n'arrivent pas facilement à trouver un état satisfaisant. Ces systèmes évoluent constamment, passant d'une configuration à une autre dans un lent processus d'optimisation. Ils ont donc une histoire (le trajet qu'ils ont suivi depuis l'état dans lequel on les a préparés) et un âge (le stade de leur évolution auquel ils sont arrivés à un instant donné). Si l'on mesure leurs propriétés aujourd'hui et dans un an, on ne trouvera pas le même résultat.

Tous les matériaux ont un âge

Ces systèmes qui évoluent constamment et de manière imprévisible sont des systèmes que nous utilisons couramment, comme matériaux de structure ou comme intermédiaires de fabrication ou comme produits d'usage personnel, ou bien encore ce sont des produits que nous rejetons, comme déchets, et qui nous créent des problèmes environnementaux considérables parce que nous maîtrisons mal leur évolution.

Ainsi, la plupart des adhésifs sont des matériaux polymères, utilisés dans des conditions proches de leur transformation en verre (proches de leur « transition vitreuse »). S'ils étaient à l'état liquide (un état où les fluctuations liées aux énergies thermiques des molécules permettent d'explorer toutes les configurations), ces polymères pourraient alors trouver les configurations qui autoriseraient un déplacement des surfaces collées. S'ils étaient à l'état solide, ils seraient fragiles et permettraient la propagation de fractures. Dans les conditions où on les utilise (ni liquides ni solides), les adhésifs fonctionnent très bien — mais ils vieillissent. Comment allons-nous prédire la durée de vie du collage de deux pièces dans la structure d'un avion, ou d'une voiture, ou la résistance d'une pièce composite dans ces structures ? De la même manière, tous les matériaux polymères vieillissent et nous ne savons pas faire grand-chose d'autre que les remplacer avec une périodicité arbitraire.

Le vieillissement affecte aussi des matériaux tout à fait solides. Ainsi, les bétons et les métaux vieillissent, sur des temps comparables à leur durée d'utilisation. Un métal peut vieillir par une évolution spontanée (la migration d'atomes provoque la formation de précipités qui durcissent le métal) ou par fatigue mécanique (des petites fractures se propagent lentement à travers le matériau sous l'effet de sollicitations répétées) ou encore par corrosion sous tension. C'est ainsi que les premiers avions de ligne à réaction (les « Comet » produits par De Havilland) ont eu des accidents catastrophiques dus à la fatigue du métal de la carlingue. Nous devons aussi être capables de prédire l'évolution spontanée, sur des temps très longs, des matériaux utilisés pour le stockage ultime des déchets nucléaires : quels seront les processus d'évolution, sur des milliers d'années, des verres dans lesquels seront confinés les actinides de longue durée de vie ?

Enfin, les matériaux mous ou granulaires peuvent subir des évolutions brutales et imprévisibles : nous ne savons pas prévoir le déclenchement d'une avalanche ou d'une coulée de boue (fig. 8.1). À plus petite échelle, nous ne savons pas expliquer comment la boue ou la peinture peuvent facilement couler et s'étaler sous l'effet de forces extrêmement faibles, puis former des films qui tiennent sur des surfaces quelconques.

Figure 8.1 : Les matériaux mous ou granulaires peuvent subir des évolutions spectaculaires et imprévisibles : nous ne savons pas prévoir le déclenchement d'une coulée de boue ni celui d'une avalanche. Une pente de neige peut ainsi vieillir lentement, en modifiant sa cohésion par différents processus physico-chimiques, ou au contraire « rajeunir » brutalement, en redevenant fluide.

Évidemment, on demande aux physiciens des outils de prévision, c'est-à-dire des lois physiques. Pour les établir, ils ont besoin de comprendre les caractères fondamentaux de ces systèmes qui sont en évolution continue.

Évolution des systèmes frustrés

Les physiciens disent que les systèmes qui sont en évolution continue sont ceux dont les interactions sont « frustrées ». Pour expliquer ce que les physiciens entendent par « frustration », on peut s'appuyer sur un exemple simple (fig. 8.2). Vous organisez une sortie et vous devez répartir un groupe dans deux cars pour effectuer un long trajet. La répartition ne pose pas de problème si ce groupe se décompose en deux sous-groupes qui ont des affinités évidentes, par exemple les supporters du club de football A et ceux du club B, ou encore les fumeurs et les

Figure 8.2 : Comment allez-vous répartir ces voyageurs en deux groupes, tout en respectant leurs affinités ? Les amis d'une certaine personne dans le premier bus et ses ennemis dans le second ? Mais il est fréquent d'avoir des groupes de trois personnes qui se détestent chacune deux à deux. C'est un « triangle frustré », et pour l'organisateur, c'est un cauchemar : dès qu'il existe des triangles frustrés, il n'y a plus de solution qui contente tout le monde.

non-fumeurs. Dans ce cas, vous pouvez laisser les voyageurs s'installer librement, ils arriveront rapidement à la configuration optimale : tous les supporters du club A dans le premier car et tous ceux du club B dans le second. La situation idéale, où les ennemis de mes ennemis sont toujours mes amis, ne pose donc pas de problème : le système arrive spontanément à un état ordonné qui satisfait toutes les interactions.

Le problème se complique si les affinités des voyageurs sont moins évidentes. Dans la vie, il est fréquent d'avoir un ensemble de trois personnes qui se détestent chacune deux à deux. C'est un « triangle frustré », et pour l'organisateur, c'est un cauchemar : dès qu'il existe des triangles frustrés, il n'y a plus de solution qui contente tout le monde. Si on laisse les voyageurs s'installer et se réinstaller, ils vont continuellement changer de place, chaque installation provoquant immanquablement quelques départs. Si l'on fait une trempe du système, en bloquant la situation à un moment donné, on aura un bilan médiocre, une espèce de cote mal taillée. Il est possible qu'en laissant le système évoluer longtemps on arrive à une situation globalement moins mauvaise, mais, du fait de la frustration des interactions, il subsistera toujours un bon nombre de mécontents.

Ce problème décrit une situation de frustration parce que les interactions d'une variable avec les autres sont antagonistes. Cependant, il est relativement simple parce que chaque voyageur interagit avec tous les autres — dans le langage de la physique, on dit qu'il s'agit d'une « situation de champ moyen », pour laquelle on sait trouver une solution optimale, c'est-à-dire moins mauvaise que toutes les autres. Les problèmes d'optimisation combinatoire qu'on rencontre fréquemment sont en général plus difficiles, parce que les interactions sont locales et non pas globales. Un problème bien connu est celui du voyageur de commerce qui doit faire une tournée dans N villes et cherche le chemin le plus court (fig. 8.3). Ce problème symbolise les problèmes d'optimisation des plans de transport de messageries, ou bien ceux de la collecte des ordures dans une municipalité. Localement, partant de la ville A, le voyageur aurait

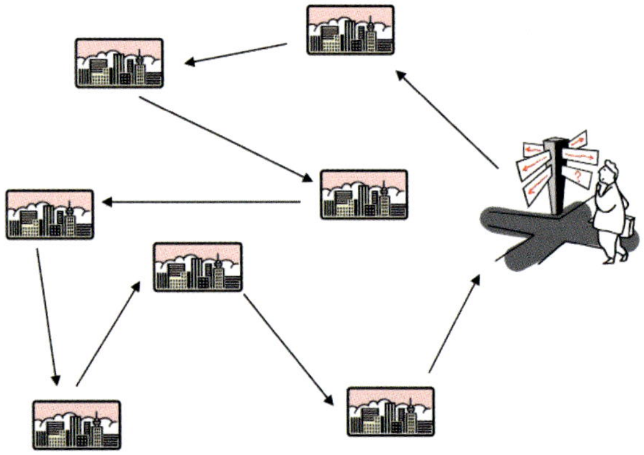

Figure 8.3 : Le « problème du voyageur de commerce » consiste à trouver le trajet le plus court passant par N villes. Ce problème symbolise les problèmes d'optimisation des plans de transport de messageries, ou bien ceux de la collecte des ordures dans une municipalité.

tendance à aller dans la ville B qui est proche de A, mais globalement il peut se faire qu'il soit plus avantageux d'aller plutôt dans une ville C un peu plus éloignée. La recherche de la solution optimale est alors très difficile, parce que les choix sont faits étape par étape. On retrouve des problèmes d'optimisation sous contrainte de difficulté comparable dans le dessin des circuits des microprocesseurs, dans les codes de correction d'erreurs, dans la théorie des réseaux de neurones, et dans la modélisation d'agents économiques agissant sur un marché, lorsque chaque agent dispose d'une panoplie de stratégies propres, en général différentes de celles des autres agents. Ces exemples nous montrent, d'ailleurs, qu'une société qui obéit à des règles de jeu locales peut évoluer vers des solutions qui sont, globalement, non optimales.

L'observation des systèmes naturels peut nous aider à résoudre ces problèmes. En physique, on essaie de trouver l'état optimal d'un système du point de vue d'une quantité qu'on appelle « énergie ». Par exemple, la métallurgie nous enseigne que la meilleure stratégie pour trouver un état de basse énergie dans un métal consiste à le refroidir lentement à partir d'un état bien thermalisé afin qu'il ait le temps d'évacuer ses défauts. Cette méthode nous amène à concevoir, pour les problèmes d'optimisation combinatoire, des stratégies dites de « recuit simulé », dans lesquelles on remet délibérément du désordre dans le système pour arriver à sortir d'une solution particulière et explorer une partie plus grande du paysage énergétique.

Souvent, nous ne savons pas trouver une méthode d'optimisation efficace ou un principe variationnel pertinent, alors que les systèmes naturels trouvent facilement la solution optimale. Ainsi, nous savons déterminer les séquences d'aminoacides qui constituent les protéines, et nous avons besoin de connaître leurs structures tridimensionnelles pour comprendre et contrôler leur fonctionnement. Par le calcul, nous n'arrivons à déterminer ces conformations que pour de très petites protéines et n'avons pas de méthode universelle pour le faire. Pourtant, dans les systèmes vivants, une protéine qui vient d'être synthétisée trouve sa configuration native en quelques secondes, parmi un nombre énorme d'autres possibles. Un autre exemple naturel concerne l'écoulement du sang. Le sang est une dispersion très concentrée de cellules (hématies et leucocytes) et d'agrégats microscopiques (plaquettes, lipoprotéines) dans du sérum. Le mélange homogène de tous ces composants est très visqueux, bien plus que le sérum. L'écoulement d'un fluide aussi visqueux à travers des vaisseaux très fins devrait exiger des pressions très élevées, ce qui serait dangereux pour le cœur et pour les vaisseaux eux-mêmes. En fait, on constate que la dispersion s'organise lors de l'écoulement de telle sorte que les cellules restent près de l'axe des vaisseaux, laissant une couche de sérum presque pur au contact des parois. Le système s'auto-organise donc pour optimiser son écoulement.

Cette auto-organisation nous fait penser à un principe variationnel tel que celui de Hamilton en mécanique pour prédire le mouvement de particules dans un potentiel, ou celui de Fermat en optique pour prédire la trajectoire des rayons lumineux dans un milieu d'indice variable. Cependant, lorsque nous essayons de construire un tel principe variationnel pour l'écoulement d'une suspension concentrée, d'une poudre ou d'un gel, nous ne trouvons pas de réponse universelle. Est-ce parce que nous ne comprenons pas quelle quantité ces systèmes tendent à extrémiser ?

Métallurgie physique

DÉFINITIONS

La métallurgie physique s'est établie comme une discipline au milieu du XXe siècle ; elle a pour but de comprendre rationnellement les matériaux, et elle ne se limite pas aux seuls métaux. Elle part de la constatation que les propriétés d'emploi des matériaux[1] dépendent à la fois :

— de leur chimie (les métaux sont malléables et conducteurs de l'électricité, contrairement aux matériaux covalents) ;

— de leur structure atomique (le carbone est utilisé comme abrasif sous forme de poudre de diamant et comme lubrifiant sous sa forme graphitique ; l'acier inoxydable est dur et cassant sous forme cubique centrée, malléable sous forme cubique à faces centrées) ;

— de leur microstructure. Cette notion décrit tout autant la taille, la forme et les orientations respectives des cristallites (ou « grains ») constitutifs du matériau, l'orientation, la nature des interfaces d'accolement des grains (joints de grains), la nature, la composition, la taille, la forme, la nature des interfaces, les orientations respectives des différentes phases constitutives, la densité de dislocations, leur organisation spatiale, la répartition, à différentes échelles, des éléments chimiques constitutifs, etc. Ainsi, un métal à grains fins est dur à basse température, mais flue rapidement à haute température ; c'est l'inverse pour un métal à grains grossiers.

QUELQUES PROBLÈMES D'ACTUALITÉ EN MÉTALLURGIE PHYSIQUE

Si les grandes lignes de la discipline ont été établies entre les années 1930 et 1970 — cohésion, défauts, plasticité, diffusion, cinétiques de changement de phase, de précipitation, de coalescence, de croissance de domaines, instabilités des formes de croissance, solidification, mouillage… — le domaine est en pleine évolution du fait de développements parallèles.

Nouvelles techniques d'observation : utilisation du rayonnement synchrotron, analyse chimique à l'échelle atomique par sonde tomographique, microscopies en champ proche (c'est-à-dire à l'échelle atomique), nombreux progrès des microscopies électroniques à balayage et en transmission :

— possibilités de simulation numérique entièrement nouvelles permettant d'effectuer des expériences de pensée d'un raffinement inimaginable il y a 20 ans ;

— problèmes nouveaux posés par divers domaines industriels (électronique, nucléaire, matériaux avancés…).

COHÉSION ET THERMODYNAMIQUE DES SOLIDES

À côté des études expérimentales, on fait aujourd'hui souvent appel aux calculs *ab initio*, c'est-à-dire partant des atomes eux-mêmes pour déterminer les propriétés des matériaux, leur structure, leur cohésion, leurs défauts. On aborde ainsi les corps purs, les alliages ou les composés, sous diverses formes cristallines. La recherche d'algorithmes exigeant un temps de calcul qui ne croît pas plus vite que le nombre d'atomes est essentielle. De plus, ces calculs servent souvent à guider le dépouillement d'études expérimentales par diverses spectroscopies.

PROBLÈMES DE CINÉTIQUE

Le thème du temps et du vieillissement des matériaux est très contemporain. En métallurgie, c'est un problème fondamental puisque nombre de succès de la métallurgie industrielle reposent sur une parfaite maîtrise (largement empirique) des traitements thermiques qui permettent de développer des microstructures optimales. De même, la sûreté des installations est souvent liée à l'état de la microstructure des matériaux et donc à l'évolution de cette dernière au cours du temps.

L'étude des diverses horloges qui rythment l'évolution de la microstructure du matériau au cours du temps est en plein développement. Les simulations numériques à l'échelle atomique prennent aujourd'hui en compte le mécanisme de diffusion à l'état solide (par défauts ponctuels). Ces chemins cinétiques peuvent aujourd'hui être observés grâce à la sonde atomique tomographique. Comme ces modèles sont fondés sur le mécanisme de saut des atomes, ils suggèrent des moyens d'agir sur les chemins cinétiques (piégeage des défauts, couplages de flux d'espèces, etc.). En particulier, l'étude par ces techniques du phénomène d'incubation de la précipitation en est à ses débuts (recherche de catalyseurs ou d'inhibiteurs de germination...). Ces travaux sont, pour le moment, limités aux cas les plus simples (transformations cohérentes sur réseau rigide) ; tout un champ reste à explorer.

Les sciences de l'ingénieur devraient dans un avenir proche bénéficier de ces développements.

ALLIAGES FORCÉS

En plus de l'agitation thermique usuelle des atomes, des sollicitations extérieures peuvent affecter certains atomes d'un alliage et leur environnement. C'est le cas des matériaux sous irradiation où les collisions nucléaires imposent un mélange des espèces chimiques, ou encore de matériaux soumis à des actions plus complexes telles qu'un cisaillement. Pour ces alliages se posent plusieurs questions : lorsque leur microstructure tend vers un état (quasi) stationnaire, comment cet état dépend-il de la sollicitation ? Si l'intensité de la sollicitation est modifiée, quel est le chemin suivi pour atteindre le nouvel état stationnaire, s'il existe ?

Ces phénomènes sont partiellement modélisés. La théorie en est aux balbutiements. On retrouve ce type de problèmes dans l'étude des polymères sous cisaillement ou encore dans celle des écoulements diphasiques. À notre connaissance, c'est en métallurgie que la modélisation a été poussée le plus loin. Beaucoup reste à faire, à la fois pour établir une typologie plus complète et pour la rationaliser.

DE L'ÉCHELLE ATOMIQUE À LA PLASTICITÉ

Les bases de la physique de la plasticité, qui étudie les déformations permanentes de la structure lorsque les sollicitations dépassent un certain seuil, ont été établies dans les années 1950. Elles reposent sur l'analyse des lignes de dislocation, qui sont des défauts de la structure périodique, et de leurs mouvements. Une description à l'échelle atomique est cependant nécessaire pour rendre compte de la structure du cœur de ces dislocations ; or celle-ci détermine le plan de glissement et les directions de propagation facile de ces dislocations. Le développement rapide des méthodes de modélisation à l'échelle atomique permet d'aborder avec succès quelques problèmes de plasticité pour lesquels l'échelle atomique est pertinente : interaction de dislocations en mouvement avec de petits amas de défauts ponctuels (produits par irradiation), réactions de jonctions avec des amas de défauts trop petits pour être assimilés à des boucles de dislocation, propagation de dislocations dans les solutions solides, etc. Les puissances de calcul disponibles ne permettent de traiter, pour le moment, que les glissements les plus faciles. Ces simulations ont déjà apporté des éléments intéressants pour la plasticité des métaux irradiés. Ce domaine devrait connaître un certain développement.

Les thèmes ci-dessus, qui font appel à la modélisation à l'échelle atomique, sont stimulés par les applications (réelles ou potentielles) dans plusieurs secteurs industriels : composants électroniques où, du fait de la miniaturisation, la physique macroscopique atteint parfois ses limites ; industrie nucléaire placée devant le problème central du vieillissement des matériaux, en particulier lorsqu'ils sont irradiés ; production d'alliages légers et d'acier afin d'optimiser les traitements.

Les verres : une histoire qui ne finit jamais

Parmi toutes les difficultés posées par ces problèmes, les principales sont le très grand nombre de mauvaises solutions et la lenteur avec laquelle le système évolue en passant d'une mauvaise solution à une autre, un peu moins mauvaise. Il y a un phénomène physique qui symbolise ces problèmes, c'est la transition vitreuse. Lorsqu'on refroidit un liquide, il peut se solidifier de deux manières. La manière habituelle est le passage à un état cristallin, c'est-à-dire à une structure ordonnée. Cependant, la cristallisation peut être évitée, les molécules se meuvent alors de plus en plus lentement à mesure que le liquide est refroidi. Éventuellement, les échelles de temps nécessaires pour les mouvements peuvent être ralenties de plus de 10 ordres de grandeur ; sur les temps du laboratoire, le matériau passe d'un comportement de liquide visqueux à celui d'un solide élastique. C'est un solide non cristallin, amorphe, c'est-à-dire un verre. Concrètement, il peut s'agir d'un verre à base de silice (un assemblage de tétraèdres SiO_2 avec d'autres atomes introduits pour compliquer les interactions), ou d'un polymère organique à structure un peu irrégulière, ou d'un assemblage de molécules d'eau et de sucre, ou encore d'un système formé de particules dispersées dans un milieu liquide et comprimées les unes contre les autres. De très nombreuses configurations microscopiques sont possibles. Du fait des interactions, à chacune de ces configurations correspond une barrière d'énergie dont la hauteur est tantôt faible, tantôt élevée. Sous l'effet de l'agitation thermique, le système va explorer un paysage énergétique compliqué, formé de vallées plus ou moins profondes séparées par des chaînes de montagnes difficiles à franchir. L'évolution de ce système est difficilement prévisible : combien de temps va-t-il rester dans la vallée où on l'a placé, comment et quand va-t-il passer dans une vallée voisine, quelle route choisira-t-il ensuite ?

Si l'on se trouve dans une région du paysage énergétique peuplée de collines aisément franchissables, entourée de chaînes de montagnes beaucoup plus élevées, le système va trouver rapidement un état localement stable et y restera assez longtemps. C'est le cas de certains verres qu'on dit « robustes ». Nous appliquons alors la définition subtile de l'équilibre, donnée par Feynman : « L'équilibre, c'est quand tous les processus rapides ont déjà eu lieu, et les lents ne sont pas encore arrivés. » En revanche, si la distribution des hauteurs des barrières est très large, on aura un paysage énergétique très fragmenté, dans lequel le système va évoluer constamment, passant d'une configuration à une autre suivant un lent processus d'optimisation. C'est le cas des autres verres, qu'on dit « fragiles ».

Dans ce dernier cas, l'évolution peut être interminable (fig. 8.4). En effet, le système ne va pas rester localisé, il ne va pas non plus visiter toutes les régions du paysage énergétique — il ne sera pas ergodique, comme le serait un système bien thermalisé, c'est-à-dire agité par des énergies comparables aux hauteurs de toutes les barrières qui lui permettent de visiter toutes les configurations. Le temps d'évolution sera très long : il suffit en effet d'une barrière de 30 kT pour engendrer, *via* la loi

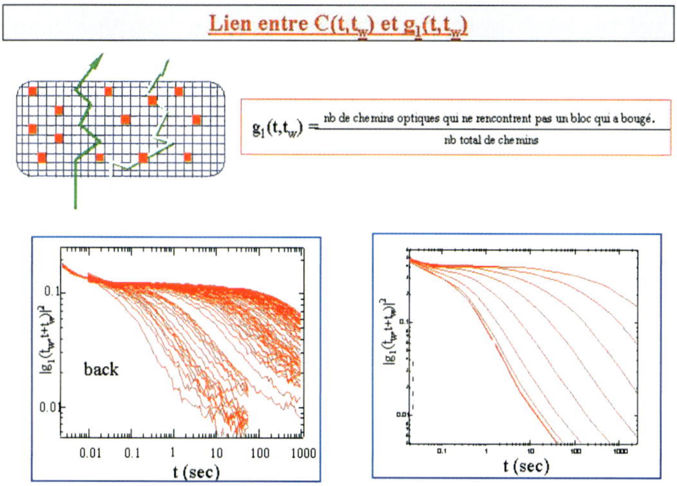

Figure 8.4 : Vieillissement d'un verre colloïdal, c'est-à-dire d'un empilement de très petites particules. On envoie des photons à travers le matériau et on mesure la corrélation des photons diffusés. Cette corrélation est proportionnelle au nombre de blocs dans le matériau qui n'ont pas bougé pendant le temps d'échantillonnage. On trouve ainsi une corrélation qui décroît avec le temps, du fait des mouvements spontanés dans le verre (courbes décroissantes dans l'image de gauche). Les différentes courbes sont prises à des temps successifs pendant le vieillissement du matériau. Elles sont décalées, parce que les matériaux plus vieux bougent moins : les particules ont eu plus de temps pour optimiser leurs configurations. Plus le temps d'attente t_w est long, plus ces courbes sont décalées vers les temps longs. Le décalage est proportionnel au temps d'attente : à chaque moment, le temps caractéristique de réarrangement du matériau est de l'ordre de son âge.

d'Arrhenius, des temps de franchissement de l'ordre de la seconde[2] ; une barrière de 60 kT correspond à un million d'années. Pire, on ne trouvera jamais un temps caractéristique au-delà duquel tous les phénomènes auraient eu lieu et le vieillissement serait terminé. Il y a une hiérarchie infinie d'échelles de temps : les phénomènes se produisant après un temps d'attente t_w sont tous ceux dont les échelles de temps s'échelonnent entre zéro et le temps de relaxation t_w ; ces derniers n'ont pas eu le temps de se produire avant. Ce mécanisme simple permet de comprendre le fait qu'il se passe toujours quelque chose dans un système frustré. L'argument est très général et permet de comprendre pourquoi les évolutions dynamiques de tant de matériaux vitreux (verres structuraux, polymériques, colloïdaux, matériaux granulaires) présentent de nombreuses similitudes.

La question des évolutions lentes est cruciale pour les matériaux de structure, par exemple les matières plastiques, qui risquent de durcir sans arrêt, mais aussi pour des produits biologiquement actifs. En effet, de nombreux produits pharmaceutiques sont synthétisés en solution, puis amenés à l'état solide par une transformation brutale telle que précipitation, lyophilisation ou vaporisation rapide du solvant. Par ces transformations, on peut faire passer à l'état vitreux soit l'ingrédient actif pur, soit un mélange des molécules actives avec des molécules d'eau et de sucre. Il faut alors pouvoir garantir d'une part la reproductibilité de la forme pharmaceutique obtenue, et d'autre part sa stabilité. Ces objectifs sont relativement faciles à atteindre dans le cas de formes cristallines — on doit seulement maîtriser toutes leurs transformations possibles entre les diverses phases cristallines —, et bien plus difficiles avec des formes amorphes car il y a toujours une mobilité résiduelle dans ces formes amorphes. Inversement, l'utilisation de formes amorphes peut permettre d'obtenir une meilleure biodisponiblité des ingrédients actifs grâce à des vitesses de dissolution plus élevées dans les milieux physiologiques.

Les pâtes : vieillissement et rajeunissement

Le vieillissement des matériaux n'est évidemment pas une évolution inéluctable, on connaît de nombreuses méthodes qui permettent de la bloquer, par exemple l'introduction de défauts salutaires qui piègent les fissures ou les lignes de dislocation. On sait aussi rajeunir les matériaux par un traitement thermique ou mécanique approprié. Ces effets sont manifestes dans les comportements mécaniques des pâtes.

Les pâtes sont des matériaux composés de petits grains immergés dans un milieu liquide ou mouillés par lui. Des exemples typiques sont les sols et les boues (particules d'argile immergées dans une phase aqueuse), les liants hydrauliques pendant leur mise en œuvre (bétons, ciments, mortiers, ciments-colles, plâtres, enduits), les pâtes céramiques crues, les peintures et un bon nombre de produits alimentaires. Dans ces matériaux, les grains sont maintenus en contact par des forces adhésives. Le système de grains et de contacts forme un réseau qui s'étend à travers tout le matériau et s'oppose à sa déformation. Pour faire couler la pâte, il faut fragmenter ce réseau, ce qui nécessite l'application d'une contrainte qui dépasse sa résistance (fig. 8.5).

Au cours du temps, les pâtes vieillissent : les grains se déplacent en optimisant leurs contacts, le réseau de connexions se renforce et la résistance à l'écoulement augmente. On peut visualiser les effets de ce vieillissement par une expérience très simple. On dépose une masse de pâte sur un support incliné et on la laisse s'étaler sous l'effet de la gravité. L'étalement s'arrête quand la force due à la gravité est équilibrée par la résistance du réseau de connexions dans la pâte, distribuée dans tout le film. À ce stade, on augmente un peu l'inclinaison du support. Si la pâte avait des propriétés invariantes dans le temps, elle recommencerait à s'étaler jusqu'à ce que son épaisseur ait suffisamment diminué pour que sa résistance équilibre la nouvelle

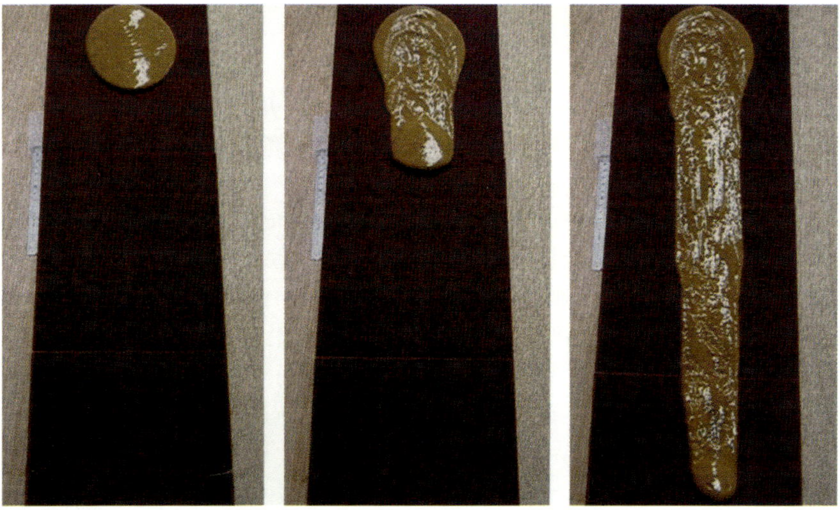

Figure 8.5 : On peut visualiser le vieillissement d'une pâte par une expérience très simple, dans laquelle on dépose une masse de pâte sur un support incliné. L'étalement s'arrête quand la force due à la gravité est équilibrée par la résistance due au réseau de connexions dans la pâte, distribuée dans tout le film. En augmentant alors l'inclinaison du support, on devrait déclencher un nouvel écoulement. Cependant, la pâte, pendant son temps de repos, optimise son réseau de connexions, et peut ainsi résister à un nouvel écoulement, à moins qu'il ne soit provoqué par une force nettement plus grande.

valeur de la force due à la gravité. Cependant, pour les matériaux pâteux, on constate qu'il faut augmenter considérablement l'inclinaison pour déclencher un nouvel étalement, et que ce nouvel étalement ressemble à un décrochage par avalanche. L'hystérésis, c'est-à-dire le décalage entre la première force appliquée et la nouvelle, augmente avec le temps de repos entre les deux phases d'étalement. La pâte a donc pu, après son premier étalement, optimiser ses contacts et renforcer son réseau de connexions (fig. 8.5).

Inversement, les pâtes peuvent rajeunir sous l'effet d'un écoulement imposé : les pâtes usuelles peuvent être fluidifiées par application de déformations suffisantes (fig. 8.6). Les déplacements relatifs imposés aux grains brisent leurs contacts

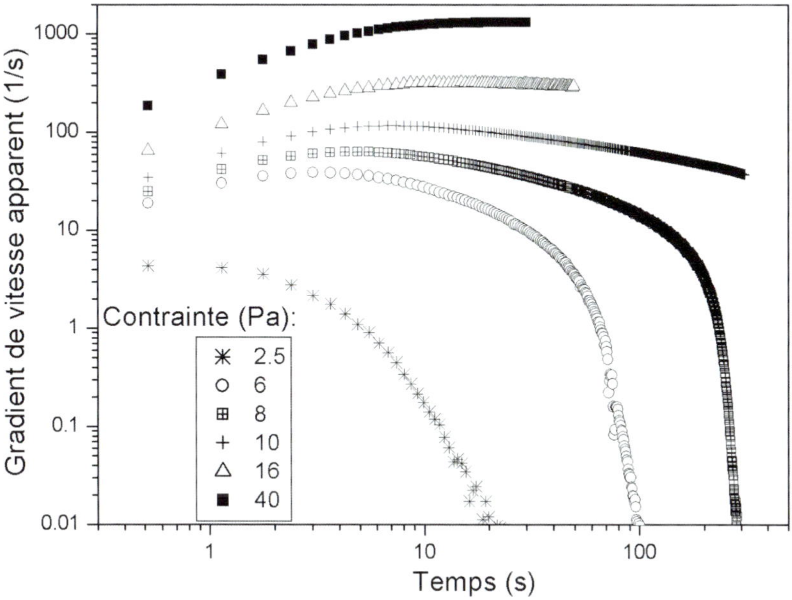

Figure 8.6 : La résistance d'une pâte peut évoluer au cours de son écoulement. Si la contrainte appliquée est faible, l'écoulement initial est lent, la pâte forme des liaisons entre particules plus vite qu'elle n'en brise : elle vieillit, sa viscosité apparente augmente, et sa vitesse d'écoulement se ralentit encore. Si la contrainte appliquée est forte, l'écoulement initial est rapide, la pâte brise des liaisons entre particules plus vite qu'elle n'en forme : elle rajeunit, sa viscosité apparente diminue et sa vitesse d'écoulement croît encore.

et ceux qui se reforment sont moins bons ; le réseau de connexions est ainsi ramené à un état antérieur et la résistance de la pâte à l'écoulement est plus faible. Une autre forme de rajeunissement est la formation de fissures remplies de liquide qui facilitent les glissements au sein de la pâte. De manière générale, tous ces défauts sont localisés dans une région de la pâte qui prend un comportement liquide tandis que le reste se comporte toujours comme un solide. Le passage à l'état liquide d'une partie du matériau peut être à l'origine de glissements ou d'écoulements catastrophiques tels qu'on les observe dans les coulées de boue.

Les pâtes ont ainsi en commun une série de comportements caractéristiques : résistance finie aux contraintes imposées, instabilité au-delà d'une contrainte seuil, fluidification localisée sous l'effet de l'écoulement et reprise de consistance pendant les périodes de repos. Nous savons décrire les propriétés des pâtes d'un point de vue mécanique, mais cette description est trompeuse parce qu'elle concerne des propriétés massiques (homogènes) alors que tous les phénomènes sont localisés : par exemple, le déclenchement de l'écoulement est dû à une instabilité locale (excès de liquide) qui s'amplifie au cours de l'écoulement. Certains phénomènes, comme le passage d'un état solide à un état liquide sous l'effet d'un cisaillement imposé, et la coexistence de ces états pour certaines valeurs du cisaillement, semblent nous rappeler la thermodynamique, mais au lieu de contrôler les propriétés du système par son volume et sa température, nous les contrôlons par la vitesse de cisaillement. Cependant, nous ne savons pas développer cette analogie parce que nous n'avons pas, dans ces matériaux non thermalisés, l'équivalent d'une température. De manière plus profonde, ce qui nous manque c'est un modèle physique de l'état et de l'écoulement des pâtes, c'est-à-dire une théorie qui relie leurs propriétés à une information minimale sur la physique locale — par exemple, une description statistique du réseau de contacts entre grains et de son évolution.

La physique du frottement

Les matériaux que nous avons décrits jusqu'à présent sont des systèmes tridimensionnels, bloqués par l'empilement des grains dans un volume limité. On trouve des comportements semblables pour le blocage de deux surfaces l'une sur l'autre dans les phénomènes de frottement. Ces phénomènes jouent un rôle déterminant dans le fonctionnement de tous les systèmes mécaniques, depuis les freins de nos engins motorisés jusqu'aux disques durs de nos ordinateurs et aux nanomachines que nous essayons de développer.

L'expérience de base est simple à réaliser : on tire, par un ressort, un bloc pesant sur un support plan. La force appliquée tend à déformer le joint qui sépare les deux matériaux. Ce joint est formé des dernières couches atomiques ou de molécules de chaque matériau, près de sa surface, et des molécules ou particules qui sont toujours adsorbées sur les surfaces. Au début de l'expérience, la force appliquée est faible et le joint se déforme de manière élastique ; lorsque la force dépasse un certain seuil, il cède et se déforme de manière plastique, comme le ferait un solide faible ou un fluide à seuil. Ces phénomènes de coincement et de déblocage présentent les mêmes caractéristiques de vieillissement et de rajeunissement que les pâtes et les verres fragiles, au-dessus de leur transition vitreuse. Lors du déplacement, le joint se désorganise, de la même manière qu'une pâte rajeunit sous cisaillement : on mesure alors une résistance au déplacement plus faible que le frottement statique. Au repos, le joint se réorganise et optimise ses contacts, de la même manière qu'une pâte vieillit au repos : le seuil de frottement statique augmente avec le temps de repos. Les phénomènes de frottement peuvent ainsi être décrits comme la déformation d'un matériau désordonné, confiné entre les surfaces et leurs aspérités, et qui vieillit ou rajeunit comme le fait une pâte, une dispersion colloïdale ou un verre.

Pour certaines vitesses de traction, on constate que l'assemblage bloque et cède alternativement : en anglais, on parle de « *stick-slip*[3] ». Ce phénomène se voit bien lorsqu'un outil broute lors de l'usinage d'une pièce, et il s'entend lorsqu'on arrache brusquement un ruban adhésif, ou encore lorsqu'on fait frotter un archet sur la corde d'un violon (voir l'encadré du chapitre 9).

Le *stick-slip* qui accompagne l'arrachement du ruban adhésif est analysé en termes de propagation d'une fissure dans le matériau adhésif, viscoélastique. À faible vitesse d'arrachement, la fissure se propage de façon continue ; il en va de même aux grandes vitesses. Il existe un régime de vitesses intermédiaires pour lesquelles la dissipation visqueuse de l'énergie de déformation dans l'adhésif décroît lorsque la vitesse croît. La propagation de la fissure est alors instable et sa vitesse saute alternativement d'une valeur élevée à une valeur faible.

Figure 8.7 : Glissement le long d'une faille, lors d'un tremblement de terre. Les deux régions de part et d'autre de la faille, soumises à l'action des contraintes de cisaillement tectoniques, se sont déformées élastiquement pendant un temps. Pendant ce temps, la faille était bloquée en raison du frottement solide causé par la « brèche de faille », fragments de roche qui tendent, avec le temps, à se souder. Lorsque la contrainte a atteint une valeur insupportable, la faille s'est mise à glisser de manière instable.

Des phénomènes de *stick-slip* se manifestent aussi dans l'écorce terrestre (fig. 8.7). La source des tremblements de terre est constituée par une région de faille qui glisse brusquement. Les deux compartiments de part et d'autre de la faille, soumis à l'action des contraintes de cisaillement tectoniques, se déforment élastiquement pendant un temps. En effet, la faille ne peut glisser en raison du frottement solide causé par la brèche de faille, fragments de roche qui tendent à se souder avec le temps (encore un phénomène de vieillissement). L'énergie emmagasinée augmente et lorsque la contrainte atteint une certaine valeur, la faille se met à glisser de manière instable, car le frottement décroît avec l'augmentation de la vitesse de déplacement. C'est le tremblement de terre. La contrainte se relâche, le glissement s'arrête, la faille est remise en charge, et le cycle peut recommencer au bout d'un certain temps (quelques années ou quelques siècles).

Le vieillissement accéléré

Après tout, est-il vraiment nécessaire d'analyser, de modéliser et de contrôler ces phénomènes qui se traduisent par des dynamiques lentes et des événements rares ? Pour les matériaux et les produits industriels, dont on attend des caractéristiques certaines, la réponse ne fait pas de doute : devoir attendre que des dynamiques lentes se passent et que des événements rares se produisent sont les pires malédictions qu'un ingénieur puisse imaginer.

La réponse classique à ces difficultés consiste à mettre en place des méthodes de tests accélérés. Pour cela, il faut avoir identifié les phénomènes incriminés, les contraintes physiques (stress) qui déclenchent ces évolutions, et il faut pouvoir les exagérer — par exemple, on exagère l'amplitude des cycles thermiques, ou les contraintes mécaniques, ou les agressions chimiques.

Il se peut qu'on ne puisse pas accélérer ou changer l'échelle des phénomènes physiques mis en cause. Une autre approche consiste alors à mettre en place des codes de calcul prédictifs. Pour des systèmes physiques très simples, ils permettent de calculer les surfaces d'énergie minimale et de prédire les chemins d'évolution des systèmes sur ces surfaces. On peut ainsi faire des prédictions sur la croissance de petits amas d'atomes ou sur le repliement de protéines très simples. On peut aussi accélérer l'évolution de ces systèmes numériques par des méthodes de recuit simulé.

Cependant, pour tous les systèmes macroscopiques décrits ici (verres, gels, dispersions colloïdales, pâtes et matériaux granulaires), l'approche numérique reste limitée à de très petits amas, qui ne sont pas forcément représentatifs de l'ensemble, et elle ne nous fournit pas encore d'explication satisfaisante de leur évolution. Un objectif ambitieux pour les prochaines générations serait d'arriver à une compréhension expérimentale et théorique de ces systèmes.

NOTES

1. « Matériau » désigne ici de la matière condensée appropriée par l'homme.
2. k est la constante de Botzmann et T la température absolue ; kT est l'énergie typique de chaque fluctuation thermique à la température T.
3. C'est-à-dire le « collé-glissé », mais l'usage a retenu l'anglais.

CHAPITRE 9

Lois déterministes et comportements aléatoires

Le champ d'application de la physique peut paraître à première vue limité à des processus isolés : le mouvement d'une particule soumise à une force, l'absorption ou l'émission d'un photon par un atome, les propriétés d'une particule élémentaire, etc. La détermination des lois qui régissent ces processus nécessite un investissement expérimental de plus en plus grand pour *isoler* le système élémentaire à étudier : observer une particule élémentaire, par exemple, nécessite un dispositif considérable dont le premier rôle est de soustraire le système étudié aux interactions avec son environnement naturel. La physique statistique, qui s'intéresse aux propriétés d'un grand nombre de particules, telles que les molécules d'un gaz par exemple, semble reposer sur une approche différente : elle ne cherche pas à utiliser les lois d'interaction entre particules pour en déterminer le comportement individuel mais fait appel à la théorie des probabilités pour décrire les propriétés macroscopiques du système. Cependant, les prédictions de la physique statistique sont limitées à des systèmes à l'équilibre ou proches de l'équilibre, or bon nombre d'entre elles n'ont pu être observées qu'au prix d'un grand effort expérimental, par exemple en travaillant sur des matériaux synthétisés avec soin ou à très basse température.

Qu'elle repose sur des lois élémentaires déterministes ou sur une approche statistique, la démarche caractéristique du physicien a donc en général nécessité d'isoler le système étudié des influences extérieures afin de dégager des mécanismes élémentaires simples. Cette démarche, même si elle est de plus en plus transposée à d'autres disciplines, telle que la biologie par exemple, semble très éloignée de la réalité de la plupart des processus naturels dont les caractéristiques essentielles reposent sur l'existence d'un grand nombre de mécanismes imbriqués. Ainsi, l'évolution stellaire, la dynamique de l'atmosphère ou des océans, les équilibres biologiques ou écologiques, les comportements dynamiques de populations animales et autres phénomènes sociaux résultent de mécanismes régulateurs multiples autant que des effets de l'environnement extérieur.

La physique peut-elle comprendre ce type de phénomènes ? La difficulté principale réside dans la non-linéarité des lois qui les gouvernent. Dans ce cas, la réponse à une sollicitation extérieure n'est pas simplement proportionnelle à la cause. Les équations de Maxwell décrivant l'électromagnétisme dans le vide ou l'équation de Schrödinger de la mécanique quantique sont linéaires. Mais dès que l'on sort de ce domaine, on rencontre des phénomènes mathématiquement nouveaux et difficiles. On ne peut plus superposer deux solutions des équations qui régissent le problème pour en trouver une troisième. Cette non-linéarité fait la difficulté, mais aussi la richesse du problème qui possède en général des solutions qualitativement différentes les unes des autres. C'est ainsi que certaines solutions peuvent briser les symétries du problème considéré (voir chapitre 3, symétries brisées). Des progrès importants ont été réalisés au cours des dernières décennies dans le domaine de la physique non linéaire. Cependant, malgré la découverte de concepts qui ont permis une démarche nouvelle, de nombreux problèmes y restent ouverts tant au niveau fondamental qu'appliqué.

États stationnaires et cycles limites

Contrairement aux systèmes isolés ou en équilibre thermodynamique, les systèmes en interaction forte avec leur environnement extérieur possèdent une grande richesse de comportements dynamiques : ils peuvent être dans un état stationnaire, c'est-à-dire invariants au cours du temps, ou encore présenter des oscillations périodiques ou des comportements temporels plus complexes. L'état stationnaire ne doit pas être confondu avec l'état d'équilibre d'un système isolé ou un état d'équilibre thermodynamique. Considérons l'exemple d'un avion dont on a asservi la trajectoire à l'aide d'un pilote automatique : tant que l'asservissement fonctionne, l'avion est dans un état stationnaire malgré les perturbations dues aux fluctuations atmosphériques qui sont corrigées en permanence par l'asservissement. Des mécanismes de régulation, analogues dans leur principe, sont indispensables à tout système vivant : les concentrations d'espèces chimiques dans le sang, par exemple, sont ainsi maintenues approximativement constantes malgré les apports alimentaires variés susceptibles de les modifier. Ces mécanismes de régulation sont un phénomène non linéaire caractéristique. On conçoit que les états stationnaires ainsi obtenus, qui ont l'avantage de présenter une certaine robustesse vis-à-vis du milieu extérieur, soient plus difficiles à appréhender que les états d'équilibre de systèmes isolés ou en contact avec un thermostat. Ainsi, nous ne connaissons pas de principes généraux caractérisant ces états stationnaires analogues à ceux que l'on utilise pour les états d'équilibre : énergie potentielle minimale d'un système mécanique, entropie maximale d'un système isolé, énergie libre minimale d'un système en contact avec un thermostat, etc. La recherche d'un tel principe caractérisant les états stationnaires a fait l'objet de nombreuses tentatives mais le problème reste ouvert.

Une autre classe de comportements dynamiques est celle des phénomènes cycliques. On peut les observer sur des systèmes variés mettant en jeu des échelles très diverses : la luminosité de certaines étoiles, les populations d'espèces animales en compétition dans un même milieu naturel, les oscillateurs électroniques ou optiques, le muscle cardiaque, le cycle de division cellulaire, sont quelques exemples de comportement périodique. Comme dans le cas des états stationnaires, il faut remarquer qu'une caractéristique essentielle de ces comportements oscillants est leur robustesse vis-à-vis des fluctuations de l'environnement. Ce n'est pas le cas des exemples traditionnels de comportements oscillants ou ondulatoires en physique : l'amplitude et par suite la fréquence d'un pendule simple, par exemple, vont être modifiées s'il est soumis à une impulsion du milieu extérieur, et ne reviendront pas à leur valeur initiale. Au contraire, les oscillateurs évoqués dans les exemples précédents ne sont pas affectés durablement par une perturbation momentanée. Paradoxalement, cela provient du fait qu'ils sont en interaction permanente avec le milieu extérieur. Ils y puisent l'énergie nécessaire pour compenser les processus dissipatifs, et cette compensation n'est réalisée que pour une amplitude et une fréquence d'excitation bien définies.

Il est commode d'étudier ces comportements dynamiques dans l'espace des phases, c'est-à-dire celui de l'ensemble des variables dynamiques caractérisant le système, par exemple les coordonnées des positions et des vitesses de N particules en mécanique classique. Un état stationnaire correspond à un point fixe dans l'espace des phases alors qu'un système oscillant y décrit une courbe fermée appelée « cycle limite ». Celle-ci est une ellipse dans le cas d'un oscillateur harmonique mais se déforme de plus en plus à mesure que l'amplitude du cycle augmente et que les non-linéarités engendrent un taux d'harmoniques important. Il arrive que deux portions du cycle limite soient décrites à des vitesses très différentes. Le mouvement oscillatoire implique alors deux échelles de temps et l'oscillation est dite « de relaxation ». Une classe particulière de telles oscillations se rencontre dans des systèmes qui peuvent emmagasiner de l'énergie potentielle jusqu'à un seuil de rupture au-delà duquel ils dissipent cette énergie sur une échelle de temps très courte par rapport à la durée au cours de laquelle les contraintes se sont accumulées (voir encadré sur le *stick-slip*).

La compensation entre effets antagonistes est également à la base de la stabilité de certains modes de propagation d'ondes non linéaires. On sait qu'une onde de faible amplitude a tendance à s'étaler dans un milieu dispersif (c'est-à-dire tel que la vitesse de propagation dépend de la longueur d'onde). Il se déforme donc au cours de sa propagation. Lorsque l'amplitude est importante, les non-linéarités peuvent au contraire le concentrer. La compensation entre les effets dispersifs et non linéaires permet la propagation d'une onde sans déformation. Ces ondes solitaires ou « solitons », comme on les nomme actuellement, ont été observées et expliquées par les hydrodynamiciens du XIXe siècle, puis redécouverts au milieu du XXe en physique statistique hors de l'équilibre : Fermi, Pasta et Ulam, qui cherchaient à montrer comment le couplage non linéaire entre des oscillateurs conduit en général à l'équipartition de l'énergie, ont eu la surprise de constater au contraire la concentration de l'énergie se propageant sous forme localisée le long de la chaîne d'oscillateurs. Plus récemment encore, le concept de solitons a été utilisé pour tenter de modéliser certaines propriétés des particules élémentaires. De nombreuses études sont en cours sur la propagation de solitons lumineux le long des fibres optiques en raison d'applications potentielles dans le domaine des communications. Il est remarquable que les solitons observés dans divers domaines, hydrodynamique, acoustique, élasticité, optique, etc., obéissent à des lois identiques. Cela provient du fait que la compensation entre dispersion et non-linéarité, sur laquelle repose le phénomène, est indépendante des équations détaillées propres à chaque système. Cette compensation n'ayant lieu que pour une forme précise de l'onde, on comprend également que celle-ci soit robuste.

Un phénomène universel d'oscillations mécaniques, le stick-slip

Qu'y a-t-il de commun entre un outil qui broute, une corde de violon qui sonne sous l'archet, l'arrachement brusque d'un ruban adhésif d'emballage et le jeu d'une faille à l'origine d'un tremblement de terre ?

Tous ces phénomènes, et bien d'autres, sont des manifestations d'un mécanisme connu sous le nom de *stick-slip*. Cette expression anglaise, qui n'a pas été traduite en français, dit bien ce qu'elle veut dire : « coller-glisser ». Le système mécanique (outil et pièce à usiner, corde et archet, ruban adhésif et surface sur laquelle il est collé, etc.) reçoit de l'énergie de façon continue, mais il répond en oscillant périodiquement entre deux comportements : pendant une phase rapide, le système cède à la contrainte et ses deux éléments (par exemple corde et archet) glissent l'un par rapport à l'autre, puis le glissement s'arrête pendant un temps plus long, l'énergie s'accumule (la corde se tend) puis se relâche brusquement, permettant de nouveau le glissement et ainsi de suite.

Le système subit donc des oscillations en dents de scie qui émettent des sons. La fréquence des ondes émises peut être dans le domaine audible ; c'est le cas du son de la corde vibrante du violon et du bruit sec accompagnant l'arrachement du ruban adhésif.

Du point de vue mathématique, ces *oscillations de relaxation* sont des solutions d'équations différentielles comportant un terme de frottement dépendant de la vitesse. Dans un domaine de vitesse tel que le frottement décroisse lorsque la vitesse augmente, les solutions deviennent instables et le système oscille entre deux comportements.

La physique intervient pour comprendre les causes de ce phénomène, en analysant l'origine du frottement, qui peut être différente suivant le système considéré. Ainsi, dans le cas de la corde de violon, le frottement est lié à l'état physique de la colophane dont les crins de l'archet sont revêtus.

Le *stick-slip* qui accompagne l'arrachement du ruban adhésif est analysé en termes de propagation d'une fissure dans le matériau adhésif, visco-élastique. À faible vitesse d'arrachement, la fissure se propage de façon continue ; il en va de même aux grandes vitesses. Il existe cependant un régime de vitesses intermédiaires pour lesquelles la dissipation visqueuse de l'énergie de déformation dans l'adhésif (ressemblant à un frottement) décroît lorsque la vitesse croît. La propagation de la fissure est alors instable et sa vitesse saute alternativement d'une valeur élevée à une valeur faible. Ce régime est lié à la viscosité de l'adhésif, il dépend donc fortement de la température : si le ruban et son support sortent du réfrigérateur, le mouvement est saccadé même à faible vitesse d'arrachement, mais à 40 °C, il est continu pour toutes les vitesses.

Les impuretés en solution diluée dans les alliages métalliques tendent à diffuser vers les défauts cristallins. Ainsi, les atomes de solutés dans les alliages légers d'aluminium (par exemples Al 5 % Mg) diffusent vers les dislocations, défauts linéaires dont la propagation cause la déformation plastique, et peuvent les bloquer. Lorsqu'on soumet un échantillon d'alliage à un essai de traction à vitesse imposée, plusieurs cas se présentent. À faible vitesse, les atomes de soluté ont le temps de suivre les dislocations par diffusion et ralentissent simplement leur mouvement ; à forte vitesse, les dislocations s'arrachent des impuretés et ne sont pas ralenties. Dans un régime de vitesses intermédiaires, les dislocations sont alternativement épinglées et libérées. Cette instabilité plastique microscopique se manifeste par la présence de *crochets de traction* répétés sur la courbe contrainte-déformation.

La source d'un tremblement de terre est constituée par une région de faille qui glisse brusquement. Les deux compartiments de part et d'autre de la faille, soumis à l'action des contraintes tectoniques de cisaillement, se déforment élastiquement pendant un temps. En effet, la faille ne peut glisser en raison du frottement solide causé par la *brèche de faille*, fragments de roche qui tendent, avec le temps, à se souder. L'énergie emmagasinée augmente et lorsque la contrainte atteint une certaine valeur, la faille se met à glisser brusquement, de manière instable, car le frottement décroît avec l'augmentation de la vitesse de déplacement. C'est le tremblement de terre. La contrainte se relâche, le glissement s'arrête, la faille est remise en charge et le cycle peut recommencer au bout d'un certain temps (quelques années ou quelques siècles).

Ce processus est modélisé en laboratoire en comprimant un échantillon de roche, scié en deux, avec de la poudre de roche représentant la brèche de faille entre les deux blocs. La coupure est orientée à 45° par rapport à la contrainte de compression, de sorte que les deux blocs puissent glisser l'un par rapport à l'autre. On observe que la force appliquée varie de façon saccadée en fonction du déplacement axial (fig. 9.1). Chaque chute de contrainte correspond à un tremblement de terre.

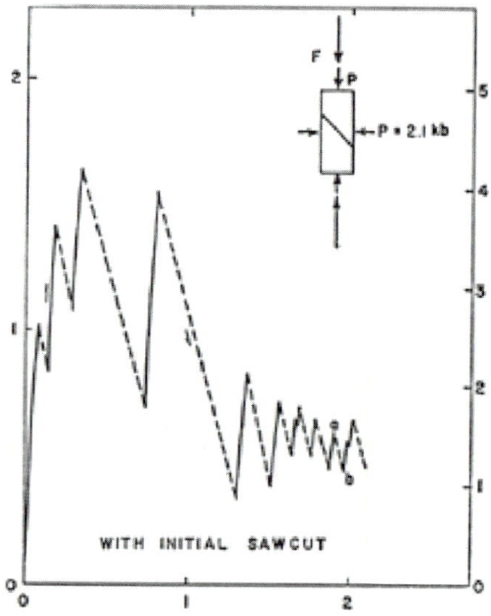

Figure 9.1 : Simulation d'un tremblement de terre en laboratoire. Mesure de la force de frottement F (en fait un poids en dizaines de milliers de kg) entre deux parties d'un cylindre de granit scié à 45°, en fonction du déplacement (en mm) le long de l'axe longitudinal. « *With initial sawcut* » signifie que l'échantillon a été scié en deux par un trait de scie oblique (visible sur le dessin du haut) avant l'expérience. La compression axiale produit un glissement saccadé des deux parties qui frottent l'une contre l'autre.

Il est crucial de disposer d'un mode de propagation robuste afin de transmettre de l'information dans des environnements désordonnés ou susceptibles d'être affectés par des perturbations. Les ondes linéaires usuelles (ondes acoustiques dans les fluides, ondes électromagnétiques dans l'atmosphère, etc.) sont affectées par les inhomogénéités du milieu dans lequel elles se propagent. Celles-ci diffusent l'onde en dehors de sa direction de propagation initiale, de sorte que l'amplitude de l'onde dans cette direction est amortie exponentiellement. L'illustration la plus courante de ce phénomène est la visibilité très réduite dans le brouillard. On peut donc se demander comment des ondes peuvent se propager dans les tissus vivants, le muscle cardiaque ou les nerfs par exemple, qui sont des milieux hétérogènes à petite échelle et peuvent comporter des inhomogénéités. La cause en est un mécanisme fortement non linéaire, appelé « excitabilité », n'ayant rien de commun avec le mode de propagation d'une onde usuelle. On peut le comprendre de façon imagée en considérant une chaîne de pendules couplés très amortis, pouvant effectuer un tour complet dans un plan perpendiculaire à la direction de propagation. Si une impulsion suffisante est appliquée au premier pendule, il va effectuer un tour complet et retourner à sa position d'équilibre en raison du fort amortissement. Mais le couplage va obliger son voisin à effectuer le même mouvement et un cycle d'oscillation va donc se propager de proche en proche. Une inhomogénéité locale, un pendule plus court ou plus massif que les autres par exemple, ne va affecter la forme de l'oscillation que localement, le signal reprenant sa forme initiale dès qu'il aura dépassé cette inhomogénéité. Dans le cas d'ondes de faible amplitude se propageant dans le même système non amorti, une inhomogénéité locale aurait un effet beaucoup plus fort en réfléchissant une partie de l'onde vers son point de départ, ce qui n'est guère souhaitable si l'on cherche à transmettre de l'information ! On constate que le mécanisme de base de ce mode de propagation repose sur l'existence de systèmes élémentaires couplés, possédant un point d'équilibre stable (le pendule vers le bas) et un point d'équilibre instable (le pendule vers le haut) connectés par une portion de cycle limite. Dans la pratique, on a tout intérêt (contrairement au cas du pendule) à ce que ces deux points soient proches l'un de l'autre, de sorte qu'une petite impulsion suffise à faire passer le système au-delà du point d'équilibre instable et engendre un cycle de grande amplitude de retour vers le point stable. Ce type de système dynamique monostable est connu en électronique non linéaire et la compréhension de ce mécanisme de propagation de l'influx nerveux a été une découverte importante en biophysique, tant au niveau des aspects ressortissant à la physiologie qu'à la physique. Des recherches se poursuivent actuellement sur les milieux excitables, impliquant autant des problèmes de physique que la compréhension de certains dysfonctionnements du muscle cardiaque.

Comportements chaotiques

De nombreux phénomènes naturels présentent des comportements temporels imprévisibles. Outre l'exemple traditionnel de la météorologie, on peut citer les tremblements de terre ou encore le champ magnétique terrestre : les mesures géomagnétiques montrent que celui-ci s'est renversé aléatoirement une vingtaine de fois depuis plusieurs millions d'années, permutant ainsi nord et sud magnétiques. Ces comportements, appelés « chaotiques », ont pendant longtemps été associés à la complexité des systèmes en question. Jusqu'aux années 1970, la plupart des physiciens estimaient à tort qu'un comportement temporel imprévisible ne pouvait résulter que de l'interaction d'un grand nombre de degrés de liberté. Ainsi, un comportement chaotique était modélisé par Landau comme résultant de la superposition d'un grand nombre de comportements oscillatoires à des fréquences différentes, le caractère imprévisible provenant de la détermination imprécise de chacune des phases des mouvements oscillants.

Même si l'on savait depuis Poincaré que des systèmes non linéaires à petit nombre de degrés de liberté (deux oscillateurs non linéaires couplés par exemple) pouvaient engendrer des comportements temporels complexes, ce n'est que dans les années 1970-1980 qu'un ensemble de travaux théoriques et expérimentaux a permis de caractériser les comportements aléatoires de systèmes non linéaires régis par des lois déterministes. En particulier, on a montré comment ces comportements résultaient d'instabilités de régimes plus simples, périodiques par exemple, et qu'il existait un nombre limité de transitions vers le chaos, observables lorsqu'on varie un paramètre de contrôle du système considéré. Une découverte surprenante en a été que des systèmes régis par des lois différentes, tels que des oscillateurs électroniques couplés, des écoulements engendrés par des instabilités hydrodynamiques, des réactions chimiques oscillantes, etc., présentent des scénarios de transition analogues vers des régimes chaotiques. Cette universalité résulte de contraintes géométriques dans l'espace des phases. Il est ainsi possible de faire des prédictions sur les comportements dynamiques de systèmes à petit nombre de degrés de liberté sans connaître la forme précise des lois dynamiques.

Ce résultat surprenant présente des analogies avec les transitions de phase au voisinage desquelles les comportements macroscopiques sont indépendants de la forme précise des lois d'interaction microscopique. Au-delà des scénarios de transition vers le chaos, des outils ont été développés afin de décrire les régimes chaotiques. Une propriété caractéristique en est la divergence exponentielle de deux trajectoires issues de points voisins dans l'espace des phases (fig. 9.2). Cela signifie qu'une connaissance imprécise des conditions initiales ou que toute perturbation infinitésimale conduisent rapidement à une erreur importante sur l'estimation de la dynamique du système. Il est donc illusoire de chercher à prédire celle-ci en détail ; seules des propriétés statistiques, ou des propriétés géométriques de l'attracteur vers lequel évolue le système dans l'espace des phases, peuvent être déterminées.

L'étude du chaos temporel a ainsi conduit au développement de techniques nouvelles de traitement du signal. Au rang des applications, il faut aussi signaler l'utilisation possible de signaux chaotiques pour crypter la transmission d'un message ainsi que les techniques de contrôle afin de stabiliser des systèmes en supprimant leur comportement chaotique.

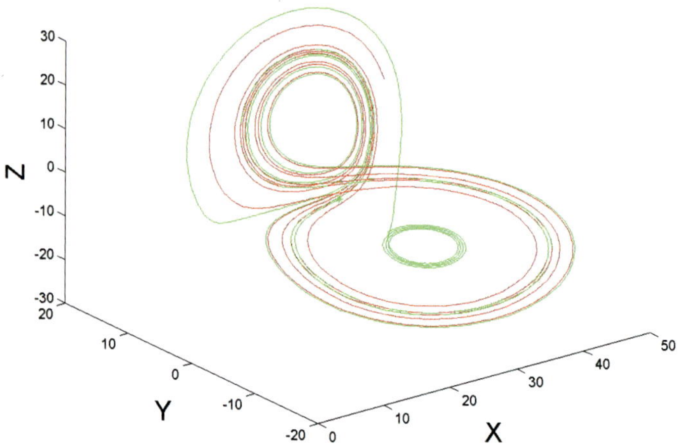

Figure 9.2 : Le modèle de Lorenz est une description minimale de la convection thermique d'une couche de fluide à l'aide de trois variables couplées, X, Y, Z. En régime chaotique, les trajectoires issues de deux conditions initiales voisines (dans la région centrale) s'écartent progressivement puis se trouvent dans deux régions différentes de l'espace des phases. Ceci illustre l'impossibilité de toute prédiction à long terme.

Turbulence

L'analyse qualitative des systèmes dynamiques de petite dimension n'a pu être étendue aux systèmes impliquant un grand nombre de degrés de liberté. Un exemple typique est l'écoulement d'un fluide turbulent. La turbulence hydrodynamique est un vieux problème pour lequel la plupart des outils modernes de physique théorique et les simulations numériques les plus performantes ont été utilisés sans succès décisif. Des progrès ont été réalisés sur certaines des questions fondamentales posées par la turbulence, mais sa modélisation, cruciale pour bon nombre d'applications, reste encore un problème majeur. La turbulence intervient dans la plupart des phénomènes mettant en jeu un transport macroscopique d'énergie ou de quantité de mouvement : la dynamique stellaire, et donc les modèles d'évolution d'étoiles, la dynamique des atmosphères planétaires et des océans, et donc le climat, le transport d'un polluant par les vents ou les courants marins, l'homogénéisation d'un mélange dans un réacteur chimique, la combustion dans un moteur, sont autant d'exemples où la turbulence joue un rôle crucial. Un exemple canonique concerne la vitesse limite d'une voiture ou d'un avion qui dépendent de la force de traînée exercée par l'écoulement turbulent. Celle-ci résulte du transfert de quantité de mouvement entre le mobile et l'écoulement, principalement dû aux grands tourbillons emportés dans le sillage du mobile (fig. 9.3). La puissance de la force de traînée, fournie à l'écoulement par le moteur entraînant le mobile, doit, en régime stationnaire, être dissipée par la viscosité du fluide. La dissipation étant importante aux petites échelles

Figure 9.3 : Tourbillons engendrés par le passage d'un corps fuselé dans un fluide. Ce phénomène s'observe au-dessus des fuselages d'avions fortement inclinés par rapport à leur trajectoire. L'air passant de l'intrados à l'extrados décolle et forme deux structures tourbillonnaires. Il en résulte un supplément de force aérodynamique qui peut être bénéfique ou déstabilisant.

spatiales, cela impose, dans une description imagée, la présence dans l'écoulement de tourbillons de tailles de plus en plus petites qui, même s'ils jouent un rôle mineur dans le bilan de quantité de mouvement, permettent d'assurer la dissipation de la puissance injectée dans l'écoulement par le mobile.

Cette gamme étendue d'échelles spatiales, autrement dit le grand nombre de degrés de liberté associés, rend le problème de la turbulence particulièrement difficile à résoudre. Chaque parcelle de fluide a une trajectoire très complexe dans l'écoulement et des parcelles, voisines à un instant donné, vont s'écarter rapidement l'une de l'autre au cours du temps à la manière des molécules d'un gaz (fig. 9.4). Chercher à déterminer ces trajectoires, très sensibles à la moindre perturbation, présente aussi peu d'intérêt que dans le cas d'un gaz. En effet, la force de traînée est peu sensible au détail des trajectoires individuelles et c'est elle qu'il s'agit d'évaluer. Or, si l'on sait bien calculer l'effet du chaos moléculaire sur les propriétés de transport d'un gaz, on ne connaît pas encore de méthode rigoureuse pour déterminer celles d'un écoulement turbulent qui permettrait de déterminer, à partir des lois de l'hydrodynamique, la force de traînée moyenne exercée sur le mobile.

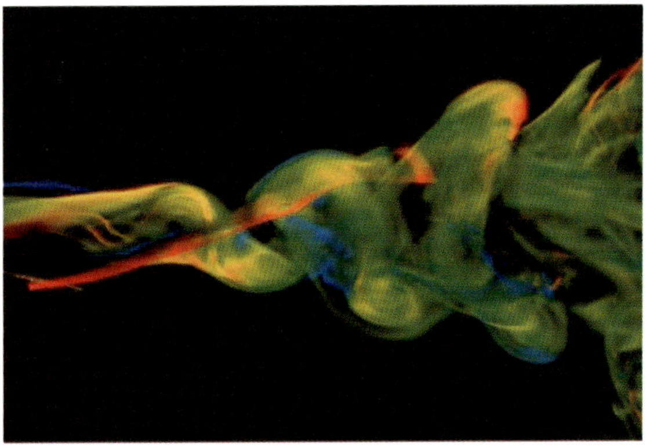

Figure 9.4 : L'éclatement des tourbillons se formant à l'extrémité d'une voilure d'avion engendre un écoulement très complexe dans le sillage.

Une autre différence avec la dynamique des gaz au voisinage de l'équilibre thermodynamique concerne les fluctuations des forces de pression exercées par un écoulement turbulent sur une paroi solide, une aile d'avion par exemple. On observe que les fluctuations importantes, c'est-à-dire des événements au cours desquels la pression s'écarte notablement de sa valeur moyenne, sont plus fréquentes que dans les statistiques simples gaussiennes usuellement étudiées. De nombreuses autres grandeurs physiques, caractéristiques des écoulements turbulents, possèdent une loi de probabilité non gaussienne et présentent de ce fait de grandes déviations par rapport à leur valeur moyenne. Ce phénomène est plus qu'une simple curiosité théorique. Certes, ces grandes fluctuations affectent peu la plupart des propriétés moyennes de la turbulence, mais leur prise en compte est essentielle si, par exemple, on cherche à dimensionner une structure destinée à résister aux contraintes extrêmes exercées par un écoulement turbulent.

La turbulence n'est pas limitée au domaine de l'hydrodynamique. On peut retrouver des phénomènes analogues dans la plupart des processus non linéaires impliquant des propagations d'onde. La création d'harmoniques par les non-linéarités est un phénomène générique qui, dans le cas des ondes, se produit non seulement au niveau temporel mais également spatial, engendrant un transfert d'énergie vers les hautes fréquences, c'est-à-dire vers les petites échelles temporelles et spatiales où elle est efficacement dissipée. Ce phénomène est analogue à la cascade d'énergie en turbulence hydrodynamique, mais il conduit à des spectres d'énergie différents, principalement déterminés par la dispersion des ondes lors de leur propagation et la nature de leurs interactions non linéaires. Ce type de turbulence est observé au niveau des ondes internes dans l'océan ou des ondes magnétohydrodynamiques dans certains plasmas de laboratoire ou astrophysiques ; il est aussi responsable de la limitation des puissances acoustiques qu'on peut engendrer dans divers dispositifs industriels.

Les instabilités et la turbulence sont également la principale source de problèmes dans la réalisation des machines de confinement de plasmas thermonucléaires destinées à la fusion contrôlée. Ces plasmas sont des gaz dilués de particules chargées. Mais il n'est pas possible de les traiter par le formalisme de l'hydrodynamique usuelle où la dissipation est prise en compte par l'addition de forces visqueuses. En effet, dans un tel plasma, les particules ont des parcours moyens entre deux collisions trop élevés pour se contenter du concept de viscosité. Il faut donc comprendre comment le mouvement chaotique des particules permet le transfert irréversible d'énergie et sa dissipation sous forme de chaleur afin d'expliquer les pertes anormales d'énergie observées dans les dispositifs de confinement. Maîtriser la fusion afin d'assurer une nouvelle source d'énergie sera peut-être une grande réalisation technologique du futur ; cela nécessitera certainement auparavant d'apporter des solutions à de nombreux problèmes de physique fondamentale.

CHAPITRE 10

Prévoir le climat

Prévoir le climat est depuis longtemps un enjeu social important, si bien que les moyens les plus divers ont été utilisés pour y parvenir. Des exemples historiques célèbres de catastrophes maritimes ou terrestres ont en effet résulté de l'absence de prévision météorologique, nombre de famines ont été provoquées ou aggravées par des fluctuations climatiques saisonnières inattendues. Aujourd'hui encore, une anticipation de l'évolution climatique faciliterait la gestion des ressources, agriculture, pêche, tourisme, etc., et aurait un impact économique considérable.

On distingue trois niveaux de prévision du climat :

— la météorologie, à l'échelle de quelques jours ;

— la prévision climatique saisonnière et celle des fluctuations interannuelles ;

— l'évolution à long terme du climat.

La météorologie décrit assez précisément le cours des événements dans le temps ainsi que leur localisation dans l'espace, mais bute sur le moyen et le long terme en raison même des lois de la physique (voir le chapitre précédent). On sait bien que la température ou les précipitations moyennes sur une région étendue, pour une saison donnée, peuvent varier d'une année sur l'autre. Est-il possible, malgré cette variabilité naturelle, de prévoir ces comportements moyens ? À plus long terme, le climat de la planète est-il en train d'évoluer sous l'effet de la pollution ? A-t-on les moyens d'infléchir cette évolution ?

Météorologie et océanographie : des applications récentes de la physique classique

Jusqu'au XIXe siècle, l'étude des phénomènes conditionnant le climat a été descriptive : vents dominants, cycles de précipitations saisonniers, courants marins, formation ou fonte des glaciers ou des glaces polaires ont été répertoriés par les géographes au cours de missions d'exploration et de campagnes de mesures sur le terrain. Si certains des mécanismes physiques en jeu avaient déjà été élucidés, ce n'est que dans la seconde moitié du XXe siècle que se sont développées les approches physiques de la météorologie ou de l'océanographie. Ce développement a été rendu possible par celui de la mécanique des fluides, qui d'une part a identifié les équilibres des principales forces (pression, gravité, force de Coriolis, etc.), et d'autre part a conceptualisé les résultats de l'étude des instabilités hydrodynamiques, qui jouent un rôle fondamental à différentes échelles dans l'atmosphère et les océans. Les écoulements à grande échelle au sein de l'atmosphère résultent des différences de température et d'humidité entre le sol et les couches élevées, ou entre l'équateur et les pôles. Dans le cas de l'océan, c'est l'action combinée des différences de température et de salinité, outre celle des vents, qui engendre les écoulements. Ainsi, l'ensemble atmosphère-océan peut être considéré comme fonctionnant à la manière d'une gigantesque machine thermique, transformant une partie de l'énergie solaire reçue par la Terre en travail mécanique produisant précipitations, vents et courants marins. La dynamique de ces écoulements est affectée par la force de

Coriolis due à la rotation de la Terre et par divers types d'instabilités hydrodynamiques.

Si les outils analytiques de la mécanique des fluides ont permis de comprendre qualitativement des mécanismes élémentaires impliqués dans la plupart des phénomènes observés, il a fallu attendre le développement des réseaux d'observations et des simulations numériques pour envisager la prise en compte simultanée de l'atmosphère et des océans. Les cellules atmosphériques tropicales, les régimes de précipitations, la route des dépressions de moyennes latitudes, les grands courants océaniques, ont pu ainsi être modélisés. Mais le principal intérêt des modèles numériques réside dans la prévision. Ce fut tout d'abord possible en météorologie afin de déterminer les paramètres atmosphériques à échéance de quelques jours. Mais cette limite n'est pas due à la capacité limitée des ordinateurs ou au manque d'observations ; elle résulte du caractère chaotique des écoulements atmosphériques. En effet, une dynamique chaotique est caractérisée par la divergence exponentielle des évolutions observées à partir de deux conditions initiales très voisines. Or, celles-ci ne sont connues que de façon approximative, les températures, les vents et autres paramètres atmosphériques n'étant mesurés que sur un maillage assez grossier de l'espace. En résulte l'impossibilité d'une prévision détaillée à échéance de plus d'une semaine environ. On ne peut donc qu'espérer déterminer des comportements moyens ou estimer la probabilité d'un scénario donné : par exemple, prédire quelques mois à l'avance l'enneigement moyen dans les Alpes ou estimer le risque d'une tempête extrême en Île-de-France au cours des dix prochaines années.

Le couplage atmosphère-océan, un élément fondamental dans la prévision du climat

La prévision saisonnière du climat et *a fortiori* à long terme se heurte à une autre difficulté. L'effet de la dynamique de l'océan sur les paramètres atmosphériques, qui peut être négligée pour les prévisions météorologiques à court terme en raison de la plus grande inertie de l'océan, doit alors être pris en compte. Cela explique que, de façon surprenante, les modèles climatiques soient plus simples pour d'autres planètes du système solaire ne comportant pas d'océan, telle Mars par exemple, que dans le cas de la Terre. Les performances des ordinateurs contemporains ont permis de mettre en œuvre depuis quelques années des modèles climatiques prenant en compte le couplage atmosphère-océan. Une illustration typique est la prévision de « El Niño ». Observé initialement par les pêcheurs de la côte Pacifique de l'Amérique du Sud, il survient aléatoirement et se manifeste par une température inhabituellement élevée de la surface de l'océan. Celle-ci s'accompagne d'une modification importante des courants de convection et affecte profondément l'écosystème, en particulier la pêche. Le climat est affecté sur une portion notable de la planète au cours de l'année qui suit. Les simulations numériques (fig. 10.1) montrent qu'il est actuellement possible de prédire El Niño six mois à l'avance et que cette prévision moyenne a une fiabilité meilleure que celle résultant de l'analyse statistique des événements passés. La température de la surface de l'océan donnée par les observations (fig. 10.1a) est correctement prédite trois mois à l'avance par les simulations numériques (fig. 10.1b). Les figures 10.1c et 10.1d comparent les prévisions à six mois de différents modèles avec des choix de conditions initiales voisines.

À plus long terme, les grands courants océaniques dépendent de la différence de température entre les pôles et l'équa-

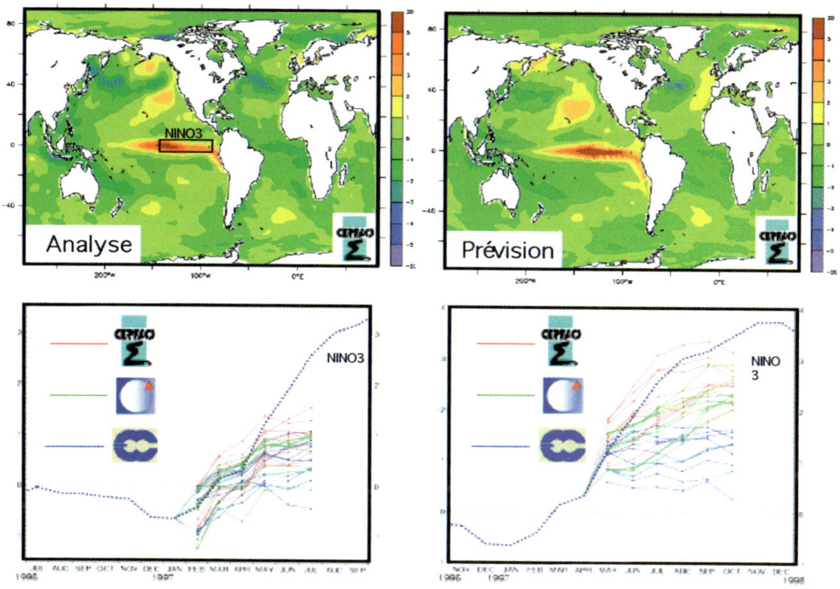

Figure 10.1 : Prévision saisonnière d'El Niño en 1997. Anomalie de température de surface de la mer : en haut à gauche (a), analyse de juillet issue des observations et à droite (b), prévision à 3 mois avec le modèle du CERFACS. En dessous, simulations couplées océan-atmosphère issues de 9 conditions initiales voisines et de trois modèles (CERFACS, MÉTÉO-FRANCE et ECMWF) : à gauche, prévision à 6 mois issue de janvier (c) et à droite, prévision issue d'avril (d).

teur, laquelle dépend de l'amplitude des glaces puisque celles-ci réfléchissent plus la lumière solaire que l'eau liquide ou les sols couverts de végétation. Mais ces courants dépendent aussi des différences de salinité qui dépendent elles-mêmes des différences de température. Ainsi, on tente actuellement de comprendre si, en cas de réchauffement important de la planète, une variation de la salinité de l'Atlantique Nord pourrait affecter le Gulf Stream. Enfin, le cycle de l'eau a un rôle déstabilisant, générateur possible de tempêtes plus fréquentes et plus violentes. En effet, une température plus élevée signifie un niveau de saturation en vapeur d'eau plus élevé dans l'atmosphère, et donc plus de condensation de vapeur d'eau dans les régions froides. On cherche à comprendre si le réchauffement de la planète peut conduire à une intensification des tempêtes et cyclones, ainsi qu'à une modification de leur trajet. Tout cela illustre la complexité de ces problèmes où de nombreux effets sont couplés entre eux.

Glaces et climat

À la surface de la Terre, le rôle de la glace est fondamental (voir encadré « Glaces, physique et climat »). En réfléchissant plus efficacement la lumière solaire et donc en diminuant la fraction de puissance solaire absorbée par la Terre, les surfaces couvertes par les neiges ou les glaces sont un amplificateur important des variations du climat. Dans le cas d'un réchauffement climatique, la hausse du niveau des mers sera due, à court terme, à la dilatation de l'eau en surface et à la fonte des glaciers aux basses latitudes (entre 5 et 10 cm par degré d'échauffement). À l'échelle du siècle, cette hausse sera due aussi à la fonte des glaces du Groenland et de l'Antarctique (environ 30 cm pour un réchauffement de 4 °C en 100 ans). Les modèles conduisant à ces chiffres ont besoin d'être affinés pour une estimation plus précise.

Les glaces polaires, par leur composition isotopique ou leur teneur en gaz à effet de serre, sont un témoin important des climats du passé. Partant de ces mesures qui donnent la composition de l'atmosphère il y a plusieurs milliers d'années, on peut alors tester la validité des modèles numériques. En effet, ceux-ci doivent, pour être validés, reproduire l'évolution observée jusqu'à nos jours. On sait que lors de la dernière période glaciaire, il y a environ 20 000 ans, la température moyenne de notre planète était plus basse d'environ 5 à 6 °C, que le nord de l'Europe et de l'Amérique était alors recouvert de 2 à 3 km de glaces continentales et le niveau des mers environ 120 mètres plus bas qu'actuellement (on passait à pied de France en Angleterre). Si, dans les siècles à venir, toutes les glaces actuelles fondaient, le niveau des mers monterait d'environ 80 m.

Glaces, physique et climat

La glaciologie est née avec Saussure, géographe qui a observé les glaciers alpins à la fin du XVIIIe siècle. Dès ce moment, il a fallu faire appel aux lois de la physique et de la mécanique pour expliquer le comportement de ces glaciers. Plus récemment, la glaciologie a changé d'échelle avec l'exploration des régions polaires et le développement des observations spatiales. Neiges, glaces de mer, glaciers et inlandsis couvrent jusqu'à 15 % de la surface du globe, ce sont des acteurs essentiels de l'évolution du climat, avec un état d'équilibre — liquide, solide, vapeur — qui varie suivant les conditions climatiques.

Le bilan énergétique est un facteur essentiel de ces changements de phase et l'albédo élevé des surfaces couvertes par les neiges et les glaces est un amplificateur des variations du climat. Parmi les domaines encore mal connus figure l'estimation de l'absorption et de la réflexion du rayonnement.

Les interactions avec l'atmosphère et les océans conditionnent aussi l'étendue des neiges et des glaces. S'agissant des glaces de mer, les propriétés mécaniques du matériau sont à prendre en compte, depuis les petites échelles — celles qui intéressent aussi la pénétration des brise-glace — jusqu'à celles qui concernent la fragmentation et la dispersion des glaces des océans polaires.

L'évolution des glaciers continentaux est liée à leur bilan de masse qui prend en compte précipitations et fusion ; cette dernière, dans les conditions relativement tempérées que l'on connaît, est un indicateur sensible aux variations de la température. Une bonne modélisation, incluant facteurs météorologiques et bilan énergétique (rayonnement, sublimation, fusion), reste à faire pour aborder notamment l'aspect prédictif. Au-delà du bilan de masse, il faut aussi introduire les propriétés physiques et mécaniques du matériau qui vont réguler l'écoulement par gravité, les avances et retraits des fronts. Le glissement des glaciers implique de nombreux mécanismes physiques : fusion et regel, frottement avec présence d'eau sous pression, déformation visqueuse de la glace. Dans ce domaine, il reste beaucoup à faire pour quantifier la sensibilité des glaciers au climat et prévoir leur devenir. C'est pourtant nécessaire pour les ressources en eau, la production d'énergie hydraulique et la contribution des glaciers à la hausse actuelle et future du niveau des mers.

On retrouve, à une autre échelle, les mêmes questions touchant au comportement des inlandsis. Si la fusion peut prendre place dans les régions côtières du Groenland, ce n'est pas le cas de l'Antarctique plus froid. Le bilan de masse y est conditionné par le vélage d'icebergs par rupture mécanique, au débouché des fleuves de glace ou des plates-formes flottant sur l'océan. L'immensité des surfaces souvent inaccessibles nécessite que soient développées les observations spatiales utilisant différentes longueurs d'onde pour déterminer les profils de la surface et du socle rocheux, le taux d'accumulation de la neige, les vitesses de déplacement et les zones de fusion (superficielles ou au contact du socle rocheux). À très long terme, c'est le bilan de masse des calottes polaires, lesquelles stockent l'équivalent d'une tranche d'eau océanique de près de 80 m, qui conditionnera la hausse du niveau des mers.

L'une des caractéristiques uniques des archives glaciaires est d'avoir enregistré l'évolution du climat et la composition de l'atmosphère sur plusieurs centaines de milliers d'années. Il s'agit bien sûr d'environnement et de chimie ; mais aussi de physique pour interpréter les données de la composition isotopique de l'eau solide en termes de température ou pour décrire les variations des teneurs en gaz à effet de serre à partir des bulles contenues dans la glace. C'est ce qui a permis d'établir que le taux de CO_2 dans l'atmosphère a considérablement crû depuis le début de l'ère industrielle, au point de dépasser de 30 % les maxima atteints au cours des 400 000 dernières années. Une station polaire, en cours d'installation dans l'Antarctique, autorisera le déchiffrement de ces archives sur près d'un million d'années. Pour dater ces archives il faut aussi modéliser écoulement et évolution des calottes polaires caractérisées par le matériau glace. Là aussi il reste beaucoup à faire. Les approches micro-macro (du cristal de glace à l'inlandsis) choisies pour modéliser le comportement visco-plastique des métaux commencent à être utilisées.

Il faudrait encore parler de risques naturels telles qu'avalanches et avances catastrophiques des glaciers. Mais pour en rester là, disons que neiges et glaces — à des constantes de temps qui vont de la saison aux millénaires — sont à la fois mémoire fidèle, témoin réactif et amplificateur des variations du climat et de ses impacts.

Le climat du futur

L'élaboration de modèles de plus en plus complexes nécessite également la prise en compte d'autres processus : le rôle des changements de phase a déjà été mentionné au sujet des précipitations, certains mécanismes de la dynamique des nuages sont encore mal quantifiés. Or, ceux-ci jouent un rôle important dans la compréhension du bilan et des transferts d'énergie dans le système terrestre puisqu'ils déterminent la proportion de cette énergie stockée dans le sol, dans les océans et dans l'atmosphère, et celle qui est émise vers l'espace. Les modèles dits « de transfert radiatif » doivent prendre en compte les phénomènes d'émission et d'absorption du rayonnement, non seulement dus aux espèces moléculaires atmosphériques mais aussi aux nuages et aux aérosols. Un mécanisme fondamental conditionnant l'évolution du climat est l'augmentation de la concentration des gaz à effet de serre (dioxyde de carbone, méthane, CFC, etc.). On désigne sous ce nom les gaz qui absorbent efficacement le rayonnement infrarouge émis par la Terre. Cette absorption réchauffe l'atmosphère qui à son tour émet dans l'infrarouge vers la surface de la Terre et en augmente ainsi la température moyenne.

D'autres paramètres sont à prendre en compte, tels le rôle des polluants dans les réactions chimiques dans l'atmosphère ainsi que leurs conséquences écologiques au niveau des océans et des forêts, le transfert d'eau et de carbone par la végétation, tout un ensemble de processus qui impliquent les sciences chimiques et naturelles. Un phénomène chimique complexe intervenant dans la stratosphère est à la base du problème dit du « trou d'ozone » qu'il ne faut pas confondre avec celui du réchauffement climatique. La couche d'ozone filtre le rayonnement ultraviolet en provenance du Soleil, ce qui la rend indispensable à la vie. L'émission de CFC a eu pour conséquence d'accentuer l'oscillation naturelle de la concentration d'ozone principalement au niveau de sa minimale polaire.

Enfin, encore plus difficilement prévisibles et quantifiables, les décisions politiques à l'échelle planétaire, qui peuvent avoir un impact notable sur l'évolution du climat. On estime que la moitié de l'incertitude sur le réchauffement de la planète dans le siècle à venir résulte des différents choix économiques en cours.

Même si l'ensemble des processus impliqués dans la dynamique climatique dépasse le cadre strict de la physique, les principaux outils développés actuellement en sont issus :

— un réseau de capteurs de plus en plus sensibles et des systèmes d'observation par satellites fournissent en temps réel un ensemble de données de plus en plus précises sur les paramètres décrivant l'état de l'atmosphère et de l'océan (voir encadré sur l'instrumentation) ;

— des simulations numériques de plus en plus performantes permettent une modélisation de plus en plus détaillée ;

— des méthodes d'assimilation des données permettent d'intégrer de façon optimale les observations spatio-temporelles à la dynamique des processus dans les modèles de météorologie et de prévision saisonnière. Il s'agit de trouver l'état du modèle qui se rapproche le plus des observations en leur donnant des poids inversement proportionnels à l'intensité de leurs fluctuations. Les méthodes variationnelles développées pour mettre en œuvre certaines de ces méthodes d'assimilation donnent aussi des informations sur la sensibilité aux conditions initiales.

L'instrumentation

Alors qu'elles furent longtemps limitées à des mesures locales effectuées lors de campagnes sur le terrain, l'étude et la compréhension des processus gouvernant la météorologie ou l'océanographie reposent de plus en plus sur des techniques de physique. Comme dans le cas de la biologie ou de la médecine, l'apport de l'instrumentation physique joue un rôle croissant dans la connaissance et la modélisation des phénomènes climatiques.

Différentes techniques physiques sont utilisées pour sonder l'atmosphère et l'océan. Les mesures locales de la vitesse du vent, de la température ou des concentrations d'espèces chimiques, effectuées à partir de stations au sol, permettent un suivi régulier mais fournissent une cartographie très incomplète. Les échanges d'énergie et de matière avec l'atmosphère nécessitent en effet la connaissance des profils de vitesse, de température et de concentrations en fonction de l'altitude. Des instruments de mesure embarqués à bord de ballons ou d'avions peuvent procurer ces informations mais des mesures à distance, développées à partir d'effets physiques découverts au laboratoire, sont beaucoup plus efficaces. Sans chercher à être exhaustifs, nous allons évoquer certaines d'entre elles à titre d'exemples.

L'idée générale des méthodes de mesure à distance repose sur la possibilité de sonder un milieu en y propageant une onde. La vitesse d'une onde acoustique, par exemple, dépend de la température et de la vitesse du fluide au sein duquel elle se propage. Des variations de température ou de vitesse induisent donc des fluctuations de l'indice du milieu, qui modifient la direction de propagation de l'onde. Une partie de cette onde peut ainsi être réfléchie vers son point de départ. Des gouttelettes d'eau présentes dans l'air humide vont avoir le même effet sur l'onde. Il faut bien sûr discriminer ces différentes sources de diffusion de l'onde acoustique ; c'est possible grâce à leurs variations avec la fréquence et avec la direction d'observation qui sont différentes pour ces divers facteurs. C'est sur ce principe que fonctionnent les mesures acoustiques de vitesse, de flux de chaleur ou d'humidité. Elles ne sont efficaces que sur des distances de l'ordre de la centaine de mètres, et ne permettent donc de sonder que la couche limite au voisinage de la Terre ou de l'océan.

Des ondes électromagnétiques permettent d'effectuer des mesures analogues sur des distances de l'ordre du kilomètre. Une technique fait appel à l'utilisation conjointe d'un radar et d'un émetteur acoustique : elle consiste à étudier la réflexion de l'onde électromagnétique du radar sur le front d'onde d'une impulsion acoustique envoyée vers l'atmosphère. Le décalage en fréquence par effet Doppler de l'onde électromagnétique réfléchie par l'impulsion acoustique permet de déterminer la vitesse de cette dernière. La vitesse du son ainsi mesurée à une altitude donnée permet de déduire la température. Une autre application du radar est la mesure des précipitations : l'effet Doppler permet là encore d'accéder à la vitesse des gouttes de pluie qui diffusent les ondes électromagnétiques. La vitesse de chute d'une goutte d'eau dans l'atmosphère étant fonction de son rayon, on peut en déduire non seulement le volume total des précipitations mais également la distribution de tailles des gouttes de pluie.

Enfin, de nombreux instruments de mesure opèrent dans le domaine des fréquences optiques. Ils permettent de mesurer l'émission de l'atmosphère ou bien son absorption en utilisant le Soleil ou les étoiles comme sources lumineuses. Dans d'autres cas, une onde lumineuse intense est envoyée vers l'atmosphère à partir d'un laser et l'onde rétrodiffusée par les différentes espèces chimiques présentes permet de les détecter et d'en déterminer la concentration. C'est le principe du LIDAR qui donne accès, par exemple, à la cartographie de la pollution au-dessus des villes.

Certaines de ces mesures à distance sont effectuées grâce à des satellites et permettent l'observation globale des processus déterminant l'évolution de l'atmosphère (fig. 10.2 et 10.3). L'observation de l'atmosphère dans les canaux visibles et infrarouges, ou dans les bandes d'absorption de l'eau, donne des renseignements précieux qui sont quotidiennement assimilés dans les modèles de prévision du temps. La mesure au centimètre près du niveau de la mer permet d'étudier précisément la dynamique de l'océan ainsi que son contenu thermique. Dans un avenir proche, des mesures de température de brillance permettront de déterminer avec plus de précision l'humidité du sol ainsi que la salinité de l'océan.

Figure 10.2 : Vue du satellite ENVISAT. Parmi les instruments, MIPAS (Michelson Interferometer for Passive Atmospheric Sounding), GOMOS (Global Ozone Monitoring by Occultation of Stars) et SCIAMACHY (Scanning Imaging Absorption Spectrometer for Atmospheric Chartography — non visible sur la figure) sont dédiés à l'étude de l'atmosphère terrestre.

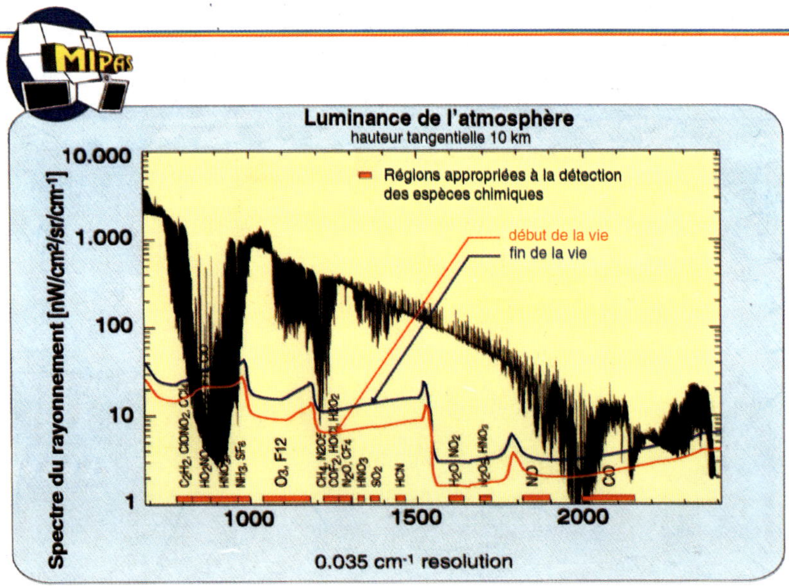

Figure 10.3 : La luminance de l'atmosphère, observée par le spectromètre, a transformée de Fourier MIPAS (Michelson Interferometer for Passive Atmospheric Sounding). Un tel spectre permet d'analyser à distance la composition de l'atmosphère.

Les moyens expérimentaux ne devraient cependant pas être exclusivement consacrés à l'observation de la planète. Des expériences de physique sont nécessaires à la validation des paramétrisations utilisées dans les simulations numériques. Ainsi, les modèles de transfert radiatif évoqués précédemment dépendent des données spectroscopiques obtenues au laboratoire à partir d'expériences ou d'études théoriques. D'autres processus, tels l'effet de la turbulence sur la formation et la croissance des gouttes d'eau au sein des nuages, devraient également être mieux quantifiés à l'aide d'expériences de laboratoire. Il importe en effet d'augmenter la fiabilité des modèles numériques, qui semblent nécessiter encore trop d'ajustements pour que leurs résultats soient conformes aux observations.

Par ailleurs, la prise en compte d'une masse croissante d'observations et l'utilisation de modèles numériques de plus en plus complexes vont sans doute réserver l'étude du climat à un petit nombre d'équipes scientifiques. Tout en veillant à ne pas développer des modèles impliquant trop peu d'utilisateurs, il importe cependant de préserver une certaine diversité des modèles disponibles au plan international afin d'éviter une utilisation politique abusive de résultats incertains mais qui ont des implications économiques majeures.

LA PHYSIQUE EN ACTION

CHAPITRE 11

Les énergies

Au cours du siècle dernier, la consommation mondiale d'énergie a été multipliée par 40, pendant que la population passait de 1,5 à 6 milliards d'habitants. Elle est aujourd'hui équivalente à environ 10 milliards de tonnes de pétrole par an (10 GTep), ce qui représente une puissance de l'ordre de 14 000 gigawatts (voir encadré sur les chiffres et ordres de grandeur). Cette consommation mondiale augmente à un rythme d'environ 1 % par an. Elle provient, en moyenne, pour 32 % du pétrole, 26 % du charbon, 19 % du gaz, 5 % du nucléaire, 6 % de l'hydroélectrique, 10 % de ce qu'on appelle la « biomasse » (essentiellement le bois), et 1 à 2 % d'autres énergies dites « renouvelables » telles que le solaire et les éoliennes[1]. C'est dire que les combustibles fossiles (pétrole, gaz, charbon essentiellement) représentent 77 % des sources actuelles d'énergie. En France, où un important programme électronucléaire a été développé, ces proportions sont un peu différentes (fig. 11.1). Jusque vers la fin du XXe siècle, dans les pays développés, on trouvait normal de consommer l'énergie en grande quantité parce qu'elle était bon marché, parce qu'on n'en percevait pas les conséquences sur l'équilibre de notre planète, enfin parce que les sources d'énergie utilisées semblaient inépuisables.

Cette belle tranquillité vient brutalement de prendre fin. Toutes les réserves énergétiques sont à peu près connues, au moins dans les zones continentales, et il semble difficile de continuer à extraire des combustibles fossiles au rythme actuel et

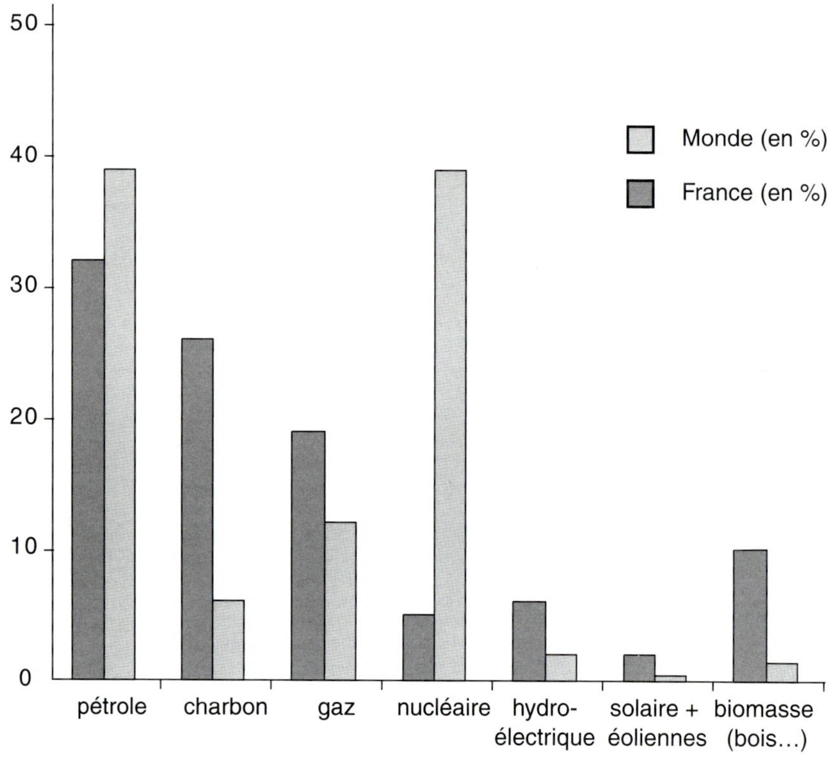

Figure 11.1 : Répartition des sources d'énergie utilisées dans le monde et en France.

à bon marché au-delà de 2040. Par ailleurs, brûler des combustibles fossiles dégage dans l'atmosphère de telles quantités de gaz carbonique (CO_2) que le climat de la Terre est en train d'évoluer de manière inquiétante (fig. 11.2). Plusieurs conférences mondiales successives (Rio, Kyoto, La Haye, Johannesburg) ont donc proposé des mesures urgentes pour limiter l'émission de gaz à effet de serre dans l'atmosphère. Par ailleurs, en construisant un parc important de centrales nucléaires, des pays comme la France ou la Suède ont certes réussi à limiter leur production de CO_2, mais la filière nucléaire produit des déchets radioactifs que l'on ne sait pas encore suffisamment bien traiter ni stocker. Le monde moderne se trouve donc face à un choix difficile : réchauffement global de la planète ou déchets nucléaires ?

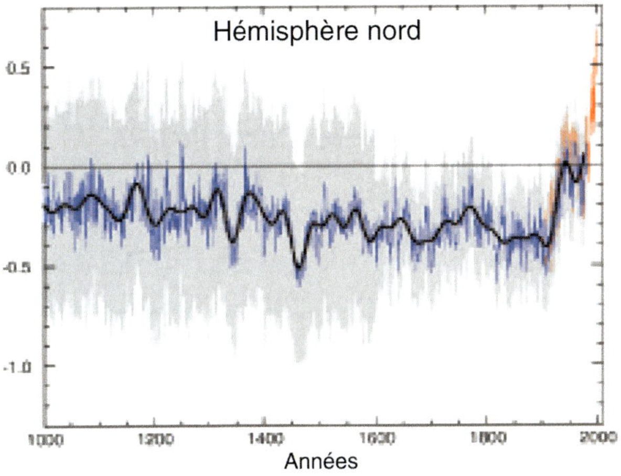

Figure 11.2 : Évolution probable des températures sur 1 000 ans dans l'hémisphère Nord. La courbe noire est la valeur moyenne (sur l'hémisphère Nord) la plus probable, la zone grise la plage des températures possibles (ou encore la marge d'erreur).

Dans cette situation, la mobilisation des scientifiques est indispensable. Assurer à la population de la planète un avenir énergétique à la fois confortable et sûr pose de nombreux problèmes scientifiques et techniques difficiles. Il est urgent de les considérer avec toute la rigueur nécessaire. C'est le rôle des scientifiques, en particulier des physiciens, de faire connaître la nature réelle de ces problèmes, ainsi que, bien sûr, de contribuer à les résoudre. Dans un avenir proche, il ne s'agira pas de découvrir de nouvelles sources d'énergie, plutôt d'optimiser la production de l'énergie, les conditions de son stockage et celles de son utilisation. La science doit être mobilisée pour trouver le meilleur compromis entre le coût, la nécessaire protection de l'environnement et de légitimes exigences de sécurité.

Combustibles fossiles et réchauffement global

Les membres du Groupe international d'études sur le climat, organisme mis en place en 1988 à la demande du G7 (États-Unis, Japon, Allemagne, France, Grande-Bretagne, Canada, Italie), ont estimé l'augmentation de la température moyenne de la planète à environ 0,5 °C au cours de la seconde moitié du XXe siècle (fig. 11.2). Ce réchauffement s'accélère et peut entraîner des bouleversements profonds du climat dans les cent ans à venir. Il est associé à l'augmentation de la teneur de l'atmosphère en gaz à effet de serre dégagés par l'activité humaine. Au premier rang de ces gaz se trouve le CO_2 dont le dégagement annuel a atteint 22 milliards de tonnes (22 gigatonnes) en 1990 et n'a cessé de croître depuis. La teneur actuelle de l'atmosphère en CO_2 est de 365 ppmv (parties par million en volume) alors que, depuis 400 000 ans, elle oscillait entre 180 ppmv lors des périodes glaciaires et un maximum de 280 ppmv dans les périodes chaudes. Conformément à la dernière résolution de Kyoto, 178 pays ont décidé de se fixer un objectif qui peut sembler modeste mais sera difficile à atteindre : réduire l'émission de CO_2 pour atteindre 2 % de moins que le niveau de 1990 (22 gigatonnes par an) à l'horizon 2010. Un peu plus ambitieuse, l'Europe a décidé de réduire l'émission de gaz à effet de serre de 1 % par an jusqu'en 2020. Si l'on atteignait ces objectifs, l'augmentation de température pourrait cependant atteindre 6 °C en 2100. Pour la limiter à environ 2 °C, il faudrait réduire l'émission de CO_2 des deux tiers d'ici à 2050, car le CO_2 actuellement présent dans l'atmosphère ne pourrait être résorbé suffisamment vite pour faire mieux. Il faut noter qu'une part d'incertitude entache bien sûr ces prédictions car elles dépendent de facteurs économiques et politiques difficiles à prévoir, tels que l'évolution de la population et de l'activité économique ainsi que la manière dont l'énergie sera consommée.

Quoi qu'il en soit, il faut comparer ces quelques degrés de réchauffement à ce que l'on sait du passé de notre planète. Par exemple, lors de la dernière période glaciaire, il y a 21 000 ans, la température moyenne de la Terre n'était que de 5 à 6 °C inférieure à ce qu'elle est aujourd'hui, mais cela suffisait à recouvrir de 2 à 3 km de glace le nord de l'Europe, de la Russie et des États-Unis. Le niveau des mers était, à l'époque, inférieur de 120 m au niveau actuel. Un réchauffement de 4 °C d'ici à 2100 ferait monter le niveau des mers d'environ 60 cm, pour moitié à cause de la dilatation de l'eau en surface et de la fonte des glaciers aux latitudes moyennes, pour l'autre moitié à la fonte partielle des glaces polaires du Groenland et de l'Antarctique. À plus long terme, si toutes les glaces fondaient, le niveau des mers monterait d'environ 80 m. Assez préoccupante aussi est l'hypothèse qu'une variation de la salinité de l'Atlantique Nord pourrait modifier le Gulf Stream. Il est possible aussi que le réchauffement intensifie les cycles d'évaporation-condensation de l'eau dans l'atmosphère, ce qui pourrait conduire à une intensification des tempêtes et cyclones ainsi qu'à une modification de leurs routes de déplacement actuelles. On voit donc que continuer à brûler les combustibles fossiles au rythme actuel pourrait avoir des conséquences dramatiques à l'échelle de la planète entière et à long terme. Dans ces conditions, est-il envisageable de réduire substantiellement la production de CO_2 et des autres gaz qui contribuent à l'augmentation de l'effet de serre, c'est-à-dire au réchauffement de la planète ?

Dans les pays comparables à la France, la consommation se répartit en 35 % pour le chauffage, 30 % pour l'industrie, 25 % pour les transports et 10 % pour les usages domestiques et le tertiaire. En ce qui concerne le pétrole, son utilisation pour le transport individuel semble difficile à éviter dans l'état actuel des technologies. Cependant, il importerait de parvenir, à l'échelle mondiale, à réserver ce qui reste pour l'industrie chimique au lieu de le brûler pour produire de l'électricité ou pour chauffer les habitations. Le remplacer par le gaz ne serait pas suffisamment judicieux. En effet, brûler du gaz produit un peu moins de CO_2 (49 g par kWh au lieu de 71 pour le pétrole), mais l'exploitation des gisements de gaz naturel et son transport sur de longues distances semblent difficilement réalisables sans fuites importantes de méthane, en particulier dans l'ex-URSS actuelle. Or le méthane est un gaz à effet de serre 10 à 20 fois plus actif que le CO_2. De toute façon, au rythme actuel de leur exploitation, il ne reste du pétrole facile à extraire que pour environ 50 ans et du gaz naturel pour 100 ans peut-être. Quant au charbon, dont les réserves sont importantes (environ 200 ans au rythme d'exploitation actuel), c'est un combustible très polluant dont la combustion dégage 86 g de CO_2 par kWh, soit 20 % de plus que le pétrole, et surtout 50 % de plus d'oxydes d'azote (NO_2) et de soufre (SO_2) qui provoquent de dangereuses pluies acides et même des émanations radioactives. C'est pourquoi des pays gros consommateurs de charbon comme la Belgique, le Royaume-Uni, la Pologne, l'Allemagne, les États-Unis, la Chine et surtout le Canada dégagent entre 43 et 140 kg de SO_2 par habitant et par an, alors que la Suisse, la Norvège, les Pays-Bas, la France ou la Suède n'en dégagent qu'entre 10 et 20. En fait, une centrale thermique standard produit une énergie électrique qui n'est qu'environ 35 % de l'énergie chimique disponible, et ce rendement peut être sensiblement amélioré. Les progrès réalisés dans le domaine des matériaux par l'industrie aérospatiale ont déjà permis de réaliser des turbines à gaz fonctionnant à 900 °C et qui utilisent directement les gaz de combustion. À la sortie de ces turbines haute température, les gaz sont encore suffisamment chauds pour chauffer de la vapeur d'eau et mettre en œuvre une turbine classique. Ce « cycle combiné » permet d'atteindre des rendements de 50 %. Si, de plus, la vapeur est utilisée à la fois pour produire de l'électricité et alimenter un réseau de chauffage urbain, on peut atteindre 85 %. Ces nouvelles centrales, « cogénératrices » et « à cycle combiné », si elles étaient généralisées, pourraient permettre une diminution substantielle des émissions de gaz à effet de serre pour une même production d'énergie.

Dans ces conditions, peut-on se passer du nucléaire ? En moyenne, au niveau mondial, l'énergie consommée provient pour plus des trois quarts de combustibles fossiles. Même en France, où l'on a investi dans la construction d'un important parc de centrales nucléaires dans les années 1970, l'utilisation des combustibles fossiles reste majoritaire : le nucléaire produit 80 % de l'électricité, soit 39 % de l'énergie totale, à peu près autant que le pétrole qui sert principalement aux transports, et l'ensemble pétrole + gaz + charbon fournit toujours 57 % de l'énergie totale. En raison de leur dilution, les énergies renouvelables tels que le solaire et les éoliennes ont des possibilités limitées, et de plus, on a déjà équipé tous les sites possibles en barrages hydroélectriques dans de très nombreux pays. Il semble donc extrêmement difficile d'imaginer que l'on puisse limiter efficacement les risques d'une modification profonde du climat sans augmenter la production d'électricité d'origine nucléaire. Or cela n'est pas possible partout sans risque de détournement à des fins militaires, et l'on ne maîtrise pas suffisamment les risques qu'implique la production de déchets radioactifs.

L'énergie nucléaire : sécurité et déchets

L'exemple de la France est particulièrement instructif en ce domaine. Avec un parc de 59 centrales de 0,8 à 1,3 GW chacune, elle produit environ 63 GW de puissance électrique propre du point de vue du climat. C'est ce qui lui permet de n'émettre que 6 tonnes de CO_2 par habitant au lieu de 8 en moyenne en Europe et 20 aux États-Unis (il faut aussi noter qu'un Européen moyen consomme une puissance moyenne de 5 kW, alors qu'un Nord-Américain en consomme 11).

La sécurité des centrales nucléaires modernes est bonne et ne cesse de s'améliorer, ainsi que la transparence de l'information qui les concerne. L'accident de la centrale de Three Mile

Island, en 1979 aux États-Unis, n'a conduit à aucune dissémination de matière radioactive à l'extérieur du réacteur accidenté. Seules deux personnes ont été irradiées et les doses reçues n'étaient pas mortelles. Le seul accident vraiment grave est celui survenu à Tchernobyl en 1986. Il fut la conséquence d'une exceptionnelle accumulation d'erreurs humaines dans un réacteur dont la conception comportait de graves lacunes en matière de sécurité. Il a causé la mort de quelques dizaines de personnes et risque de provoquer quelques milliers de cancers parmi les intervenants au moment de la catastrophe et dans la population environnante[2]. Si tragique qu'il soit, cet accident est néammoins à comparer à d'autres drames survenus dans des mines de charbon, lors de la rupture de certains barrages ou de l'explosion de certaines usines chimiques telles que celle de Bhopal (20 000 morts).

Le problème principal du nucléaire n'est pas celui de sa sécurité mais celui des déchets générés par cette forme de production d'énergie. Ces déchets sont généralement classés en trois catégories :

— **Les déchets A** sont faiblement radioactifs et leur radioactivité décroît rapidement avec le temps. Dans les centrales nucléaires, ils sont constitués par tous les objets contaminés : gants, filtres, résines... Chaque réacteur produit environ 100 m^3 de déchets A par an. Ils sont placés dans les centres de stockage de la Manche et de l'Aube. Leur radioactivité résiduelle est comparable à la radioactivité naturelle au bout de 300 ans.

— **Les déchets B** sont moyennement radioactifs. Ils représentent 3 % de la radioactivité totale produite en France jusqu'à ce jour. À raison de 20 m^3 par réacteur et par an, leur volume a atteint 37 200 m^3 répartis en 97 500 colis en l'an 2000, et leur radioactivité cumulée est considérable, 89 millions de curies. Ils dégagent cependant peu de chaleur et ne présentent pas de problème pour la santé publique. Ils pourraient être enfouis dans une couche profonde de qualité géologique et tectonique analogue à celle d'argile étudiée au Laboratoire souterrain de Bure dans la Meuse. Toutefois, il y reste des problèmes à résoudre, qui nécessitent des études scientifiques complexes : protection des sites d'entreposage en attendant l'enfouissement profond, mise au point de conteneurs hermétiques à très long terme, choix d'un site susceptible de rester accessible tant que les mesures et les contrôles sont nécessaires, processus d'enfouissement progressif, réversible en cas de nouvelle découverte relative à la sécurité. L'entreposage des déchets B en surface ou en subsurface n'est pas suffisamment sûr au regard d'un certain nombre de risques tels que : événements climatiques extrêmes, détérioration due à l'évolution des déchets eux-mêmes comme des dégagements de gaz, action de l'humidité, déclenchements accidentels de dispositifs de sécurité, possibles incendies ou erreurs humaines, non-respect des consignes, malveillance, attentats, etc.

— **Les déchets C** proviennent du cœur des centrales et restent fortement radioactifs pendant des temps substantiels. En l'an 2000 en France, les déchets C cumulaient une radioactivité totale de 3 milliards de curies pour 8 300 colis correspondant à 1 500 m^3. Ils sont noyés dans une matrice vitrifiée, selon un procédé mis au point en France et adopté dans le monde entier. Ces verres C contiennent les résidus du retraitement du plutonium et de l'uranium : leurs produits de fission, d'autres actinides en quantité plus faible appelés « actinides mineurs », etc. Ils sont actuellement entreposés dans des puits et ces conditions d'entreposage sont bonnes, mais, si possible, il serait préférable de les enfouir en profondeur, comme les déchets B. Or, pour cela, il faudrait attendre que leur dégagement de chaleur ait suffisamment décru pour que les températures maximales soient sans risque pour la longévité des conteneurs. Certes, la température de ces déchets décroît rapidement au début parce que différents isotopes ont une durée de vie faible (plutonium 241 : 14 ans, curium 244 : 18 ans, strontium 90 : 28 ans, césium 137 : 30 ans, plutonium 238 : 88 ans, américium 241 : 433 ans). Mais à long terme la radioactivité reste importante, dominée par celle du plutonium 239 dont la durée de vie est de 24 100 ans. La mise au point de conteneurs fiables à très long terme nécessite des études approfondies qui ne semblent guère avancées, sauf peut-être en Suède. Par ailleurs, les connaissances actuelles sur la durée nécessaire au refroidissement des déchets C sont insuffisantes. Cette durée dépend évidemment du degré de retraitement que l'on fait subir aux déchets. Il pourrait s'agir de quelques décennies pour les UOX qui sont les combustibles usés à base d'oxydes d'uranium enrichi, provenant des réacteurs à eau pressurisée. Pour les MOX qui sont des mélanges d'oxydes d'uranium appauvri et de plutonium, cette durée serait plutôt de l'ordre du siècle. Dans l'immédiat, il semble à la fois prématuré d'enfouir les déchets C et urgent que les scientifiques concernés poursuivent les études nécessaires pour résoudre ce problème.

En matière de déchets, le principal problème est celui du plutonium. On a donc proposé[3] de mobiliser les compétences nécessaires sous forme d'un « Plan plutonium » au niveau européen. Les idées en discussion sont les suivantes :

— Afin de limiter la production de plutonium, il est souhaitable de le recycler dans le combustible lui-même. C'est ce que permet le « moxage » des réacteurs à eau sous pression : le combustible UOX est à base d'oxyde d'uranium enrichi en U235, alors que le combustible MOX incorpore du plutonium. Une voie intéressante est l'utilisation de réacteurs à neutrons rapides, de type Phénix ou Superphénix en France. Par an, en France, on fissionne environ 50 tonnes de matière fissile, ce qui produit 8 tonnes de plutonium (sans le moxage ce serait davantage). Les stocks français actuels sont de l'ordre de 240 tonnes. Si l'on remplaçait tous les réacteurs actuels par des réacteurs à neutrons rapides, on pourrait stabiliser ce stock de plutonium au lieu de le voir augmenter d'année en année, malheureusement au niveau de 800 tonnes, ce qui est beaucoup. Par ailleurs, la fiabilité des réacteurs à neutrons rapides n'est pas encore jugée suffisante. On sait en effet que, dans ces réacteurs, l'utilisation de sodium liquide comme fluide échangeur thermique a posé des problèmes techniques qui ont servi de prétexte à la décision politique d'arrêter Superphénix.

— Le physicien des particules Carlo Rubbia a proposé plusieurs idées intéressantes qui sont à l'étude. La première consiste à incinérer les déchets radioactifs réellement dangereux tels que le plutonium en les irradiant dans un réacteur couplé à un accélérateur de particules. Un tel réacteur, dit « hybride », serait particulièrement sûr car il fonctionnerait avec une quantité de combustible « sous-critique » (cela signifie que l'arrêt de l'accélérateur provoquerait l'arrêt spontané de la production de chaleur dans le réacteur). Ces réacteurs consommeraient de l'énergie, mais élimineraient le plutonium. Ils produiraient cependant d'autres éléments radioactifs, des actinides qu'il faudrait stocker à leur tour.

— Rubbia a aussi proposé d'utiliser le thorium 232 comme combustible, un élément plus abondant que l'uranium 235 dans la nature. Plus récemment, on a proposé d'incorporer ce thorium dans le combustible liquide de réacteurs à neutrons thermiques ; on brûlerait un peu de thorium, mélangé à de l'uranium 233 qui serait régénéré en permanence comme le plutonium dans les réacteurs à neutrons rapides actuels. Ce nouveau type de réacteurs produirait beaucoup moins de déchets. Pour une puissance totale de 60 GW, la production d'électricité nucléaire française totale, il suffirait d'un stock stable de 100 tonnes d'uranium 233 au lieu de 800 tonnes de plutonium dans la filière actuelle à l'uranium 235. Malgré leur intérêt potentiel, ces idées sont assez récentes et les problèmes techniques à résoudre sont tels que le développement éventuel d'une filière thorium n'est pas envisageable à court terme.

— Un effort de recherche important est évidemment à faire sur la séparation des déchets les plus nocifs. On devrait commencer par l'iode 129 et le technétium 99 avec l'ambition d'obtenir des résultats dès 2006 pour continuer évidemment ensuite avec tous les autres isotopes et aboutir à une solution du problème du plutonium à moyen terme.

— Une étude approfondie des matériaux susceptibles de confiner les corps radiotoxiques dans des environnements hostiles doit être faite de façon à fabriquer des conteneurs (clé à la fois de l'entreposage et du stockage), des matrices (*idem*) et des conditionnements, des barrières dites « ouvragées » contenant les conteneurs. Le stockage fait intervenir de nombreux processus qui relèvent de la chimie sous rayonnement, de la physicochimie du milieu artificiel du stockage, de la physique de la diffusion dans le milieu naturel, des sciences de la Terre telles que la géomécanique, etc.

— Les expériences dans le laboratoire souterrain de l'Est de la France ont pris un retard regrettable ; elles doivent être activement poursuivies et l'ouverture d'un laboratoire complémentaire dans un autre environnement géologique doit être envisagée. Certains pays comme la Suède possèdent des sites granitiques de très haute qualité et ont aussi progressé dans la mise au point de conteneurs particulièrement résistants.

— Un effort enfin doit être fait en matière de simulation numérique de ces problèmes dont la complexité est grande, tant le nombre de paramètres pertinents est lui-même élevé.

On notera par ailleurs que la production d'énergie par fusion nucléaire est sans doute intéressante d'un point de vue scientifique mais que son utilisation à grande échelle ne semble pas envisageable dans l'immédiat. Cette méthode a souvent été

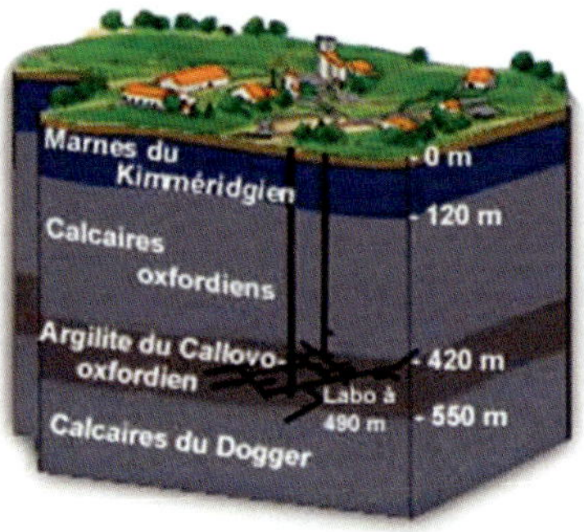

Figure 11.3 : Vue schématique du site du laboratoire de stockage de l'est de la France.

Figure 11.4 : Les conteneurs de déchets vitrifiés. Vue d'une coulée de verre à gauche et conteneur CSD-V à droite. Lors du retraitement, les produits de fission et les transuraniens sont « vitrifiés », c'est-à-dire incorporés dans un verre au borosilicate en fusion. Le mélange est coulé à 1 150 °C dans des conteneurs étanches en acier inoxydable appelés CSD-V (Conteneur standard de déchets vitrifiés). Leur hauteur est de 1,35 m, leur diamètre de 0,43 m, et leur volume utile de 150 litres. Le poids moyen d'un conteneur CSD-V est de 490 kg, soit 90 kg de conteneur et 400 kg de verre solide (dont 14 % de produits de fission). Un conteneur CSD-V correspond à environ 1,3 tonne de combustible retraité. Il se caractérise par un dégagement de chaleur important, en moyenne 2,5 kilowatts par conteneur, au moment de sa production. Les conteneurs sont entreposés en puits ventilés, pour leur refroidissement, sur les sites de production de Cogéma à La Hague et Marcoule.

présentée comme idéale parce qu'elle utilise deux isotopes de l'hydrogène, le deutérium (D) et le tritium (T) qui pourrait être produit à partir du lithium, lui-même abondant. En outre, les réserves sont inépuisables, ou parce que, sur le papier, la réaction de fusion

$$D + T \rightarrow {}^4He + n + 17{,}6 \text{ MeV}$$

ne produit pas de déchets radioactifs : l'hélium 4 est particulièrement stable et inerte[4]. Cependant, 14 des 17,6 MeV d'énergie dégagés par la réaction sont emportés par le neutron n, et la résistance des matériaux environnants à un flux intense de neutrons aussi énergétiques pose des problèmes de physique, de chimie et de sciences des matériaux qui sont extrêmement difficiles et ne semblent pas en voie de solution dans un avenir proche. Par ailleurs, une utilisation industrielle exigerait la fabrication et le stockage de quantités importantes de tritium. Comme chaque neutron produit par la réaction de fusion ne peut pas être capturé par un atome de lithium pour produire le tritium nécessaire, il faudrait par exemple utiliser un réacteur à fission pour le faire. En outre, le tritium est un gaz très léger et très radioactif, qui diffuse très facilement à travers tout matériau et, bien sûr, il est susceptible d'exploser au contact de l'air, comme l'hydrogène ordinaire. Enfin, il faudrait s'assurer que ce tritium ne pourrait être dérobé par des groupes incontrôlés afin de construire des bombes H. Réussir à contrôler un processus de fusion nucléaire en laboratoire est néammoins un problème scientifique et technique intéressant, qui mobilise de nombreux chercheurs dans le monde.

Énergies renouvelables : biomasse, solaire, éoliennes...

Peut-on sortir du dilemme réchauffement global-déchets nucléaires ? La première idée à mettre en œuvre est évidemment de faire des économies d'énergie. Le problème n'est pas le même dans des pays en voie de développement qui aspirent à une augmentation légitime de leur consommation et dans les pays développés qui gaspillent outrageusement leur énergie. On a déjà vu que le rendement des centrales thermiques standard pouvait être grandement amélioré. On devrait aussi entreprendre l'amélioration systématique du traitement des déchets. Par ailleurs, une isolation thermique systématique des habitations devrait permettre de faire de substantielles économies puisque, rappelons-le, le chauffage dans un pays comme la France représente un tiers de la consommation totale d'énergie ! Rappelons cependant que ventiler les habitations est indispensable sous peine de voir s'aggraver asthme et allergies, pour éviter aussi l'accumulation du radon, un gaz radioactif qui s'échappe en permanence du sol où que l'on soit sur Terre. En ce qui concerne les transports (un quart de la consommation d'énergie), une politique de développement des transports en commun aurait un impact non négligeable et la consommation des automobiles pourrait être susbtantiellement réduite, surtout si on limitait leur vitesse. Quant à l'éclairage (environ 12 % de l'énergie, 25 % de l'électricité), on peut aussi en améliorer considérablement le rendement. Une lampe fluorescente compacte moderne consomme 4 fois moins d'électricité qu'une lampe à incandescence traditionnelle : environ 60 lumens par watt électrique (60 lpw) contre 15 lpw pour une lampe ordinaire. À moyen terme, on prévoit d'utiliser les diodes électroluminescentes qui servent déjà à l'affichage lumineux et dont l'utilisation progresse pour les feux de circulation et sur les automobiles. Les diodes rouges ont un bon rendement, mais les diodes blanches actuelles ne sont pas encore très efficaces (environ 20 lpw) ; on espère toutefois atteindre 150 à 200 lpw vers 2010-2015. Là aussi, de substantielles économies d'énergie sont donc prévisibles si les progrès scientifiques confirment les espoirs actuels.

Qu'en est-il des sources d'énergie propre ? On parle beaucoup d'éoliennes. Une éolienne de grande taille (50 m de diamètre) peut générer une puissance maximale de 1 MW. Mais cette puissance correspond aux périodes de vent maximal. La puissance moyenne fournie n'est donc qu'un tiers de cette valeur. Pour produire 5 % seulement de l'énergie française, c'est-à-dire générer une puissance de 10 GW, il faudrait donc installer au moins 30 000 éoliennes géantes, surtout s'il fallait aussi transporter cette énergie loin des côtes ou la stocker, ce qui ne se ferait pas sans pertes. Les côtes sont en effet à la fois les endroits les plus ventés et ceux où le bruit de ces grandes machines serait le moins gênant. À raison d'une éolienne tous les 50 m, cela signifierait un rideau continu d'éoliennes sur 1 500 km de long et il paraît douteux que la population française soit prête à l'accepter. Il est donc difficile de croire que les éoliennes puissent représenter l'avenir énergétique de la France, mais on aurait tort de négliger la recherche en ce domaine et l'apport complémentaire de cette énergie pour des usages particuliers.

Les potentialités du solaire sont plus grandes. La Terre reçoit du Soleil un flux moyen de 340 W par mètre carré de surface au sol, dont environ 30 % sont réfléchis et 30 % absorbés par l'atmosphère. Selon leur latitude, les différents départements français reçoivent entre 100 et 200 W/m^2. C'est beaucoup. Il est important de savoir que, si l'on veut produire son eau chaude ou se chauffer à l'énergie solaire, au moins partiellement, il n'est pas nécessaire d'habiter dans le Sud, contrairement à certaines idées reçues. Cependant, si l'on veut transformer l'énergie solaire en énergie électrique, les pertes sous forme de chaleur sont importantes. Le rendement maximal théorique d'une photopile au silicium est de 25 %. Les meilleurs capteurs réalisés à ce jour avec du silicium monocristallin sont chers, difficiles à fabriquer et n'ont qu'un rendement de 12 %. Les capteurs au silicium polycristallin sont moins chers et ont un rendement de 10 %. L'avenir semble plutôt résider dans des dispositifs photovoltaïques obtenus en déposant un film mince semi-conducteur sur différents matériaux tels que des plastiques, des métaux ou du verre. Ces nouveaux matériaux ont l'avantage de pouvoir être incorporés directement dans la construction des habitations. Ils sont d'ores et déjà bon marché et leur coût baisserait évidemment encore s'ils étaient produits massivement. Mais leur rendement est d'environ 5 %. Pour produire 20 GW de puissance électrique, environ 10 % de la puissance totale consommée en France, il faudrait donc couvrir au moins 2 000 km^2 de capteurs de ce type, environ quatre millièmes du territoire, soit 30 m^2 par habitant. C'est encore plus que la surface totale des toitures françaises, mais un recours systématique à cette technologie pourrait apporter un complément utile aux autres sources d'énergie, surtout dans de nombreux pays en voie de développement, d'autant que son utilisation sur place éviterait les pertes dues au transport. Néammoins, cette énergie, qui n'est produite que le jour, aurait besoin d'être stockée. Il semble qu'une solution à ce nouveau problème qu'est le stockage serait l'hydrogène, qui est utilisable dans des piles à combustible (voir page suivante).

Qu'en est-il enfin de la biomasse ? On appelle ainsi l'ensemble des végétaux utilisables comme combustibles, tels que le bois ou différents alcools. Ils sont considérés comme « énergie renouvelable » à condition que l'on replante autant que l'on consomme. Les partisans de cette filière avancent que le CO_2 dégagé est ensuite refixé (à condition toujours que l'on replante les végétaux consommés). De plus, le bois est évidemment facile à stocker, ce qui en fait une source d'énergie surtout utilisée dans les pays en voie de développement (mais ces pays replantent-ils ?). En fait, un raisonnement de physique simple remarque d'abord que ce procédé utilise l'énergie solaire nécessaire à la photosynthèse. Le calcul de son rendement prouve que celui-ci est malheureusement très faible, inférieur à 0,5 %. Les cultures sucrières, qui sont les plus productives en énergie biochimique, fournissent seulement l'équivalent de 0,6 W/m^2. Les perspectives de la biomasse sont donc très limitées. L'homme l'utilise surtout pour son alimentation. Or, un homme consomme en moyenne 2 700 kilocalories par jour, soit 130 W de puissance, ce qui est faible par rapport à sa consommation totale d'énergie (2 kW en moyenne mondiale, 5 kW en Europe, 11 kW aux États-Unis[5]). Il semble douteux, dans ces conditions, que la biomasse puisse remplacer les sources principales d'énergie. On voit en effet qu'il faudrait consacrer à la culture de biocarburants une surface environ 20 à 100 fois plus grande que la surface actuellement consacrée à l'alimentation pour subvenir aux besoins énergétiques de la planète. La biomasse ne sera jamais qu'un complément énergétique. De plus, le développement d'une telle filière ne serait pas sans risque de dégagements importants de méthane provenant de la fermentation, ou d'utilisation abusive d'engrais qui présentent d'autres inconvénients pour l'environnement : on sait que l'approvisionnement en eau potable sera sans doute un problème majeur pour le siècle à venir.

Une solution d'avenir pour le stockage et les transports : les piles à combustible

Figure 11.5 : Un téléphone portable à micropile à combustible avec son réservoir de méthanol amovible, et le prototype Honda FCX-V3 équipé d'un réservoir d'hydrogène sous pression.

Les problèmes de l'énergie ne se limitent pas à la production ou à la consommation. Il faut aussi la stocker et la transporter, soit parce que les sources sont éloignées des lieux de consommation, soit parce que, bien sûr, les véhicules (automobiles, avions...) doivent généralement embarquer leur combustible. Le problème des transports a été résolu au XXe siècle à l'aide du pétrole, à la fois source d'énergie et moyen de stockage, ainsi que du moteur à explosion, moyen relativement efficace de transformation en énergie mécanique. Il est impératif de trouver d'autres solutions pour le XXIe siècle. Le pétrole présentait beaucoup d'avantages, même s'il ne faut pas oublier différents désastres écologiques provoqués par le naufrage de superpétroliers. Dans un avenir sans pétrole, quel carburant nos automobiles et nos avions pourront-ils embarquer ? Les batteries électriques classiques sont lourdes. Leur capacité par unité de masse est limitée : 35 Wh par kg pour une batterie au plomb, 150 Wh par kg pour les meilleures batteries, dites « lithium-ion » qui utilisent le plus léger des métaux. Or, ces limites sont infranchissables parce qu'elles sont liées à l'intensité des forces électromagnétiques dans la matière. Il ne semble donc pas possible de faire sensiblement mieux, sauf en utilisant l'hydrogène. L'électrolyse inverse de l'eau peut en effet consommer de l'hydrogène en produisant de l'électricité. C'est le principe des « piles à combustible ».

Figure 11.6 : Module de pile à combustible de type PEM, de 1 kW.

Ce principe a été découvert par Grove en 1839, lorsqu'il s'est aperçu que sa cuve à électrolyse, constituée de deux électrodes de platine plongées dans l'acide sulfurique, pouvait fonctionner de manière réversible : l'hydrogène apporté à l'anode et l'oxygène de l'air capturé à la cathode se recombinaient pour former de l'eau en produisant une tension électrique de l'ordre du volt. Le véritable démarrage de ces piles date cependant de 1960, lorsque General Electric construisit pour le programme spatial Gemini une pile à polymère électrolyte solide de 1 kW.

De nombreux progrès ont été réalisés depuis, en particulier grâce à la mise au point de la membrane Nafion par Dupont de Nemours. Cette membrane réalise un excellent milieu semi-perméable indispensable à ces piles, qui laisse passer les ions H^+ mais pas les électrons. Mais il reste encore d'énormes progrès à accomplir pour améliorer les rendements, la fiabilité, le refroidissement, etc.

Il existe de nombreux types de piles à combustible (voir tableau) qui se classent en deux catégories principales : les piles qui fonctionnent à basse température, typiquement entre 50 et 130 °C, et les piles à haute température (650 à 1 000 °C). Les piles à polymère acide PEMFC sont les plus répandues ; elles ont été choisies pour la quasi-totalité des générateurs mobiles car elles sont très compactes, capables de fournir plus de 1 kW par kg.

Type de pile	Électrolyte	T (°C)	Domaine d'utilisation
Alcaline (AFC)	Potasse (liquide)	80	Espace, transports Gamme : 1-100 kW
Acide polymère (PEMFC)	Polymère (solide)	60-120	Portable, transports, stationnaire Gamme : 10 MW-250 kW
Acide phosphorique (PAFC)	Acide phosphorique (liquide)	200	Stationnaire Gamme : 200 kW-10 MW
Carbonate fondu (MCFC)	Sels fondus (liquide)	650	Stationnaire Gamme : 200 kW-10 MW
Oxyde solide (SOFC)	Céramique (solide)	700-1 000	Stationnaire, transports Gamme : 1 kW-1 MW

À échéance de quelques années seulement, on devrait donc voir les batteries classiques remplacées par des piles à combustible sur les téléphones et les ordinateurs portables. Les constructeurs automobiles ont déjà investi massivement dans la mise au point de véhicules électriques ou mixtes utilisant des piles à combustible. Le rendement d'un moteur électrique alimenté par une telle pile est nettement supérieur à celui d'un moteur Diesel, surtout à faible charge. Ces piles sont en cours d'expérimentation dans les transports en commun où le problème de poids est moins crucial. En particulier, 27 bus expérimentaux équipés de piles à combustibles circulent dans 9 villes européennes depuis 2003. L'Islande entend remplacer l'ensemble de son pétrole par de l'hydrogène dès 2030. On serait donc tenté de considérer que la pile à combustible résout le problème des transports s'il ne fallait se demander aussitôt d'où vient l'hydrogène lui-même.

Actuellement, l'hydrogène est essentiellement produit par traitement chimique de combustibles fossiles liquides ou gazeux, ce qu'on appelle le « réformage ». Par kWh fourni, il est cependant 2 à 20 fois plus cher que le gaz naturel selon la façon dont il est pressurisé ou même liquéfié. Tant que l'on disposera de pétrole et de gaz, le procédé dominant sera sans doute ce réformage, à condition que l'on améliore considérablement les coûts de production, en particulier celui de la nécessaire capture du CO_2 que ce réformage émet. Si l'on dispose d'électricité, on peut aussi produire de l'hydrogène par électrolyse de l'eau. Ce serait un bon moyen de stocker l'énergie produite aux heures creuses par les centrales nucléaires, les panneaux solaires ou les éoliennes. On voit néammoins que l'hydrogène n'est pas une nouvelle source d'énergie, mais plutôt un futur moyen de stocker et de transporter l'énergie, particulièrement adapté aux transports.

Parmi les autres problèmes que les scientifiques auront à résoudre, on trouve celui du stockage de l'hydrogène lui-même. On songe à l'injecter dans des puits ou dans des mines. Sous haute pression, ce n'est pas facile dans de grands volumes, mais les voitures ou les bus pourront transporter des cylindres en matériaux composites légers qui contiendront de l'hydrogène à 700 bars, de quoi leur fournir une autonomie de plusieurs centaines de kilomètres. Sous forme d'hydrures métalliques, cela pèse trop lourd et ce n'est pas très efficace (il faut aussi extraire l'hydrogène en chauffant). On peut aussi le transformer en un composé chimique riche tel que le méthanol. De fait, de nombreuses piles à combustible fonctionnent déjà au méthanol. Toutefois, alimenter une pile avec du méthanol produit alors du CO_2 (et même parfois du monoxyde CO qui est toxique) et l'on se retrouve, sauf capture de ce CO_2, face aux problèmes du réchauffement de la planète...

Enfin, l'hydrogène étant un gaz inflammable, qui peut même exploser spontanément s'il est mélangé à l'air dans les proportions voulues, les scientifiques auront à démontrer que son utilisation à grande échelle est sans danger, mais cette réticence semble surtout psychologique, car l'essence elle-même est hautement inflammable et son utilisation n'est pas pour autant remise en cause. Cela confirme qu'aucune solution technologique n'est exempte d'inconvénients mais qu'en même temps, à l'heure des choix, les décisions devront être prises à la lumière de bilans coûts-avantages très étayés, bilans dans l'élaboration desquels la recherche scientifique de pointe aura son mot à dire.

La recherche en sciences des matériaux, omniprésente

Il serait aventureux de prétendre que l'on connaît, en ce début de XXIe siècle, la solution à l'un des problèmes majeurs de la fin du XXe siècle, celui de l'énergie. Il est désormais avéré que si nous ne modifions pas radicalement nos sources et nos modes de consommation d'énergie, l'activité humaine va dégrader le climat de manière irréversible. C'est un véritable défi pour les scientifiques que de trouver des solutions le plus rapidement possible puisque cette dégradation est amorcée et que toute modification de nos technologies n'aura d'effet qu'avec un certain retard. Mais, d'une part, les solutions à trouver ne pourront pas être les mêmes dans des pays de niveaux économiques ou de conditions climatiques ou géographiques différents, d'autre part, aucune des solutions envisagées actuellement n'est exempte de difficultés à résoudre.

Il est frappant de constater qu'un effort considérable en science des matériaux sera nécessaire pour résoudre les problèmes évoqués ci-dessus : tenue sous irradiation des conteneurs de déchets radioactifs, retraitement de ces déchets en particulier du plutonium, stabilité mécanique à long terme du sous-sol géologique, membranes et électrolytes solides pour piles à combustible, nouveaux matériaux semi-conducteurs pour diodes électroluminescentes ou pour panneaux solaires, matériaux pour turbines haute température, etc. Par ailleurs, imaginer des procédés économes est plus que jamais à l'ordre du jour, qu'il s'agisse de transports, de procédés industriels, d'isolation thermique, d'éclairage, etc.

Nous n'avons pas la place de considérer ici les recherches en cours sur les lits de charbon fluidifiés, les puits de carbone, les pompes à chaleur, etc. Une chose est cependant certaine : les physiciens ont matière à réfléchir, inventer, optimiser, en liaison avec les chimistes, les géologues, les mécaniciens et bien sûr tous les ingénieurs concernés par ces technologies en constante évolution. Sans leur concours, la société ne trouvera pas de solution au problème majeur qu'elle vient de se poser.

Chiffres et ordres de grandeur

— **Joule** (abréviation J) : unité internationale d'énergie. L'énergie existe sous différentes formes convertibles entre elles avec des rendements variables : chaleur, travail, énergie potentielle ou cinétique, électrique, chimique, nucléaire, etc. Sur Terre, pour soulever de un mètre une masse de 1 kg, il faut fournir un travail de 9,8 J.

— **Watt** (abréviation W) : unité internationale de puissance. L'activité interne du corps humain dégage une chaleur d'environ 100 W, c'est-à-dire 100 Joules par seconde. Un athlète de haut niveau peut fournir 400 W pendant quelques heures. Au niveau du sol en Europe, on reçoit en moyenne du Soleil entre 100 et 200 W par mètre carré. Compte tenu de leur rendement, il faudrait environ 300 m^2 de panneaux solaires à chaque Européen pour assurer en moyenne ses besoins en énergie.

— **Kilowatt** (abréviation kW) : 1 kW = 1 000 W = 10^3 W. En moyenne, un Européen consomme actuellement 5 kW contre 11 kW pour un Nord-Américain, 1 kW pour un Chinois, beaucoup moins dans beaucoup d'autres pays.

— **Kilowattheure** (abréviation kWh) : unité courante d'énergie. Une puissance d'un kW consommée pendant une heure, c'est une consommation d'énergie d'un kWh, de sorte que le kWh vaut 3,6 10^6 J. Actuellement en France, le kWh revient à environ 6 centimes d'euro s'il est produit à partir de combustibles fossiles, 4 centimes d'euro s'il provient d'une centrale nucléaire, 13 centimes d'euro pour le solaire.

— **Mégawatt** (abréviation MW) : 1 MW = 10^6 W. C'est la puissance maximale que peut fournir une éolienne de 50 m de diamètre en période de vent fort. Même un rideau compact de 100 000 éoliennes réparties sur 5 000 km de côtes ne pourrait pas fournir plus de 100 GW, c'est-à-dire la moitié des besoins en énergie de la France.

— **Gigawatt** (abréviation GW) : 1 GW = 10^9 W. C'est la puissance typique d'une grande centrale thermique ou d'un réacteur nucléaire. Les 59 réacteurs français fournissent environ 63 GW électriques, 39 % des besoins énergétiques de la France, et 80 % de ses besoins en électricité.

— **Tep** (tonne d'équivalent pétrole). Quantité de combustible nécessaire pour fournir la même énergie que la combustion d'une tonne de pétrole. En principe, 1 tep = 42 GJ = 11 620 kWh. C'est sa définition officielle et, en 1990, la consommation mondiale d'énergie était de 8,8 Gtep par an. Mais ces 42 GJ correspondent à l'énergie thermique fournie en brûlant une tonne de pétrole. S'il s'agissait de produire des kWh électriques, il faudrait brûler davantage de pétrole puisque le rendement moyen d'une centrale thermique n'est pas parfait. Certains utilisent donc parfois une autre équivalence : 1 Tep = 4 500 kWh électrique.

— **Becquerel** (abréviation Bq) : 1 Bq est la radioactivité correspondant à une désintégration par seconde. C'est une unité très faible, adaptée à la mesure de la radioactivité naturelle. Par exemple, le corps humain a une radioactivité d'environ 100 Bq par kg, soit 8 000 Bq pour un individu de 80 kg. Les deux tiers de cette radioactivité sont dus au potassium 40 qui se trouve dans les os, le reste au carbone 14. Un litre de lait a une radioactivité de 80 Bq, 1 kg de café 1 000 Bq, 1 kg d'engrais phosphaté 5 000 Bq, 1 kg de granit 8 000 Bq, un détecteur d'incendie 30 000 Bq et 1 kg de minerai d'uranium 25 millions de Bq.

— **Curie** (abréviation Ci) : ancienne unité qui est beaucoup plus grande que le becquerel (1 Ci = 3,7 10^{10} Bq). 1 Ci est la radioactivité d'un gramme de radium 226, dont la durée de vie est de 1 600 ans (cela signifie qu'en 1 600 ans, la radioactivité du radium décroît de moitié). En radiothérapie dans les hôpitaux, on utilise des sources au cobalt 60 dont la radioactivité vaut 4 000 Ci. Il y en a 15 en France.

— **Gray** (abréviation Gy) : unité de dose radioactive absorbée égale à 1 J/kg.

— **Sievert** (abréviation Sv) : dose d'irradiation absorbée par les tissus vivants. C'est un gray pondéré selon la nature de la radiation car les effets biologiques en dépendent. La radioactivité naturelle est très variable en France selon les régions, plus importante dans les régions granitiques, telles que le Massif central ou la Bretagne, qu'ailleurs. Tout compris (radioactivité du sol, rayons cosmiques [soleil, étoiles, galaxies], respiration de radon, radioactivité interne du corps humain et ingestion d'aliments), la dose moyenne de radioactivité naturelle que l'on reçoit par an est d'environ 0,001 Sv = 1 mSv. C'est la limite légale admise pour le public. Une radio des poumons ou des dents représente environ 0,1 mSv. Un séjour d'un mois à 2 000 m d'altitude représente 0,05 mSv et un vol de 5 heures en avion 0,007 mSv.

À des niveaux d'irradiation aussi faibles, aucune augmentation de la probabilité de cancer n'est détectable. C'est seulement à partir de 50 mSv par an que l'on peut détecter une augmentation de la probabilité de cancer. Une dose de 1 000 mSv reçue en une fois (en quelques heures) provoque des nausées passagères et une baisse temporaire du nombre de globules blancs. Une irradiation cumulée de 10 000 Sv = 10^4 Sv en quelques heures est une dose entraînant la mort en quelques semaines. Il faut enfin retenir que l'effet des radiations est un phénomène à seuil qui n'est pas linéaire, c'est-à-dire pas proportionnel à la dose reçue. Une irradiation faible est apparemment inoffensive, en raison des mécanismes de réparation spontanée de l'ADN dans nos cellules. Par exemple, au Kerala, la radioactivité naturelle atteint 20 mSv/an, 20 fois plus que la moyenne ailleurs, sans provoquer une mortalité supérieure. La radioactivité rejetée par l'usine de retraitement de La Hague représente 0,01 mSv/an. Des expériences sur l'animal n'ont pas montré d'incidence du rayonnement jusqu'à 200 mSv/an.

NOTES

1. Ces chiffres varient considérablement selon les sources, chacun n'utilisant pas la même définition de la tonne d'équivalent pétrole, et certains ne comptabilisant que l'énergie commercialisée, d'autres confondant puissance installée et puissance effectivement produite. Nous reproduisons ici ceux que l'on peut trouver sur le site de la Société française de physique (http://sfp.in2p3.fr/Debat/debat_energie) et qui utilisent une ancienne équivalence entre énergie électrique disponible et énergie chimique produite par la combustion du pétrole. Avec la définition officielle de la tep, la part du nucléaire est deux fois plus faible. On trouvera une utile discussion de ces équivalences sur le site de Jean-Marc Jancovici, qui a été président du comité consultatif du débat national sur l'énergie : http://www.manicore.com/documentation/equivalences.html.

2. En fait, ces estimations sont très difficiles à chiffrer, certains prédisant quelques centaines alors que d'autres vont jusqu'à environ 20 000. L'incertitude provient principalement du fait qu'une irradiation ne provoque l'apparition d'un cancer qu'à partir d'un certain seuil. Bien que l'existence de ce seuil ne fasse aucun doute, sa valeur exacte est mal connue. Mais les données sur l'irradiation elle-même sont connues avec une très

grande précision grâce aux instruments de physique qui sont extrêmement sensibles.

3. Voir, par exemple, le rapport récent de l'Académie des sciences « L'énergie nucléaire civile dans le cadre temporel des changements climatiques », Robert Dautray, Tec et Doc, Paris, décembre 2001.

4. Certains présentent même la fusion comme « l'énergie du Soleil » donc « bonne », un argument sans aucune rigueur ; de plus, dans le Soleil, la réaction est différente ($H + H \rightarrow D$) et irréalisable sur Terre.

5. C'est l'occasion de remarquer qu'à une époque où la source première d'énergie était l'esclavage humain, chaque esclave fournissait environ 200 W de puissance crête, 100 W en moyenne journalière. Chaque Européen moyen actuel consomme donc la puissance que fourniraient 50 esclaves (chaque Américain du Nord, environ 110 esclaves).

CHAPITRE 12

Physique et technologie : l'exemple de la microélectronique

Pour l'homme du XXe siècle, la physique a été une grande pourvoyeuse d'inventions technologiques qui ont profondément bouleversé la vie quotidienne : le transistor, élément fondateur de l'omniprésente microélectronique, le laser du *Compact Disc* et des télécommunications optiques, l'énergie nucléaire sont tous directement issus du bouleversement des connaissances physiques entamé au début de ce siècle. Mais qu'en est-il aujourd'hui ? Maintenant que nous avons intégré tous ces changements révolutionnaires dans les manuels des étudiants ingénieurs, pouvons-nous compter sur le développement naturel de la technologie et sur les découvertes d'autres domaines de la physique pour produire les avancées du siècle prochain ? Nous allons illustrer par l'exemple de la microélectronique l'interaction fructueuse entre physique et technologie, et comment se préparent de nouvelles révolutions. Nous montrerons également comment la révolution de la microélectronique affecte tout le processus du progrès technologique, en prenant l'exemple des instruments scientifiques fondés sur les lasers ultrabrefs.

La microélectronique

UN PEU D'HISTOIRE

La technologie des circuits intégrés modernes repose sur le composant CMOS, acronyme signifiant « *complementary metal oxyde semiconductor* ». Il s'agit de paires de transistors à effet de champ où la grille métallique est isolée du semi-conducteur par une couche d'oxyde de silicium. Ce n'est pas le premier transistor qui ait fonctionné ; ce titre revient au transistor à pointes présenté en 1948 par les laboratoires de Bell Telephone, suivi de près par le transistor dipolaire. Mais c'est le premier qui ait été inventé, car il est fondé sur un principe physique simple, et même si sa mise au point a été difficile, cette simplicité est responsable de son extraordinaire succès.

Entre 1920 et 1930, plusieurs physiciens (les futurs prix Nobel Schottky, Mott et Pohl) découvrent que l'on peut repousser les électrons de la surface de certains matériaux (les semi-conducteurs) en y appliquant un potentiel électrique : c'est la zone de charge d'espace. Dès cette première découverte, la communauté des physiciens prend conscience que cet effet physique pourrait bouleverser l'électronique alors fondée sur les tubes à vide : il suffirait (tout est dans ce conditionnel !) de placer cette zone de charge d'espace entre deux contacts électriques et l'on pourrait contrôler le courant qui passe entre ces deux contacts, comme un pied qui écrase un tuyau contrôle le flux entre le robinet (la *source*) et la lance d'arrosage (le *drain*). Cette zone de charge d'espace ayant des dimensions typiques de l'ordre de 100 microns (0,1 mm), correspondant à un volume actif de 10^{-6} cm^{-3} (un millionième de centimètre cube), les physiciens envisagent un gain en volume de l'ordre de 1 million par rapport aux tubes pour la même fonction. La quête de cette *valve électronique* n'aboutira que vers les années 1960, avec la découverte du CMOS.

Les efforts les plus importants et les percées les plus fondamentales seront réalisés entre 1940 et 1950. D'une part, conscient du caractère stratégique de ces valves électroniques pour son effort de guerre (pour le radar avant tout), le gouvernement américain consacre un budget énorme à la purification de semi-conducteurs simples (germanium et silicium). D'autre part, et de façon corrélée, la société ATT (qui finance les célèbres laboratoires de recherche fondamentale Bell Labs) comprend que les réseaux de télécommunications ne pourront se développer sans le remplacement des tubes à vide par des composants solides microscopiques, pour des raisons de taille et de fiabilité. Cet effort conduit à la découverte intermédiaire du transistor à pointes (puis du transistor bipolaire) par Brattain, Shockley et Bardeen en 1947-1949, qui leur vaudra le prix Nobel. Mais l'analyse des pionniers reste valide : pour des raisons de physique fondamentale, seul un transistor fondé sur la structure metal-oxyde-semi-conducteur (MOS) peut conduire à des composants intégrables, c'est-à-dire que l'on peut mettre en très grand nombre sur une même surface. Il faudra pour faire de cette idée une réalité maîtriser non seulement la physique du semi-conducteur, mais celle encore plus subtile de son interface avec un autre matériau, l'oxyde de silicium (silice). Triomphant dans cette compétition entre équipes de recherche du monde entier, la société IBM met au point une combinaison de deux transistors métal-isolant-semi-conducteur et démontre les vertus de cette structure : très faible consommation d'énergie, excellente fiabilité due à un principe plus simple que les solutions concurrentes, *facteur d'échelle* extrêmement favorable : chaque diminution d'un facteur 2 de la dimension de cette structure conduit à une augmentation d'un facteur 8 de ses performances. Sans ce progrès, l'unité de calcul qu'il aurait fallu réaliser vers 1978 pour mettre au point l'imagerie médicale IRM aurait eu un volume de l'ordre de celui de l'Arc de triomphe et serait tombée en panne toutes les millisecondes !

Depuis lors, la filière à transistors CMOS est la seule de la microélectronique industrielle. Sa réalisation n'a pas été le fruit du hasard mais le résultat d'une mise à contribution cohérente de nombreux secteurs de la physique : physique quantique du solide, physique des matériaux, optique, physique du calcul... Réciproquement, cet effort technologique a été une force motrice des progrès de la physique depuis 50 ans. On estime à plusieurs centaines le nombre de publications clés à l'origine de sa maîtrise et de sa compréhension. Le nombre de chercheurs qui y a participé est de l'ordre de plusieurs dizaines de milliers. Le chiffre d'affaires de l'industrie des seuls semi-conducteurs dépasse les 100 milliards d'euros par an, tandis que l'industrie électronique qui en est directement issue représente 1 000 milliards d'euros en 2001. Les conséquences sociétales sont considérables : Internet et la société de l'information en sont un exemple. Il y en a d'autres

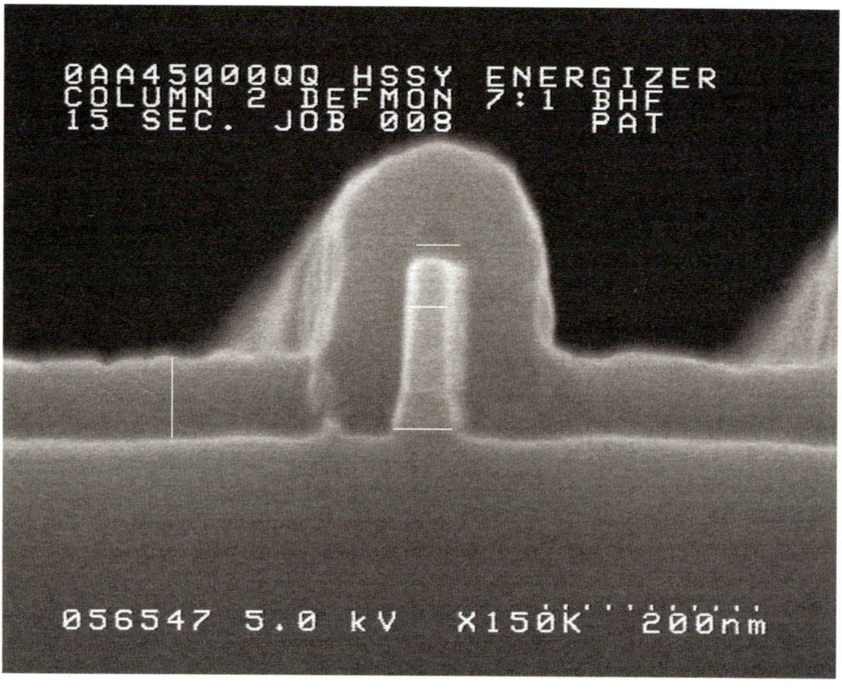

Figure 12.1 : Vue en coupe au microscope électronique d'un transistor de microprocesseur du début des années 2000 : la zone active a un volume de 10^{-3} microns^3 (10^{-15} cm^3).

moins bien chiffrés mais tout aussi impressionnants, notamment dans le domaine des technologies médicales : sans la microélectronique, il n'y aurait jamais eu d'imagerie RMN...

LE CMOS : UNE RÉVOLUTION PERMANENTE

Comme on l'a déjà dit, l'une des vertus cardinales du transistor CMOS est son facteur d'échelle extrêmement favorable. Par *facteur d'échelle*, on entend la manière dont certaines caractéristiques du composant, comme la puissance électrique consommée ou la vitesse de fonctionnement, évoluent lorsqu'on diminue sa dimension. Les gains compétitifs obtenus par l'industrie lors de la diminution de taille des CMOS (fig. 12.2) sont tels que les efforts énormes de recherche exigés à cet effet n'ont jamais été ni ralentis ni reportés.

Il faut savoir que chaque gain dans les performances des circuits intégrés conduit à des percées révolutionnaires que

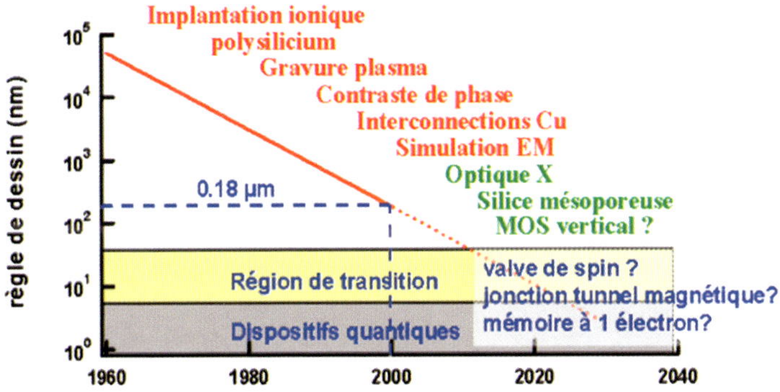

Figure 12.2 : Évolution de la taille des grilles de transistor (exprimées en nanomètres, c'est-à-dire en millionièmes de millimètre) dans les circuits intégrés (CI), depuis l'invention du CMOS. Chaque fois qu'une limitation physique a menacé d'empêcher de suivre la loi exponentielle de Moore, une percée scientifique et technique (indiquée en face de la taille correspondante) a permis de suivre cette courbe. Certaines possibilités de percées futures sont également indiquées.

tout le monde peut constater : des fonctions impensables dans une filière technologique donnée (par exemple, battre un grand maître aux échecs) deviennent réalisables dans la filière suivante, avec les apports concomitants des autres domaines des sciences, comme la logique ou l'algorithmique. Cette tendance s'exprime de façon quantitative par une loi empirique (dite « loi de Moore », du nom d'un des directeurs de la société Intel) : la performance des composants CMOS augmente d'un facteur 2 tous les 18 mois. Aucun autre domaine de l'activité humaine ne présente une telle augmentation *exponentielle au sens strict* de performance (et ce depuis près de 40 ans !). Cette vitesse de progression est en partie déterminée par les cycles économiques — par exemple, la nécessité d'exploiter une génération d'unités de fabrication pendant un temps suffisant pour amortir son coût. Mais à chaque fin de cycle la physique a été au rendez-vous : les avancées scientifiques et technologiques nécessaires à la nouvelle progression s'étaient produites entre-temps.

La figure 12.2 illustre cette évolution avec les principales percées que la physique et la technologie ont dû réaliser au cours des 40 dernières années pour se soumettre à cette loi empirique. Ainsi, la loi de Moore se présente comme une *force motrice de la recherche*, une attitude librement consentie par les acteurs industriels et gouvernementaux, qui devrait, comme l'indique la figure 12.2, se prolonger jusque vers 2015.

Parmi les percées majeures en physique qu'il sera nécessaire de réaliser pour satisfaire à cette loi, citons :

— *de nouvelles sources optiques pour la lithographie* : il faudra contrôler les dimensions des composants à des échelles de l'ordre de 10 nm (1/1 000 000 de centimètre) sur des distances de plusieurs dizaines de centimètres. Déjà, un effort de recherche à l'échelle mondiale a débuté pour réaliser des sources optiques très lumineuses dans le domaine des ultraviolets lointains et des rayons X. Parmi les sources les plus prometteuses, celles obtenues par interaction entre des lasers de très forte énergie et des cibles rayonnantes (agrégats d'atomes, vapeurs métalliques...) dépendent de la recherche sur les lasers et les interactions plasma-laser ;

— *les nouveaux matériaux :* la microélectronique a toujours nécessité des efforts de recherche importants dans le domaine des matériaux. Les prochains enjeux sont l'obtention de conducteurs présentant des résistances électriques très faibles (mieux que le cuivre actuel), d'isolants présentant au contraire une résistance aux fuites des électrons plus importante que la silice actuelle (diminution de l'effet tunnel), des permittivités électriques plus faibles (silice mésoporeuse,...), etc. ;

— *la résolution de la crise de l'interconnexion :* la figure 12.3 montre un exemple d'architecture d'interconnexions à 11 niveaux métalliques. La difficulté pour connecter entre eux des milliards de transistors sur une même puce sera un des problèmes majeurs de la microélectronique. *C'est l'un des seuls pour lequel on ne voit pas encore de solution.* Rappelons comment la nature a résolu très élégamment ce problème immense : dans le cerveau humain, les neurones ne sont pas interconnectés à la naissance. Cette interconnexion se fait spontanément sous l'influence des stimuli extérieurs (les axones poussent comme des branches d'arbres et s'interconnectent) pendant les phases de développement initial du cerveau.

L'APRÈS-CMOS

Déjà, les jours de la structure CMOS actuelle sont comptés. Sa mort est annoncée pour les années 2015 (fig. 12.2). Après 10 ans de recherches programmées (financées par les grands programmes européens, japonais, américains) une structure intermédiaire — le CMOS vertical — semble se dégager. Elle présente un grand nombre de défis à résoudre. Parmi ceux dévolus aux physiciens, on compte la maîtrise d'un petit nombre d'électrons (quelques centaines) avec la même fiabilité que lorsqu'on en manipulait quelques millions, et la prise en compte de phénomènes de nature quantique liés aux très petites dimensions. Pour l'après-2025, de nombreuses technologies plus ou moins futuristes ont été proposées (électronique de spin, électronique moléculaire, nanotubes de carbone...). Ces filières tentent toutes d'exploiter un phénomène de commutation, mais si l'on se réfère à l'histoire du CMOS, aucune n'a encore dépassé la situation de 1930. Il faut pourtant croire que l'une d'entre elles, ou une autre encore à inventer, permettra de relever le défi de l'après-2025 si l'on veut aboutir à l'omniprésence annoncée de l'électronique dans les objets de tous les jours, chaque pièce de matériau technique contenant des circuits le rendant « intelligent ».

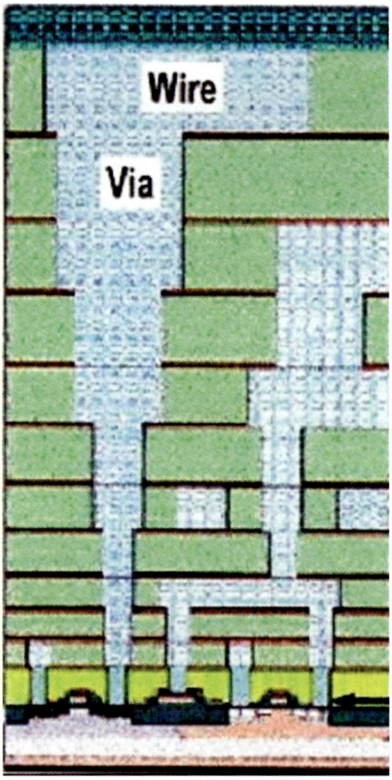

Figure 12.3 : Vue en coupe des interconnexions à 11 niveaux dans un circuit intégré complexe de plusieurs dizaines de millions de transistors. La difficulté de réalisation (et donc le prix des circuits intégrés) dépend approximativement exponentiellement du nombre de niveaux d'interconnexions. Aucune solution n'est en vue pour les circuits à plusieurs dizaines de milliards de transistors.

Les instruments physiques

UN EXEMPLE : LA QUÊTE DE L'INFINIMENT BREF

Repousser toujours plus loin les limites de ce qui est observable et mesurable et le champ dans lequel on peut faire des expériences constitue une quête permanente des physiciens depuis l'invention — aux XVIe et XVIIe siècles — du microscope, de la lunette astronomique, de l'horloge. Au cours des années 1980, la microscopie s'est affranchie des limitations liées à la longueur d'onde de la lumière utilisée (une fraction de micromètre pour la lumière visible) grâce à l'invention de la microscopie en champ proche, dont le précurseur, le microscope à effet tunnel, a valu le prix Nobel à ses inventeurs Gerd Binnig et Heinrich Rohrer. Il est devenu possible de voir et de manipuler des atomes individuels, la résolution du microscope ayant dépassé le nanomètre. On notera que du côté des longueurs astronomiques, les progrès de l'interférométrie et de l'optique adaptative ont permis les premières observations de planètes en dehors du système solaire.

Les instruments pour l'infiniment bref ont eux aussi progressé de manière fulgurante à la fin du XXe siècle. Les lasers à impulsions ultracourtes produisent des flashes de lumière contenant moins de trois périodes d'oscillation électromagnétique (10 femtosecondes pour la lumière dans le proche infrarouge). Dans le domaine ultraviolet, on a franchi la barre de la femtoseconde (10^{-15} s) et on compte désormais en centaines d'attosecondes (10^{-18} s).

Ces avancées profondes concernent ce que l'on peut appeler le « temps de l'ingénieur », c'est-à-dire un temps contrôlable. En fait, des temps très courts apparaissent depuis longtemps en physique, par exemple lorsqu'on cite la durée de vie de certaines particules élémentaires. Mais, s'ils existent comme paramètres physiques, ils ne sont pas du domaine du temps contrôlé. On ne peut pas dire à la particule : « désintègre-toi dans 10^{-25} secondes ! » Le temps contrôlé, celui de l'ingénieur, a été pendant longtemps limité au domaine des radiofréquences, avec une limite de l'ordre de la dizaine de picosecondes (10^{-11} s). Les progrès des lasers nous donnent aujourd'hui accès au domaine des femtosecondes qui est celui des phénomènes élémentaires dans les réactions chimiques. On envisage aujourd'hui d'observer les mouvements moléculaires, comme l'imagerie ultrasonore ou IRM nous permet d'observer les organes du corps en fonctionnement. Demain, peut-être, de nouvelles techniques d'imagerie biologique verront le jour. Aujourd'hui déjà, grâce aux méthodes de contrôle cohérent par laser, on commence à savoir forcer la molécule A à se combiner avec l'atome B en passant par l'état intermédiaire A*, réalisant ainsi le concept du Démon de Maxwell capable de s'affranchir du désordre thermique en choisissant les molécules adéquates : un rêve pour l'ingénieur chimiste.

Avec les temps courts, apparaissent les puissances extrêmes. Un laser dont la dimension est aujourd'hui celle d'une table de salle à manger peut émettre un millième de Joule en 10 femtosecondes. La *puissance instantanée*, pendant le temps très bref d'émission, vaut 100 gigawatts, quasiment la puissance électrique moyenne consommée en France. Avec une installation correspondant à un laboratoire de taille moyenne, on peut multiplier ce niveau par un facteur mille (fig. 12.4). Comme pour tout laser, cette puissance peut être concentrée sur des dimensions de quelques microns, produisant ainsi des conditions extrêmes. Les modes d'action d'un laser sur la matière sont alors radicalement nouveaux. Il ne s'agit plus d'échauffement, mais d'éjection directe des atomes par les forces induites. Le contrôle de l'effet peut être beaucoup plus précis que pour les lasers traditionnels. Ces effets apparaissent même avec des installations de taille modeste et ils ont déjà des applications dans le traitement des matériaux ou la chirurgie.

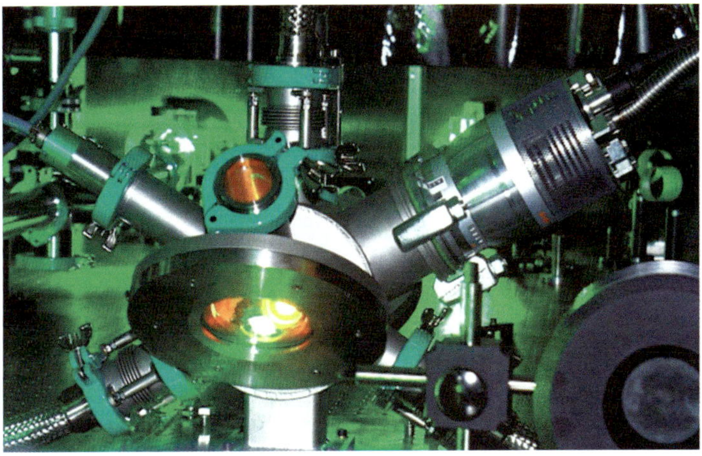

Figure 12.4 : Élément d'un laser ultrarapide produisant une énergie de 2,5 Joules pour une durée de 25 femtosecondes. Ceci correspond à une puissance crête instantanée de 100 térawatts (10^{14} W), équivalente à plus de 100 fois la puissance électrique totale des centrales électriques françaises.

Mais des perspectives beaucoup plus vastes sont ouvertes. Dans le champ électrique de ces faisceaux laser, les particules sont violemment accélérées, ce qui pourrait constituer une alternative au gigantisme des accélérateurs de particules. Les lasers ultra-brefs ultra-intenses pourraient également jouer un rôle dans la maîtrise de la fusion nucléaire, enjeu primordial pour l'avenir énergétique du monde.

Le XXIe siècle : âge d'or pour les physiciens inventeurs

Les exemples que nous avons choisis illustrent la double tendance de l'instrumentation physique, d'une part vers les performances extrêmes, mais aussi et d'autre part vers des installations à taille humaine. La seconde moitié du XXe siècle a vu la recherche développer de grands instruments pour explorer les frontières de la physique des particules ou de l'astrophysique et explorer les propriétés ultimes de la matière inerte et biologique. Les grands accélérateurs, les télescopes et les sources de rayonnement synchrotron en sont les exemples emblématiques. Ces instruments qui ont joué, et continueront à jouer, un rôle primordial dans la compréhension de la matière et de l'Univers, ont conduit au regroupement de physiciens et d'ingénieurs en grandes équipes. Si les grands instruments en tant que tels n'ont pas été directement convertis en applications, les applications grand public qui en ont découlé sont la conséquence de la structuration en très grandes équipes de très haute technologie. On citera ainsi le *world wide web* inventé au CERN pour faciliter la communication mondiale des scientifiques à travers Internet.

Le retour à des instruments aux dimensions de petits laboratoires doit relancer les inventions issues directement de la physique. Il est possible à une équipe de quelques physiciens d'assembler un microscope à base de lasers à impulsions ultrabrèves. On assiste donc dans le monde entier à une floraison de petites entreprises destinées à faire passer les concepts du laboratoire de recherche à l'étape industrielle. Les physiciens jouent un rôle essentiel dans ces entreprises.

Cette évolution est facilitée par les progrès de la microélectronique qui permettent la conception et la simulation sur ordinateur de circuits électroniques complexes. Ce type d'activité industrielle est donc de plus en plus une activité de conception, la fabrication elle-même devenant une activité réalisable par des sous-traitants de haute technologie, qui existent aujourd'hui en nombre et en qualité. L'inventeur dispose donc des moyens pour aller jusqu'au produit final. Il ne doit plus s'arrêter à la maquette et rechercher un groupe industriel pour concrétiser ses idées.

Une autre caractéristique de ce début de siècle favorise cette éclosion des entreprises physiciennes : la diffusion mondiale d'Internet, notamment chez les clients potentiels de ces entreprises, permet à de très petites équipes de commercialiser des instruments à l'échelle mondiale. Il est facile de se faire connaître et d'être rapidement au courant des besoins réels des utilisateurs.

On pourrait comparer cette tendance à l'irruption de la micro-informatique dans le monde des gros ordinateurs. Celle-ci a profondément modifié à la fois le paysage commercial et le mode de travail, en redonnant — pour le meilleur et pour le pire — une place importante aux individus, à côté des grandes organisations. Verrons-nous dans les années à venir apparaître la génération des francs-tireurs de l'infiniment bref ?

CHAPITRE 13

La physique et le vivant

Au début du XXe siècle, l'instrument le plus utile à la biologie était sans doute le microscope optique. On avait observé le noyau cellulaire depuis une trentaine d'années et l'on prenait conscience du fait que ce noyau contenait le patrimoine héréditaire, les gènes, sans savoir de quoi ils étaient faits. Grâce au microscope polarisant, on connaissait aussi l'existence du cytosquelette. Le microscope optique était utilisé en médecine pour identifier les bactéries et les parasites. La toute première observation d'un extrait de salive des siècles plus tôt n'avait-elle pas révélé un micro-organisme vivant que l'on sait maintenant être le tréponème pâle ? Au rythme impressionnant d'une découverte instrumentale majeure à peu près tous les quinze ans pendant le XXe siècle, les physiciens ont permis un accroissement considérable des connaissances biologiques.

Des rayons X au microscope électronique

Dès leur découverte au début du XXe siècle, les rayons X furent utilisés pour voir des détails anatomiques internes d'individus *vivants*, pour la première fois dans l'histoire de l'humanité. La radiographie était déjà complètement opérationnelle sur les champs de bataille de la Première Guerre mondiale. Très rapidement aussi les effets thérapeutiques des rayonnements furent observés : Marie Curie provoqua la nécrose d'une tumeur superficielle en la mettant au contact d'une source radioactive, fondant ainsi la radiothérapie. À l'époque, les vertus des rayonnements gamma — des rayons X très énergétiques — étaient largement surestimées et leurs dangers ignorés. De nos jours, leur utilisation est bien maîtrisée et d'application courante dans la lutte contre le cancer.

La diffraction des rayons X par les cristaux, découverte au début du XXe siècle, fut rapidement appliquée à l'étude des protéines. Il fallut cependant attendre les améliorations techniques de l'après-Seconde Guerre mondiale pour enregistrer les succès les plus spectaculaires. Porteurs du savoir acquis par l'école anglaise fondée par les Bragg père et fils, Wilkins, Crick et Watson percent au début des années 1950 le mystère du code génétique par une analyse brillante de la double hélice de l'acide désoxyribonucléique (ADN). Confirmant des conjectures datant des années 1930, on apprend que le code génétique est écrit suivant une structure essentiellement linéaire, succession de quatre bases appariées deux à deux sur une double hélice. En quelques années, les étapes essentielles de la réplication de l'ADN sont identifiées ! Cet immense succès suscite un développement sans précédent de la cristallographie à vocation biologique appelée dorénavant « biologie structurale ». La structure des protéines solubles est à l'heure actuelle déterminée couramment à la précision de 0,1 nanomètre, la taille des atomes. Pour ne donner qu'un exemple, la structure de la F1 ATP synthase ressemblait tellement à un moteur rotatif (avec stator et rotor !) que les « structuralistes » avaient tout naturellement émis l'hypothèse que la synthèse d'ATP impliquait la rotation de ce « moteur ». Cette hypothèse a été vérifiée récemment (voir l'encadré « molécules uniques »).

Lors de ses expériences célèbres en rade de Toulon (1915), Langevin avait inventé le sonar, un instrument qui utilise l'écho d'ondes ultrasonores pour localiser des corps immergés. Les applications médicales de cette découverte, pour une fois, se firent attendre. L'échographie médicale, qui nous est familière, ne se développa que dans les années 1970 (voir le chapitre 14) et la lithotriptie, qui consiste à fragmenter les calculs par focalisation d'ultrasons intenses, dans les années 1980. De nos jours, l'utilisation de techniques fondées sur l'invariance de la propagation du son par renversement du temps permet une focalisation sélective sur les calculs et une destruction extrêmement précise (inférieure au millimètre). L'extension de ces techniques à des milieux faiblement absorbants permet de provoquer des échauffements dans des zones très bien localisées du cerveau et de provoquer la nécrose de tumeurs difficilement accessibles par d'autres moyens.

Dans les années 1920, Louis de Broglie introduisit la notion de dualité entre ondes et particules. Dix années après la soutenance de sa thèse, le microscope électronique, dont le concept est fondé sur cette dualité, donnait des images de résolution supérieure à celle des microscopes optiques. Treize ans plus tard, les premières images biologiques furent obtenues ! Cependant, il fallut attendre la fin de la Seconde Guerre mondiale pour que l'utilisation du microscope électronique révolutionne la biologie cellulaire. L'observation des organelles a révélé une structure complexe avec de nombreux compartiments : la cellule n'est plus un simple sac, siège de réactions chimiques complexes. Aujourd'hui, la microscopie électronique est un outil indispensable de la biologie, pour déterminer aussi bien la structure des protéines membranaires à des résolutions de l'ordre de l'angström, que les agencements complexes des mésostructures de l'appareil de Golgi ou du centrosome. Des analyses fondées sur les réseaux de neurones permettent l'identification des changements de forme des complexes protéiques au cours de leur fonctionnement (voir les encadrés « molécules uniques » et « réseaux de neurones »). La plus grande limitation de la microscopie électronique — opérer sous un vide poussé incompatible avec les objets vivants — commence à être dépassée : l'utilisation de films polymères très fins permet de faire des images de cellules fonctionnelles dans un milieu physiologique !

Ainsi, quotidiennement des milliers de personnes utilisent dans le monde la dualité onde-particule sans même y penser !

À peu près contemporaine des premières images biologiques au microscope électronique, vers 1937, une technique d'analyse très élégante permit, pour la première fois, de séparer les protéines sanguines : l'électrophorèse « aux frontières mouvantes » encore appelée « isotachophorèse ». Par cette technique, une différence de potentiel appliquée sur un mélange ionique provoque la séparation des ions en mouvement ! Il s'agit en fait d'un beau problème de physique non linéaire compris plusieurs décennies plus tôt. Aujourd'hui, l'électrophorèse est un outil de base de la biologie et de la médecine. La lecture du code génomique doit beaucoup à son utilisation massive. Spectroscopie de masse, centrifugation et sédimentation eurent un impact tout à fait semblable.

De la résonance magnétique aux molécules uniques

Peu après la fin de la Seconde Guerre mondiale, les physiciens réussirent à polariser des spins nucléaires dans la matière condensée et les gaz, après les faisceaux de neutrons. Ainsi naquit la résonance magnétique nucléaire. L'application à l'étude de la matière molle puis d'objets d'intérêt biologique comme les membranes lipidiques se fit en une quinzaine d'années. Rapidement, deux axes allaient se dégager : l'imagerie médicale d'une part (voir le chapitre 14), la détermination de la structure des protéines solubles de taille modérée d'autre part. On peut maintenant comparer les structures déterminées par la diffraction X dans les cristaux à celles obtenues par la résonance magnétique en solution. Quant à l'imagerie fonctionnelle, elle révolutionne jour après jour notre perception du fonctionnement de nombreux organes, en particulier du cerveau (voir le chapitre 14 sur l'imagerie).

Dès le début des années 1960, le premier laser était construit. Là encore, médecine et biologie profitèrent largement de cette découverte. La microchirurgie laser n'est pas la moindre des applications. Les spectroscopies optiques permettent d'étudier la dynamique enzymatique à des temps inférieurs à la picoseconde (10^{-12} s). La microscopie optique a été portée à ses limites théoriques ultimes par la microscopie confocale classique, biphotonique ou utilisant les techniques de déconvolution. La biologie cellulaire connaît un développement exceptionnel grâce à la conjonction de ces améliorations et de l'introduction de nouvelles méthodes de marquage biochimique *in vivo*. On peut suivre de nombreux processus cellulaires directement sur les cellules vivantes, par exemple voir la membrane nucléaire se fondre dans le cytoplasme au cours de la mitose, ou observer la création de nanotubes fluides là où l'on croyait qu'il n'y avait que des vésicules sphériques ! Les lasers permettent l'étude des protéines à l'échelle individuelle : il est en effet possible, en focalisant fortement un laser de puissance modeste, de piéger au point focal du laser une sphère de taille micronique sur laquelle on greffe les protéines à étudier. Le déplacement du faisceau laser permet de manipuler les protéines ou les acides nucléiques un par un, ou d'en mesurer les propriétés. On peut mentionner l'énergie de rupture des liaisons protéine-protéine, les forces provoquant leurs changements conformationnels, la vitesse des protéines responsables du transport et appelées « moteurs moléculaires », les forces qu'elles développent (quelques piconewtons), etc. Cette technique dite des « pinces optiques » est largement utilisée dans l'étude des molécules uniques (encadré).

Au milieu des années 1970, l'amélioration considérable de la précision des mesures de courant électrique permit d'accéder au domaine des picoampères (10^{-12} A). Physiciens et biologistes comprirent rapidement que la mesure du courant traversant des canaux ioniques uniques devenait possible. Un canal ionique est

Manipulation et observation de molécules biologiques uniques

Le développement des techniques de micromanipulation, la sensibilité de la détection optique, le développement de logiciels d'analyse fondés sur l'utilisation de « réseaux de neurones », permettent l'étude de molécules uniques (en général des protéines), ou de complexes moléculaires uniques exécutant une fonction. Dans le premier cas, typiquement, on greffe une protéine sur une bille de latex micrométrique et l'on observe son comportement dans les conditions fonctionnelles de la protéine. On peut ainsi suivre le mouvement (brownien ou non brownien) des protéines membranaires directement sur la membrane plasmique d'une cellule vivante, ou la progression quasi déterministe des moteurs moléculaires le long des filaments du cytosquelette. Ainsi, on sait maintenant que ce mouvement se fait par bonds de quelques nanomètres correspondant au pas de l'enzyme. On peut aussi appliquer des forces sur ces systèmes par l'intermédiaire de pièges optiques ou magnétiques, de nanofibres particulièrement souples, de globules rouges manipulés avec des micropipettes. Les forces du monde biologique à l'échelle de la molécule se mesurent en piconewtons ($1 pN = 10^{-12}$ N). Les expériences qui utilisent des pièges magnétiques permettent de mesurer des forces entre le femtonewton ($1 fN = 10^{-15}$ N) et la centaine de piconewtons dans la même expérience. Ce type de dispositif est particulièrement bien adapté à l'étude de l'ADN (fig. 13.1) et de ses diverses enzymes (fig. 13.2).

Pour mesurer l'activité des enzymes qui agissent sur l'ADN, on peut utiliser une molécule d'ADN accrochée par une extrémité à une plaque de verre et attachée par l'autre à une microbille magnétique. Des aimants placés au-dessus de cet ensemble permettent de tirer et de tordre cette molécule. Le suivi de la position de la bille en temps réel permet de mesurer l'extension de la molécule et la force appliquée, grâce à l'amplitude de son mouvement brownien. Les propriétés élastiques de la molécule d'ADN sont très bien connues et leur très grande sensibilité permet de mesurer l'activité d'une seule enzyme. Par exemple, la contrainte de torsion d'une molécule d'ADN est contrôlée très précisément au sein des cellules par une batterie d'enzymes : les topoïsomérases. Ces enzymes peuvent relâcher la contrainte de torsion ou démêler les nœuds qui peuvent survenir lors de la réplication. Lorsqu'on tord une molécule d'ADN en

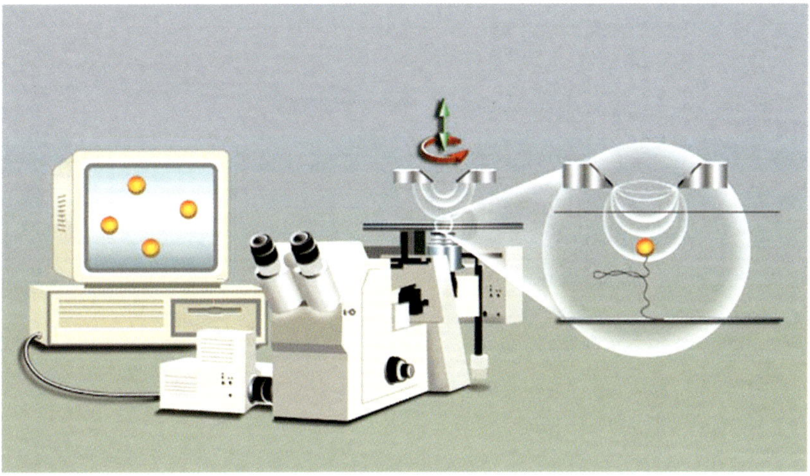

Figure 13.1 : Tordre et étirer une molécule d'ADN unique : les molécules d'ADN sont introduites dans un capillaire disposé sur un microscope inversé. Des aimants réglables en hauteur et pouvant tourner sur eux-mêmes permettent d'appliquer une contrainte de traction et de torsion sur la molécule par l'intermédiaire d'une microbille magnétique. Une caméra numérique reliée à un ordinateur enregistre les déplacements de la bille (agrandissement). L'ADN est fixé à la bille recouverte de streptavidine par son extrémité biotinilée et à la surface recouverte d'antidigoxigénine par son autre extrémité traitée à la digoxigénine.

faisant tourner les aimants des pinces magnétiques, des tortillons se forment et la molécule raccourcit. Lorsqu'on introduit de la topoïsomérase II dans la cellule expérimentale, la molécule s'allonge par des paliers qui correspondent à l'élimination des tortillons deux à deux. Cette expérience permet de suivre en temps réel l'action d'une topoïsomérase et de caractériser ainsi chacun de ses cycles enzymatiques, ce qui est impossible à faire en tube à essai. Mieux comprendre le fonctionnement des topoïsomérases est fondamental en thérapeutique puisque, dans 60 % des chimiothérapies, on donne au patient un inhibiteur des topoïsomérases dont le mode d'action n'est que très imparfaitement connu.

Dans ces expériences de micromanipulation, on détecte des modifications de la géométrie des molécules mais on ne voit pas directement

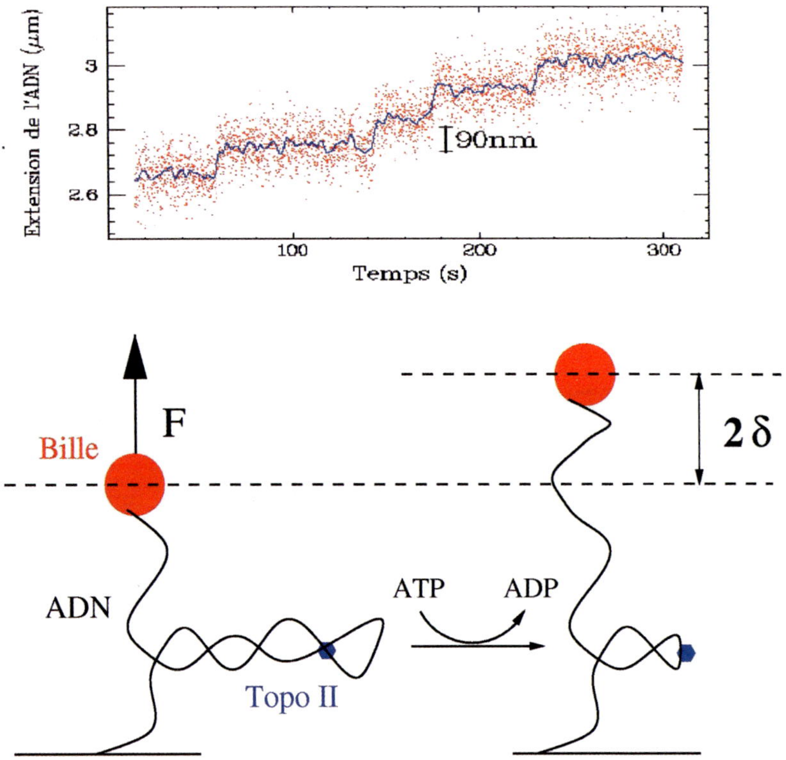

Figure 13.2 : Visualisation de l'action d'une topoïsomérase unique sur une molécule d'ADN torsadée : la rotation de la microbille magnétique induit une torsade dans la molécule d'ADN du même type de celle obtenue à la maison lorsqu'on tord un cordon de téléphone. Cette torsade diminue la distance de la bille au substrat (portée en ordonnée sur la figure). La topoïsomérase permet aux doubles brins de se traverser en se reconnectant parfaitement : chaque passage d'un double brin à travers l'autre relâche une unité de torsade, ce qui accroît la distance de la bille au substrat. Lorsque la concentration d'ATP est faible, on observe un accroissement par pas correspondant à chaque cycle catalytique d'une seule enzyme.

les enzymes. En revanche, les progrès de la microscopie de fluorescence permettent d'observer directement les molécules sans avoir à utiliser d'objets mésoscopiques comme les billes. On peut avoir accès ainsi non seulement à des mouvements de l'ensemble de la molécule, mais aussi à des mouvements internes de quelques nanomètres ou fractions de nanomètre. On peut ainsi étudier directement les déformations d'objets comme les protéines G ou les canaux ioniques pendant leur fonctionnement. Le mariage de la mutagenèse et de la microscopie optique permet des expériences simples et élégantes, riches d'enseignements : par le greffage astucieux d'un filament d'actine de plusieurs microns de long sur un rotor putatif de quelques nanomètres de diamètre, on est parvenu à montrer que l'enzyme de synthèse de l'ATP est bien un moteur rotatif, conformément aux hypothèses suggérées par la biologie structurale (fig. 13.3).

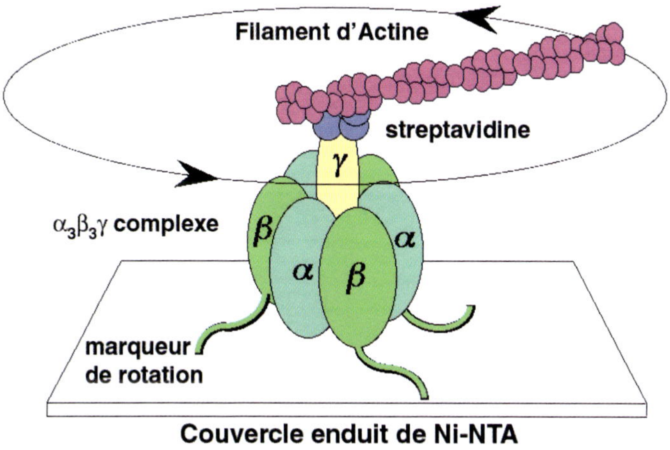

Figure 13.3 : Expérience de K. Kinosita : l'enzyme qui synthétise le carburant cellulaire est un moteur rotatif ! L'unité protéique γ biotinilée se fixe de manière spécifique sur le filament d'actine lui-même biotinilé par l'intermédiaire d'un pont streptavidine. De manière tout aussi spécifique, les unités β sont liées à une lamelle de microscope, de sorte que le montage ressemble, à un facteur d'échelle près, à un hélicoptère muni de ses pales. Il faut cependant imaginer des pales d'un kilomètre de long pour garder les proportions ! L'observation du filament d'actine fluorescent au micro-

scope révèle que les pales de l'hélicoptère tournent jusqu'à quelques tours par seconde en présence d'ATP ! Une analyse plus poussée montre que cette enzyme fonctionne comme un moteur rotatif tournant par pas de 120°. Le marqueur de rotation peut être réduit à la polarisation d'un simple fluorophore : dans ce cas les vitesses de rotation peuvent égaler celles d'un moteur de F1 (8 000 tours/min) !

Des complexes moléculaires de 10 nm ou plus peuvent être observés au microscope électronique à transmission dans des conditions où ils exécutent une fonction. On peut obtenir ainsi environ dix mille projections de complexes individuels sur un plan image. Les relations géométriques existant entre ces projections, et donc les formes à leur origine, peuvent être déterminées en utilisant des techniques d'alignement, suivies de classification (par exemple en utilisant des techniques de « réseaux de neurones »). Cette approche permet d'obtenir des structures tridimensionnelles avec une résolution de 0,7 à 3 nm, et donc d'observer des changements de conformation induits par des effecteurs tels que l'ATP (fig. 13.4).

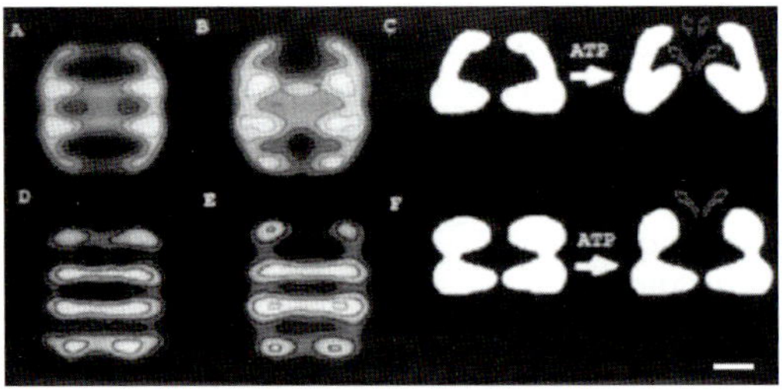

Figure 13.4 : *Changements de conformation induits par l'ATP chez des chaperonnines.* Les chaperonnines sont des protéines qui pilotent le repliement des protéines dans leur forme biologiquement active. Les protéines pénètrent dans la cavité des chaperonnines dans leur conformation ouverte. Un « couvercle » correspondant à une autre protéine, non montrée ici, les maintient dans cet espace confiné pendant que la paroi interne de la cavité initialement hydrophile devient hydrophobe. À la réouverture, la protéine est relâchée dans son état natif (avec une probabilité d'ordre un). Le cycle d'activité de ces enzymes est activé par l'ATP. Les figures A et

B correspondent à des images moyennes d'une de ces chaperonnines en absence (A) et en présence (B) d'un analogue non hydrolysable de l'ATP. D et E sont des images moyennes d'une autre chaperonnine en absence (D) et en présence (E) de ce même analogue. Dans C et F un schéma des mouvements induits par l'ATP est indiqué. La barre d'échelle a une longueur de 50 nm.

Les expériences de ce type permettent de comprendre les mécanismes détaillés du fonctionnement de certaines enzymes. Les physiciens ont été surpris de trouver des fonctionnements presque aussi fiables que ceux de nos machines macroscopiques, à une échelle moléculaire où l'agitation thermique produit un bombardement aléatoire incessant. Lorsque l'échelle des énergies mises en jeu dans les processus biologiques est de l'ordre de une à quelques dizaines de fois l'énergie thermique, ce qui est souvent le cas, on comprend sans difficulté que les fluctuations jouent un rôle faible. Mais le cas de la réplication de l'ADN échappe à cette logique : les paires de bases ont des énergies de liaison de l'ordre de l'énergie thermique alors que le taux d'erreur dans la réplication du génome humain est de l'ordre d'un milliardième ! De nombreux processus de réparation et de contrôle sont nécessaires pour assurer une telle fiabilité. Certains commencent à être compris, d'autres restent à étudier. Il y a là un champ d'investigation dont l'importance n'a pas besoin d'être soulignée.

Une autre question concerne le rendement de ces machines moléculaires, en particulier des moteurs. En préalable, a-t-on le droit de parler de « moteur », et peut-on mesurer une relation entre force externe appliquée et vitesse du moteur ? Quelles règles générales gouvernent le rendement ? Pourquoi les moteurs rotatifs sont-ils capables de fonctionner soit en consommant de l'ATP et en produisant de l'énergie mécanique, soit à l'inverse en consommant de l'énergie mécanique et en produisant de l'ATP, alors que les moteurs linéaires ne fonctionnent que dans le premier mode ? On est encore loin d'avoir des réponses détaillées au niveau moléculaire, mais on peut déjà dégager des règles générales.

Ces études sur molécules uniques sont utilement complétées par des études concernant leur comportement collectif. En effet, dans de très nombreuses situations biologiques, les enzymes, et en particulier les moteurs, interviennent en grand nombre. En quoi une collection de moteurs peut-elle se comporter de manière très différente d'un moteur isolé ? De manière plus générale, que se passe-t-il lorsqu'on laisse interagir les filaments du cytosquelette, les moteurs et les membranes de la cellule ? Y a-t-il des règles générales d'auto-organisation ? On commence à en découvrir. Ici encore, les concepts — issus de la physique des systèmes à grand nombre de degrés de liberté — de brisure de symétrie et de transition dynamique se révèlent importants.

un complexe protéique qui permet le passage sélectif de certains ions à travers les membranes biologiques. Encore faut-il isoler électriquement un seul canal sur sa membrane. C'est ce que réalise la technique dite de « patch-clamp », par laquelle une pipette de diamètre micrométrique sélectionne une région très réduite de la membrane sur laquelle en moyenne un seul canal se trouve. La mise au point de cette technique a déclenché une vague d'expérimentation sur des objets uniques. Les fluctuations individuelles sont clairement vues et la physique statistique apporte sa contribution à la compréhension de ces systèmes.

Presque simultanément, apparut la microscopie en champ proche, immédiatement appliquée à des objets biologiques. La variante la plus utile en est sans conteste la microscopie à force atomique. Dans son principe, cette technique est très simple : une pointe extrêmement fine de tungstène, de quelques atomes seulement à son extrémité, est mise au contact d'une surface, puis déplacée parallèlement à cette surface. La moindre aspérité courbe le levier qui tient la pointe, et cette courbure est détectée par la déflexion d'un faisceau laser. On peut ainsi construire l'image d'objets placés sur des substrats avec une résolution inférieure au dixième de nanomètre dans la direction perpendiculaire au substrat, et de l'ordre de la taille de la pointe (moins d'un nanomètre) dans les directions parallèles au substrat. De nombreux objets biologiques comme des protéines, les acides nucléiques mais aussi le cytosquelette sont ainsi visualisés dans un environnement physiologique. La manipulation du bras de levier permet aussi d'exercer des forces sur les objets étudiés. Les échelles en sont de quelques unités à quelques centaines de piconewtons, et l'utilisation en est assez semblable à celle des pinces optiques.

DE L'INFLUENCE DU HASARD À LA PROPAGATION DE L'INFLUX NERVEUX

L'apport de la physique à la biologie n'est pas uniquement instrumental. De nombreux apports conceptuels ont aussi jalonné l'histoire de notre appréhension du monde vivant.

Un des concepts issus de la physique introduit dès le XIXe siècle est celui de « fluctuation » ; il s'agit d'abord de décrire l'influence du hasard sur la descendance mâle d'un individu donné. Les équations introduites à cet effet se révèlent en retour utiles pour la description des processus impliquant des cascades de branchements, comme la physique des rayons cosmiques ou les problèmes d'accélération d'électron par les grilles ! Ce concept de « fluctuation » est réintroduit en biologie au milieu du XXe siècle par les équipes qui s'intéressent à la génétique des bactériophages. Un problème central est de comprendre pourquoi la réplication du code génétique se fait avec si peu d'erreurs, alors que les énergies de liaison des paires de base sont de l'ordre de l'énergie thermique. Les paires devraient donc se briser spontanément. C'est la « physique statistique hors d'équilibre » qui apporte les éléments de compréhension : on peut obtenir des distributions extrêmement différentes des distributions thermodynamiques habituelles (de Boltzmann) lorsque les processus se développent loin de l'équilibre. Or c'est le cas de la réplication. Il ne faut pourtant pas croire que tout est compris, les mystères de nombreuses machines de réparation de l'ADN restent à percer !

L'existence des fluctuations mais aussi de conditions externes largement variables conduisent naturellement à un autre concept développé récemment, celui de « robustesse » : un système vivant donné doit être capable de fonctionner dans des gammes de paramètres étendues sans pour autant perdre son identité.

Dès les années 1930, bien avant les études structurales, c'est de la physique qu'était venue l'idée de l'existence d'un code linéaire, posant immédiatement le problème de sa relation avec un monde tridimensionnel. On comprend aussi très tôt que l'ordre quasi géométrique des systèmes vivants ne peut apparaître qu'au détriment d'une dissipation globale, généreusement fournie au monde extérieur sous forme de chaleur. Les exemples de réactions chimiques provoquant une structuration de l'espace illustrent de manière saisissante ce concept déjà connu des physiciens. Les transitions purement chimiques avec brisure de symétrie spatiale sont sans doute assez fréquentes dans le monde procaryote. On sait par exemple qu'elles jouent un rôle important dans la duplication de bactéries comme *E. coli*. Des versions plus sophistiquées impliquant le cytosquelette et les moteurs moléculaires sont ubiquitaires dans le monde eucaryote. On découvre très régulièrement de nouvelles situations dans lesquelles les transitions avec brisure de symétrie jouent un rôle physiologique important. Par exemple, on sait maintenant que le concept de bifurcation de Hopf (le point à partir duquel un système peut devenir oscillant) est utile à la compréhension des systèmes de détection sonore que sont les cellules auditives. Chaque cellule de l'oreille interne fonctionne exactement à cette limite dite « critique ». Un tel mode de fonctionnement avait été envisagé, mais sans succès, dès 1958. De manière semblable, l'adhésion entre deux cellules se fait dans des conditions équivalentes à un changement d'état : on observe des zones adhérentes coexistant avec des zones non adhérentes, tout comme à une température de zéro degré Celsius à pression atmosphérique, on observe une coexistence d'eau et de glace.

Un autre concept important est celui de sélectivité : comment les protéines peuvent-elles se reconnaître avec une telle précision ? Les notions d'interaction de Van der Waals et de liaison hydrogène, formes raffinées d'interaction électrostatique, ainsi que l'introduction de l'idée de complémentarité des formes donnent une image simple de la notion de sélectivité. Le concept clé-serrure est une illustration imagée de cette complémentarité de forme. En pratique, la sélectivité est obtenue avec des énergies d'une à quelques dizaines de fois l'énergie thermique. Obtenir les formes voulues se fait par un repliement bien précis des protéines. Là encore, la physique intervient pour aider à la compréhension du phénomène (voir encadré « repliement des protéines »), et de nombreux problèmes restent posés (par exemple ceux concernant les protéines « chaperon » : voir l'encadré « molécules uniques »).

Repliement des protéines

Les protéines sont les molécules qui effectuent les principales fonctions biologiques des organismes vivants. Le déchiffrage récent du génome humain a permis de connaître tous nos gènes, et donc la séquence d'acides aminés codée dans ces gènes. La fonction biologique d'une protéine est très directement liée à sa forme spatiale, appelée « structure native tertiaire » ou « tridimensionnelle ». Sous certaines conditions, les protéines peuvent prendre une autre forme, que l'on appelle « forme dénaturée », dans laquelle elles perdent leur fonction biologique. Ainsi, une forte augmentation de température, une forte concentration d'urée peut dénaturer une protéine, et ainsi entraîner la mort de l'organisme. Depuis quelques années, on a émis l'hypothèse que le mauvais repliement de certaines protéines (c'est-à-dire le repliement dans une forme autre que native) pouvait causer des maladies graves, telles que les maladies à prions (maladie de la vache folle, maladie de Creutzfeldt-Jakob), ou la maladie d'Alzheimer. On sait aussi que l'enveloppe des virus (grippe, sida, herpès, etc.) est constituée de protéines dont la fonction est de pénétrer une cellule cible pour l'infecter. Il est donc crucial de comprendre les mécanismes du repliement des protéines.

Du point de vue de la physique, une protéine est un polymère, c'est-à-dire une longue chaîne d'acides aminés attachés bout à bout comme un collier de perles et qui, dans les conditions physiologiques, se replie en une forme unique et bien déterminée. Certains acides aminés s'attirent, d'autres se repoussent, et de cette compétition résulte une forme unique. Cependant, il existe un très grand nombre de formes presque optimales, dites « métastables », mais la protéine ne présente son activité biologique que dans sa forme native.

L'analogie des protéines avec des modèles d'hétéropolymères aléatoires a permis de mieux comprendre les mécanismes et la cinétique du repliement. Pour les biochimistes, le repliement des protéines était une réaction chimique ordinaire, avec un état initial, qui est l'état dénaturé, un état final, qui est l'état natif, et un ou quelques états intermédiaires, les états de transition. Certains phénomènes, tels des relaxations particulièrement lentes ou des taux de repliement très faibles, ne peuvent être expliqués dans ce cadre. Des modèles de protéines très simplifiés, issus de la mécanique statistique, ont permis de montrer que les protéines présentaient des analogies avec un sujet très étudié en physique statistique des systèmes désordonnés : les « verres de spins ». C'est la simplification extrême de ces modèles (tout en conservant les caractères essentiels à la spécificité des protéines) qui a permis d'obtenir de nombreux résultats, qui sinon restaient hors de portée. Cette recherche de modèles minimaux est caractéristique de la démarche de la physique, en particulier la physique statistique.

Grâce à ces modèles minimaux, on a pu montrer l'existence de nombreux états métastables et ainsi expliquer la dynamique lente et le rendement peu efficace du repliement (en l'absence de protéines « chaperon »). De même, l'image classique, chère aux biochimistes, du chemin unique de repliement a dû être revue. On sait maintenant qu'il peut y avoir de nombreux chemins de repliement et de nombreux états de transition. L'image physique du repliement des protéines a été totalement modifiée, de nombreuses expériences d'un type nouveau ont été imaginées et effectuées pour tester ces modèles de mécanique statistique. On est encore très loin d'avoir résolu le problème de la prédiction de la structure, mais des progrès considérables ont été faits au niveau de l'amélioration du pouvoir catalytique d'une enzyme. Un des aspects très prometteurs de ces méthodes est l'« ingénierie des protéines » (*protein design*), c'est-à-dire la conception et la réalisation d'une séquence d'acides aminés qui se replie dans une forme donnée pour avoir une fonction biologique donnée.

Un des plus grands succès conceptuels est sans aucun doute l'introduction du modèle électrique de la propagation de l'influx nerveux. Hodgkin et Huxley montrèrent dès 1952 que les axones transmettent un front d'onde électrique appelé « potentiel d'action ». Le mécanisme de transmission des ordres du cerveau aux membres, la perception du monde extérieur, bref, toutes les informations sont véhiculées par un signal électrique ! Une part importante du fonctionnement cérébral est liée à cette activité électrique (voir le chapitre 14) ! L'émission du potentiel d'action est un phénomène de physique non linéaire typique ! Plusieurs années plus tard, une modélisation du fonctionnement cérébral est inspirée par l'existence d'un seuil de déclenchement du potentiel d'action : c'est la théorie dite des « réseaux de neurones ». La vision actuelle du fonctionnement neuronal a une composante dynamique plus importante que celle contenue dans les modèles initiaux, mais les modèles de réseaux de neurones sont une riche source d'inspiration pour la physique statistique et se révèlent très utiles dans de nombreuses branches de l'analyse du signal, en particulier des images (voir l'encadré « molécules uniques »).

LES RÉVOLUTIONS À VENIR

À l'heure où le code génétique des espèces les plus complexes est percé, il s'agit de déterminer la relation entre un code donné et le phénotype correspondant. C'est l'ère de la postgénétique qui s'ouvre. Il faut cependant bien avoir en tête que la relation entre génotype et phénotype est en général très complexe, que des progrès ne pourront être obtenus que par un effort de grande envergure mettant simultanément en jeu toutes les compétences scientifiques, biologiques, chimiques, physiques ou mathématiques. Quels domaines de la biologie seront irrigués par la physique dans le futur ? On peut répondre sans se tromper que tous les domaines seront concernés, mais au jeu des pronostics nous pouvons en mettre certains en exergue.

De la modélisation du cerveau au tri postal : les réseaux de neurones

Inventés initialement dans le but de modéliser le fonctionnement de certaines parties du cortex cérébral, les « réseaux de neurones formels » (aussi appelés « réseaux de neurones » pour faire court) sont des assemblées d'objets simples en interaction appelés par définition « neurones ». Chaque « neurone » a une fonction qui schématiquement peut se résumer soit à émettre des trains d'impulsions électriques (état actif), soit à être au repos. Comment une assemblée d'un grand nombre de « neurones » peut-elle effectuer des tâches aussi complexes que stocker de l'information (mémoire associative), la trier, généraliser, etc. ? L'émergence de structures complexes à partir de constituants simples est un des objets de la physique statistique, c'est donc tout naturellement que les physiciens se sont intéressés au problème. Ils ont commencé par étudier des modèles de réseaux très simplifiés pour expliquer certaines propriétés comme la mémoire associative, etc. Ces travaux ont été généralisés dans des modèles plus raffinés qui ont trouvé des applications en informatique théorique et en recherche opérationnelle, en électronique, sur l'automobile, en aéronautique et même... dans le tri postal ! Les programmes utilisant les concepts de « réseaux de neurones » deviennent capables, après une période d'« apprentissage », de lire une adresse manuscrite écrite sur une enveloppe avec un taux d'erreur inférieur au taux humain ! La chimie de synthèse commence aussi à bénéficier des apports des réseaux de neurones. Leur utilité pour l'étude des molécules uniques est illustrée dans l'appendice suivant.

Le fonctionnement du cerveau est évidemment infiniment plus complexe que ne le suggèrent les modèles fondés sur les réseaux de neurones formels, mais leur développement a fécondé la modélisation des neurones du système nerveux et de leurs interactions. On a pu ainsi expliquer certains phénomènes de synchronisation observés dans des tissus corticaux et montrer, par exemple, que contrairement à ce que pensaient les neurophysiologistes, ce sont les boucles de contre-réaction des neurones inhibiteurs qui en sont responsables. Ces travaux ont des implications directes sur la compréhension de certains troubles moteurs liés à des dysfonctionnements cérébraux (maladie de Parkinson, par exemple).

— La biologie à l'échelle moléculaire

Elle a pris une nouvelle tournure avec les expérimentations sur les molécules uniques. On obtient ainsi des informations originales, sur la physique des molécules d'ADN uniques, sur la physique des protéines, qu'elles soient passives (par exemple, dans le cas des molécules d'adhésion) ou qu'elles représentent de véritables machines capables d'assurer des fonctions comme le repliement d'autres protéines, leur transport, l'ouverture des deux brins d'ADN, leur réplication, la synthèse du carburant de la cellule, la photosynthèse, le transport transmembranaire, etc. La rencontre de la biologie moléculaire et de la physique est en passe de révolutionner notre connaissance des phénomènes à ces échelles. Pour l'instant, les simulations numériques ne sont pas encore capables de remplacer les expériences, mais on s'emploie à les rendre opérationnelles dans un avenir assez proche.

— La biologie cellulaire

L'étude des phénomènes d'auto-organisation impliquant les moteurs moléculaires, le cytosquelette, les membranes, la compréhension des réseaux chimiques contrôlant la vie cellulaire et leur lien avec la génomique, constitueront une nouvelle étape dans la compréhension du fonctionnement de la cellule (fig. 13.5). On a déjà montré que les notions de transitions spatiale et temporelle sont importantes. D'autres notions comme celles de « robustesse » et d'« adaptation » ont émergé et posent des questions théoriques et pratiques d'un grand intérêt, toutes liées à des concepts bien maîtrisés par les physiciens.

— La biologie du développement

Les techniques et les concepts utiles à la biologie cellulaire sont aussi utiles à la biologie du développement. L'application de concepts de physique à la morphogenèse biologique est une vieille idée qui acquiert une seconde jeunesse avec la connaissance expérimentale de plus en plus précise des phénomènes en jeu. Là encore, brisures de symétrie spatiale et temporelle se révèlent importantes, tout comme la notion de robustesse.

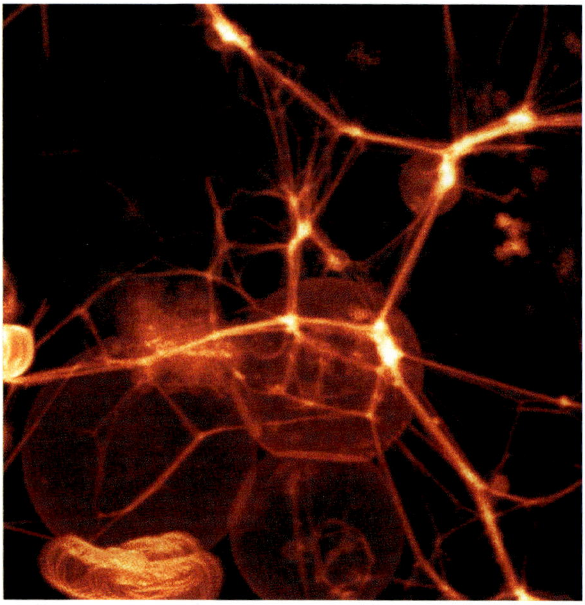

Figure 13.5 : Réseau de nanotubes membranaires tirés par des « moteurs moléculaires » à partir de vésicules « géantes », « ballons » de quelques dizaines de microns dont la paroi est constituée d'une bicouche lipidique fluide. Les tubes creux de 30 à 50 nanomètres de diamètre sont formés de la même bicouche lipidique et peuvent atteindre plusieurs dizaines de microns de longueur. On a récemment découvert qu'ils jouent un rôle important dans le transport intracellulaire. On ne sait pas à l'heure actuelle quelles sont les contributions respectives du transport par ces tubes et du transport par des vésicules sphériques, dogme des années passées. La physique de ces structures, en voie d'élaboration, marie l'hydrodynamique classique — comme l'instabilité de Rayleigh — à la physique des transitions de phase en dimensionnalité réduite sur des surfaces de topologie variable. À la clé, la compréhension du tri et de la distribution des protéines à l'intérieur de la cellule. D'autres problèmes comme celui de la dynamique du cytosquelette, source de la mobilité cellulaire, s'apparentent conceptuellement à la relativité générale. La profonde unité de la physique apparaît nettement dans le vivant comme dans tous les champs de la science.

— La biologie des tissus, la physiologie, la médecine

L'extension naturelle de l'étude de la vie cellulaire est le passage à l'échelle pluricellulaire. Des problèmes comme l'adhésion entre cellules ont une composante physique très subtile, qui mêle la physique de la matière molle, celle des moteurs moléculaires et la signalisation. On espère évidemment des retombées dans la compréhension et la maîtrise de la prolifération des métastases. D'autres pathologies comme celles de Creutzfeldt-Jakob, d'Alzheimer et plus généralement toutes celles qui impliquent une cristallisation non contrôlée de protéines, nécessitent une compréhension de la physique du phénomène aussi bien que de sa biologie. À une échelle supérieure de complexité, on trouve les systèmes intégrés comme le système immunitaire, le système circulatoire ou le système nerveux. Le défi le plus important est certainement celui de l'étude du fonctionnement du cerveau. Les nouvelles techniques de visualisation permettent de savoir quelle partie s'active lors d'opérations mentales bien identifiées (voir le chapitre 14). La tendance qui se dégage n'est pas toujours celle d'une localisation précise à l'échelle neuronale, mais plutôt d'une structuration dynamique d'ensembles de neurones, avec parfois des successions de défocalisation puis de refocalisation de l'information.

— *La macrobiologie*

C'est un vaste domaine qui recouvre aussi bien l'étude de l'évolution des espèces que l'écologie. Les physiciens y ont apporté les outils de la théorie des systèmes dynamiques et désordonnés. On commence à pouvoir faire des expériences *in vitro*, par exemple sur l'évolution, en effectuant des cycles d'expression de protéines dans des conditions sélectives, ou *in vivo* avec des bactéries, voire des êtres plus complexes comme les drosophiles. Il devient donc possible de tester quantitativement les théories existantes et il serait étonnant de ne pas rencontrer des surprises.

De manière plus générale, l'étude du vivant pose des problèmes originaux de physique loin de l'équilibre, façonnés par plusieurs milliards d'années d'évolution : ce sont donc les concepts empruntés à la physique des systèmes complexes — physique statistique, physique non linéaire, physique de la matière molle, hydrodynamique, thermodynamique hors d'équilibre... — qui ont toutes les chances d'être les plus utiles, et de nous apporter une vision nouvelle des phénomènes biologiques.

CHAPITRE 14

L'imagerie médicale

L'imagerie médicale a entraîné une transformation radicale dans la façon d'aborder le diagnostic et le suivi thérapeutique. Un diagnostic de localisation d'une lésion cérébrale qui nécessitait un examen clinique long et minutieux par un neurologue expérimenté se fait aujourd'hui avec une précision millimétrique grâce au scanner ou à l'imagerie par résonance magnétique (IRM). Là où le maître entouré de ses élèves démontrait que la lésion ischémique ou tumorale devait siéger au niveau de tel noyau du thalamus —, la vérification ayant lieu malheureusement souvent quelques semaines plus tard sur les coupes du cerveau du patient décédé —, le neuroradiologue parvient au même résultat en quelques minutes.

On pourrait multiplier les exemples : là où le cardiologue se fiait à son auscultation et à des clichés de thorax, l'échocardiographie montre en temps réel les mouvements des valves cardiaques et la dynamique de la contraction ventriculaire, la scintigraphie myocardique précise la localisation des zones de myocarde ischémique et les anomalies de sa contraction ; demain, l'IRM permettra de voir la circulation coronaire et le tissu myocardique et remplacera l'angiographie par voie artérielle. On pourrait encore citer l'échographie en obstétrique, en hépatologie ou en urologie, la scintigraphie dans la détection des lésions de la thyroïde, des métastases osseuses ou de l'embolie pulmonaire. Aujourd'hui, la tomographie par émission de positrons (TEP) est en train de devenir la méthode par excellence en cancérologie, non pas tant pour le diagnostic du cancer que pour en préciser l'extension, l'existence de métastases, l'évolution sous traitement après chimiothérapie, chirurgie ou radiothérapie, ou encore l'apparition de récidives ou de métastases tardives.

Il ne peut s'agir ici de décrire de façon exhaustive les principes physiques, les indications de toutes les méthodes d'imagerie et les résultats qu'elles permettent d'obtenir en clinique. En revanche, nous présenterons une comparaison de l'origine et de l'évolution de trois d'entre elles, la *radiologie*, la *médecine nucléaire* et *l'imagerie par résonance magnétique nucléaire*. La perspective historique permet de mieux comprendre la genèse, l'évolution et les indications de ces différentes méthodes qui ont toutes leur point de départ dans la physique « pure et dure ». L'échographie ultrasonore ne sera que brièvement évoquée bien qu'il y ait là aussi des innovations majeures liées à des concepts physiques de base et qu'elle soit utilisée dans de très nombreuses spécialités médicales.

Des découvertes fondatrices : rayons X et radioactivité

Le 8 novembre 1895, Röntgen met en évidence « une nouvelle sorte de rayonnement ». Le 22 décembre il effectue la première radiographie de la main de sa femme. La radiologie est née six semaines après la découverte d'un phénomène physique nouveau et inexpliqué, les rayons X. Le 28 décembre, Röntgen envoie sa première communication scientifique à l'Académie de Würzburg : « On doit considérer que les rayons X proviennent de la zone de la paroi du tube de verre qui est la plus fluorescente. » La science se propage vite, même à cette époque : le

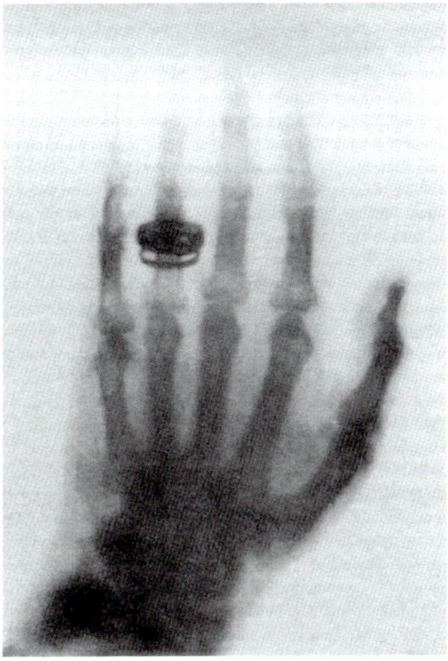

Figure 14.1 : *La main de Mme Röntgen, radiographiée par W. C. Röntgen le 22 décembre 1895.*

20 janvier 1896, Poincaré montre à Becquerel la première radiographie que lui a envoyée Röntgen. Il suggère que les substances fluorescentes émettent des rayons X. Cette hypothèse erronée va cependant permettre à Becquerel, expérimentateur hors pair, de faire une autre découverte. Il observe le 24 février un faible noircissement d'un film recouvert de sulfate double d'uranium exposé pendant un jour au soleil. La substance étant fluorescente, l'observation est compatible avec l'hypothèse de Poincaré sur la nature des rayons X. Le 1er mars, Becquerel note un fort noircissement après quatre jours d'exposition, mais il observe que les effets sont les mêmes après une exposition de cinq heures au soleil ou cinq heures à l'obscurité, ce qui est incompatible avec l'hypothèse de la fluorescence. De fait, il constate le 23 mars un noircissement du film avec des sels d'uranium non fluorescents. Il conclut le 18 mai que l'effet n'est pas dû à la fluorescence mais à une propriété spécifique de l'uranium. C'est la découverte de la radioactivité naturelle. En 1898, Pierre et Marie Curie découvrent le polonium et le

Figure 14.2 : *Frédéric Joliot et Irène Joliot-Curie dans leur laboratoire.*

radium. Röntgen reçoit en 1901 le premier prix Nobel de physique et en 1903 ce sont Becquerel, Pierre et Marie Curie qui se voient à leur tour décerner cette distinction.

Le fait remarquable est que la découverte de la radioactivité naturelle va donner naissance pratiquement immédiatement à la *radiothérapie* et non pas à l'imagerie, l'imagerie nucléaire naissant au lendemain de la Seconde Guerre mondiale. Les premiers effets des rayons X avaient été publiés dans le *Lancet* dès 1896, soit quelques mois après la découverte. À partir de mi 1896 débutent les premiers essais d'irradiation de lésions cutanées par leur moyen. C'est en 1900-1901 que Pierre Curie et Becquerel décrivent les réactions cutanées produites par le dépôt de radium sur leur propre peau. Pierre Curie en voit immédiatement l'intérêt et donne du radium à un dermatologue de l'hôpital Saint-Louis, le Dr Danlos, qui l'utilise pour traiter des lésions de lichen. Les résultats positifs conduisent à la fondation de l'Institut du radium à Paris en 1909.

La découverte de la radioactivité artificielle en 1934 par Irène et Frédéric Joliot va donner naissance à la *médecine nucléaire* une dizaine d'années plus tard. Ils envoient une communication publiée dans les *Comptes rendus de l'Académie des sciences* le 15 janvier 1934. Elle mérite d'être citée du fait de sa clarté qui n'a d'égale que son importance ; elle va leur valoir le prix Nobel de physique quelques mois plus tard, en 1935. « Nous plaçons une feuille d'aluminium à un millimètre d'une source de polonium. L'aluminium ayant été irradié pendant dix minutes environ, nous la plaçons au-dessus d'un compteur de Geiger-Müller portant un orifice fermé par un écran de 7 centièmes de millimètre d'aluminium. Nous observons que la feuille émet un rayonnement dont l'intensité décroît exponentiellement en fonction du temps avec une période de 3 minutes 15 secondes... Il s'agit donc ici d'une véritable radioactivité qui se manifeste par l'émission d'électrons positifs. » Cette expérience correspond en fait à deux découvertes ; celle de la radioactivité artificielle bien sûr, mais aussi celle de la radioactivité par émission de positrons qui est à la base d'une méthode d'imagerie, la tomographie par émission de positrons. En septembre 1934 se tient à Londres la Conférence internationale de physique. La découverte des Joliot-Curie intéresse les médias ; *Le Soir* rapporte les propos de F. Joliot : « Il est très possible, si nos expériences réussissent, que nous puissions fabriquer une substance dont les applications médicales obtiendront le même effet que le radium. » *Le Petit Journal* écrit : « Pour le traitement du cancer, Irène Joliot-Curie et son mari posséderaient la formule du radium artificiel... On laisse entendre à cette occasion que la fille de Mme Curie pourrait bien recevoir le prix Nobel. » On voit comment les journalistes, emportés par le nom de Curie (Joliot était encore inconnu du grand public), ont pensé que la radioactivité artificielle serait un nouveau moyen qui permettrait d'amplifier les succès de la radiothérapie ; les applications en imagerie ne pouvaient pas être alors pressenties car le lien entre radioactivité artificielle et imagerie nucléaire n'est pas aussi direct que celui qui existe entre rayons X et radiologie.

Pour que la médecine nucléaire puisse voir le jour, il fallait réunir trois conditions, deux techniques, la troisième conceptuelle.

Il fallait d'abord pouvoir produire à grande échelle ces nouveaux radioéléments artificiels, ce qui passa par plusieurs étapes essentielles : la construction du premier cyclotron en 1933 par Lawrence à Berkeley ; la découverte de la fission du noyau d'uranium en 1939 par Hahn et Strassmann ; la divergence de la première pile en 1942, par Szilard et Fermi à Chicago. La seconde avancée technique est l'informatique qui va permettre le développement de la scintigraphie, puis, avec l'augmentation exponentielle de la puissance des ordinateurs parallèlement à une baisse constante des prix, la tomographie puis l'IRM.

Les « indicateurs »

Le concept qui est à la base de la médecine nucléaire et qui aujourd'hui a envahi aussi le champ de la radiologie, de l'IRM fonctionnelle et plus récemment de l'imagerie ultrasonore est ce qu'on appelle depuis Hevesy « la méthode des indicateurs ». En 1912, celui-ci propose l'utilisation d'éléments radioactifs comme traceurs. Il l'applique d'abord en chimie puis, en 1923, il utilise le plomb 212 comme traceur pour mesurer son absorption et son transfert dans les plantes ; en 1934 il utilise l'eau lourde, D_2O (un isotope non radioactif) pour mesurer l'élimination d'eau dans le corps humain ; surtout, il publie dans *Nature* en 1935 un article « The formation of the bones is a dynamic process, involving continuous loss and replacement[1] » qui révolutionne la physiologie et généralise l'utilisation des traceurs, notamment le phosphore-32. En 1922, Lacassagne fait la première autoradiographie mais il s'agit simplement d'images de coupes d'organes de rat. Ce qui est remarquable, c'est que Frédéric Joliot écrit dès 1935 : on doit « prévoir l'emploi de ces éléments radioactifs en tant qu'indicateurs pour étudier le comportement de leurs isotopes inactifs dans certaines réactions chimiques ou dans les phénomènes biologiques » ; et en

1937 : « La méthode des indicateurs, employant des radioéléments synthétiques permettra d'étudier plus facilement le problème de la localisation et de l'élimination d'éléments divers introduits dans les organismes vivants. Dans ce cas, la radioactivité sert uniquement à déterminer la présence d'un élément dans telle ou telle région de l'organisme. Il n'est pas utile dans ces conditions d'introduire des quantités importantes de l'indicateur radioactif… Aux endroits que l'on apprend ainsi à mieux connaître, où les radioéléments seront localisés, les rayonnements émis produiront leur action sur les cellules voisines. Pour ce deuxième mode d'emploi, il sera nécessaire d'utiliser des quantités importantes de radioéléments. Cela trouvera probablement une application pratique en médecine dans le traitement de certaines maladies. Pour mener à bien ces travaux, il sera nécessaire de disposer de quantités relativement importantes de ces radioéléments. » Les idées qu'expose Joliot sont d'une part le principe de *l'imagerie fonctionnelle isotopique* et d'autre part la base de la *thérapie par des agents ciblés*, notamment par des molécules marquées par des émetteurs radioactifs bêta ou alpha, en plein essor actuellement.

Pendant les 25 années qui suivirent la fin de la Seconde Guerre mondiale, les industriels apportèrent des améliorations certes significatives aux tubes à rayons X, aux détecteurs pour la radiologie ainsi qu'aux films, ce qui permit notamment de réduire les doses délivrées aux malades et au personnel, mais il n'y eut aucune rupture technologique majeure. En revanche, une imagerie radicalement nouvelle allait naître dans les années 1960, grâce au développement d'ordinateurs de plus en plus puissants et financièrement abordables par les institutions de soins. Ce sont les progrès de l'informatique qui vont permettre le développement de *l'imagerie numérisée*.

L'ordinateur entre en scène

Le progrès majeur est apporté par la *tomographie numérisée,* c'est-à-dire par le mariage de l'ordinateur et de l'imageur. On peut citer les principales dates. 1961, Oldendorf : « Isolated flying spot detection of radiodensity discontinuities displaying the internal structural pattern of a complex object[2] ». 1963, Kuhl : « Image separation radioisotope scanning ». 1964, Cormack (prix Nobel 1979) : « Representation of a function by its line integrals, with some radiological applications[3] ». 1973, Hounsfield (prix Nobel 1979) : « Computerized transverse axial scanning tomography Part I. Description of system[4] » ; c'est la découverte de la tomodensitométrie ou *scanner X*. Enfin, en 1975, Phelps, Ter-Pogossian et Kuhl publient un article intitulé : « Application of annihilation coincidence detection to transaxial reconstruction tomography[5] » qui marque la naissance de la *tomographie par émission de positrons* (TEP). Il faut cependant remarquer que la première image d'une coupe transverse de cerveau (on devine en fait plus qu'on ne voit réellement le cerveau et les ventricules dans la boîte crânienne) obtenue par Hounsfield avec le scanner d'EMI a nécessité plus d'une dizaine d'heures de calculs d'ordinateur, alors que la reconstruction est pratiquement instantanée aujourd'hui. Même s'il y a eu beaucoup d'améliorations techniques, les progrès essentiels sont ceux de l'informatique. L'accroissement exponentiel de la puissance des ordinateurs (voir le chapitre 12) permet de produire des coupes tomographiques avec toutes les méthodes : les images radiologiques deviennent des images tomographiques (scanner X) et la scintigraphie devient la gammatomographie ou SPECT (« *single photon emission computed tomography*[6] »).

La tomographie par émission de positrons (TEP) est une technique utilisant des radio-isotopes artificiels. Fixés sur une molécule (analogue du glucose ou d'acide aminé, neurotrans-

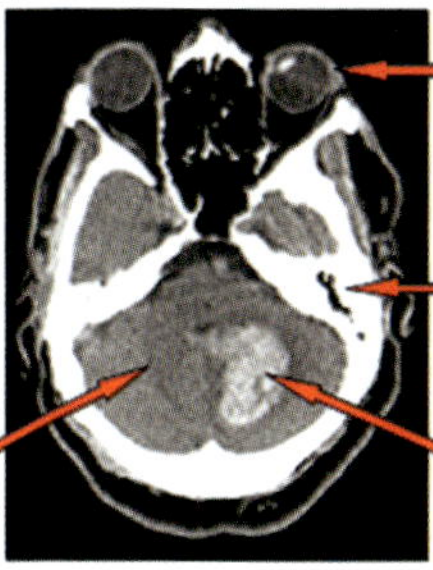

Figure 14.3 : Une image du cerveau obtenue avec un scanner à rayons X.

metteur, hormone, molécule thérapeutique...), elle permet la visualisation *in vivo* du fonctionnement d'organes comme le cœur et le cerveau ou encore de suivre de façon atraumatique dans un organe spécifique chez un malade la localisation et l'évolution d'un médicament au cours du temps, son site de liaison, son métabolisme, son élimination.

Cette technique d'imagerie fonctionnelle est donc destinée à obtenir des images biochimiques ou physiologiques ; elle requiert pour cela trois outils. Elle nécessite tout d'abord une molécule marquée, c'est-à-dire une molécule dont l'un des atomes a été remplacé par un autre chimiquement identique mais émettant des particules de matière appelées « positrons », de même masse que l'électron mais chargées positivement. Cet atome — isotope émetteur bêta plus — est produit par un cyclotron, accélérateur de particules permettant d'obtenir des transmutations et des désintégrations d'atomes. L'isotope intéressant est séparé et introduit par voie chimique dans la molécule dont on veut suivre le devenir. Deuxième outil, une caméra à positrons, capable de détecter les photons issus de l'émission de positrons par les molécules marquées. Le positron émis par le radioélément perd progressivement son énergie cinétique avant de rencontrer un électron libre après un trajet de l'ordre d'un millimètre dans le tissu biologique. Il se produit alors une annihilation matière-antimatière qui donne naissance à deux photons, émis simultanément dans des directions exactement opposées (conservation de la quantité de mouvement). Ces photons, qui s'éloignent l'un de l'autre sur la même ligne, interagissent avec la couronne de détecteurs de la caméra (en général des cristaux de germanate de bismuth ou d'orthosilicate de lutétium), située autour du patient. Analysés, transformés mathématiquement et traités par ordinateur, ces événements permettent de reconstruire sur écran l'image de la position du radioisotope au sein d'une tranche de quelques millimètres d'épaisseur de l'organe examiné. Par combinaison de tranches successives, on peut reconstruire des images tridimensionnelles. La résolution spatiale des images est actuellement de quatre millimètres dans les trois dimensions de l'espace. C'est finalement un modèle mathématique (le troisième outil), qui permet de transformer les valeurs locales de radioactivité en paramètres tels que débit sanguin, vitesse de réaction chimique, flux métabolique, densité de récepteurs d'un neurotransmetteur, concentration d'une enzyme...

Les marqueurs les plus utilisés pour la TEP sont de trois types : les marqueurs du débit sanguin, comme l'eau marquée avec de l'oxygène 15 ; les marqueurs du métabolisme énergétique avec essentiellement un analogue du glucose marqué par du fluor 18 (le déoxyglucose marqué par du fluor 18, appelé encore ^{18}F-FDG) ; enfin des molécules marquées plus complexes, comme des médicaments marqués dont on peut, grâce à la TEP, observer le parcours et le métabolisme dans le corps. La TEP permet donc d'obtenir des images métaboliques, biochimiques ou pharmacologiques d'un organe *in vivo* et les applications physiologiques ou cliniques sont maintenant très nombreuses.

Prenons l'exemple de l'étude du fonctionnement du cerveau. La dépense d'énergie due à l'augmentation de l'activité des neurones dans une région cérébrale se traduit par un accroissement local de la consommation de glucose et d'oxygène. Cet accroissement est assuré par une augmentation du

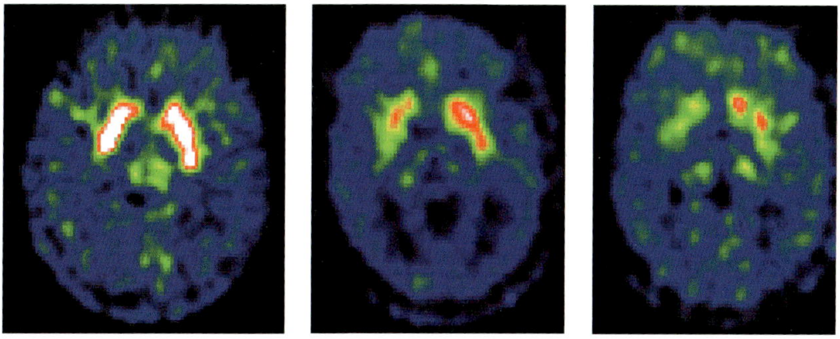

Figure 14.4 : Détection de la maladie d'Alzheimer grâce à la tomographie par émission de positrons (TEP). La caméra détecte des variations du débit sanguin grâce à l'injection d'un marqueur du métabolisme énergétique, un analogue du glucose marqué au fluor 18, le ^{18}F-FDG. À gauche, cerveau normal ; au milieu, maladie débutante ; à droite, maladie sévère.

débit sanguin régional. Ainsi, l'observation, après injection au patient de l'eau marquée à l'oxygène 15 ou du ^{18}F-FDG, des variations de débit sanguin ou de consommation de glucose, permet de mettre en évidence les régions du cerveau spécifiquement impliquées lors d'une activation motrice, sensitive, sensorielle, ou encore d'une activité cognitive. Cette technique d'imagerie permet alors de dresser une cartographie fonctionnelle des structures cérébrales activées lors de la tâche demandée. La possibilité d'obtenir une cartographie de l'activité cérébrale a ouvert des perspectives totalement nouvelles en psychiatrie, en psychologie, en linguistique et de façon plus générale dans le domaine des sciences cognitives (calcul, langage, mémoire...).

Dans le domaine des pathologies du système nerveux central, les traceurs radioactifs qui permettent de visualiser des molécules (neurotransmetteurs) ou des protéines spécifiques (récepteurs, transporteurs, enzymes) impliquées dans la neurotransmission sont utilisés pour mettre en évidence des anomalies associées et pour proposer de nouvelles méthodes d'investigation en neurologie comme en psychiatrie, aussi bien chez l'adulte que chez l'enfant. Ainsi, grâce au marquage par le fluor 18 de la L-DOPA, un précurseur naturel de la dopamine, la TEP permet de visualiser et de quantifier le métabolisme de la dopamine, un neurotransmetteur qui joue un rôle important dans le comportement moteur et psychologique. Cette technique est particulièrement utile pour l'étude de la maladie de Parkinson, caractérisée par la perte de neurones dopaminergiques. On pourrait citer bien d'autres applications dans la maladie d'Alzheimer, les épilepsies, certaines maladies mentales comme la schizophrénie, la dépression, l'autisme.

En matière de détection et de suivi des cancers, les chercheurs ont démontré que le fluoro-déoxyglucose, un analogue du glucose marqué au fluor 18, est un traceur de choix pour identifier les lésions tumorales malignes, en particulier métastatiques, et pour suivre l'efficacité des traitements. La brièveté de la présence du ^{18}F-FDG dans le corps humain et la courte période d'activité du fluor 18 (deux heures) rendent l'injection de ce radiopharmaceutique sans danger pour le patient. Mais cette faible durée de vie induit des contraintes très fortes sur sa production et sa distribution, le ^{18}F-FDG devant être administré au malade dans les deux heures qui suivent sa production.

Comme la TEP, la *tomographie par émission monophotonique (ou TEMP)*, utilise des traceurs radioactifs. Mais cette fois, ce ne sont pas des émetteurs de positrons mais des émetteurs de photons gamma détectés par des gamma-caméras. Les traceurs les plus utilisés sont les isotopes du technétium, de l'iode, du thallium ou de l'indium, qui ne sont pas des constituants naturels des molécules des tissus vivants, comme peuvent l'être l'oxygène ou le carbone. Ces atomes sont donc fixés sur une molécule organique proche de la molécule naturelle dont on souhaite suivre la répartition dans le corps, et ensuite administrés à l'organisme.

L'émission gamma est détectée par une gamma-caméra, composée d'un collimateur en plomb ou en tungstène et d'un grand cristal scintillateur, en général de l'iodure de sodium, surmonté de tubes photomultiplicateurs. Les gamma-caméras étant beaucoup plus simples techniquement et moins coûteuses que les caméras utilisées pour la TEP, les tomographes à émission monophotonique (TEMP) sont très répandus en milieu hospitalier, où ils sont utilisés pour des examens de routine en médecine nucléaire : scintigraphies osseuses, thyroïdiennes, pulmonaires, détection de la viabilité cardiaque ou de foyers infectieux, etc.

Les progrès de l'IRM

L'imagerie par résonance magnétique (IRM) repose sur un phénomène physique décrit pour la première fois en 1946 par F. Bloch, l'induction nucléaire mise en évidence par Purcell en 1947, par absorption résonante des moments magnétiques nucléaires dans un solide. Tous deux reçurent en 1952 le prix Nobel de physique. Cette *résonance magnétique nucléaire (RMN)* a, dès le début, connu un essor considérable grâce à son double caractère : c'est, d'une part, un domaine de la physique original riche en possibilités de recherche fondamentale, le magnétisme nucléaire, et d'autre part, un outil extrêmement fin à multiples facettes pour l'étude de la matière condensée solide et liquide, ainsi que pour la chimie et la biologie moléculaire. Enfin, depuis quelques années la RMN est devenue une technique participant au diagnostic médical, où elle a pris le nom d'IRM.

Certains noyaux atomiques, celui de l'hydrogène par exemple, sont dotés d'un petit moment magnétique, c'est-à-dire qu'ils se comportent comme des aiguilles aimantées. Placés dans un champ magnétique, ces moments magnétiques, ou *spins*, tournent autour de sa direction à une fréquence proportionnelle à l'intensité du champ, le coefficient de proportionnalité caractérisant complètement le noyau considéré. Par exemple, pour le noyau d'hydrogène (c'est-à-dire le proton), la fréquence, dite « fréquence de résonance », vaut environ 42 MHz pour un champ magnétique de 1 Tesla.

Une expérience de RMN consiste alors à appliquer une impulsion d'onde radiofréquence, superposée au champ magnétique. Si la fréquence de l'onde radiofréquence est égale à la fréquence de résonance, les spins basculent puis reviennent à leur position d'origine en émettant des signaux électromagnétiques. On peut ainsi identifier la présence de tel ou tel élément chimique, et le localiser.

Initialement limitée à des échantillons de taille réduite, la technique s'est développée grâce à la mise au point d'aimants capables de créer des champs intenses sur de grandes régions (de façon à y placer des sujets testés, animaux ou hommes) et grâce à des programmes informatiques capables de reconstruire des images comme on l'a vu pour les autres méthodes d'imagerie. Ainsi, un système expérimental de RMN se compose d'un aimant et d'une sonde constituée d'une ou de plusieurs bobines accordées autour de l'échantillon, d'un générateur pour la production de l'excitation radiofréquence, d'un amplificateur-détecteur des signaux de résonance et d'un ordinateur pour l'acquisition et le traitement des signaux ainsi que le pilotage des expériences.

La première application en médecine fut publiée par R. Damadian en 1971 (*Tumor Detection by Nuclear Magnetic Resonance*) mais la première image, c'est-à-dire le début de l'IRM, est due en 1973 à P. C. Lauterbur (*Image Formation by Induced Local Interactions : Examples employing Nuclear Magnetic Resonance*). Il s'agissait d'une simple image de deux tubes vus en coupe transversale, l'un rempli d'eau, l'autre de graisse. Il était alors loin d'être évident que l'on obtiendrait vingt ans plus tard les images de la qualité à laquelle on est habitué, car la RMN souffre *a priori* d'une très mauvaise sensibilité en détection, comparée aux rayons X ou aux molécules radioactives. Là encore, au-delà des améliorations techniques des aimants, des bobines de gradients et des antennes de localisation, c'est l'informatique qui a permis l'acquisition d'images tridimensionnelles dans des délais très courts, compatibles avec ceux d'un examen médical.

Pour obtenir une image, on applique un champ magnétique variable dans l'espace, de sorte que la valeur de la fréquence de résonance change d'un point à l'autre de l'objet étudié. Avec une onde de fréquence fixe, seule une région sera en résonance et fournira un signal. En décalant le champ magnétique, une région différente se retrouve en situation de résonance. Cela permet par conséquent de sonder une autre zone de l'objet. Le signal magnétique émis par les noyaux juste après la résonance est ensuite détecté et un traitement informatique permet de construire une image tridimensionnelle, présentée en coupes successives.

On distingue aujourd'hui deux types d'IRM, l'IRM anatomique et l'IRM fonctionnelle (IRMf). *L'IRM anatomique* consiste à observer, sous l'effet d'un champ magnétique intense, la résonance des noyaux d'hydrogène, élément présent en abondance dans l'eau et les graisses des tissus biologiques. Les indications de l'IRM sont très nombreuses et bien connues du grand public. La qualité anatomique des images IRM, malgré une sensibilité intrinsèque très faible, est due à ce que l'on détecte les spins des protons, c'est-à-dire des noyaux d'hydrogène, constituants notamment des molécules d'eau, qui représente 75 % du corps humain, et des molécules de graisse. Autrement dit, même si la sensibilité de la RMN est faible *a priori*, le nombre de molécules émettant un signal est si grand que l'on peut détecter une image de qualité exceptionnelle, comparée à celle du tomodensitomètre ou de la scintigraphie. Mais de là à voir le cerveau en fonctionnement au cours de tâches cognitives — percevoir, comprendre une langue, mémoriser, calculer, prévoir une action, porter un jugement,... — il y a un fossé que peu de chercheurs auraient imaginé pouvoir combler. Pourtant, les premières *images fonctionnelles du cerveau* (par opposition aux images anatomiques représentant seulement sa morphologie) ont été publiées en 1991 par Belliveau *et al.* dans un article dont le titre est : « Functional Mapping of the Human Visual Cortex by Magnetic Resonance Imaging[7] ». Il marque le début d'une nouvelle méthode, *l'IRM fonctionnelle*, dont les conséquences en neurosciences sont considérables.

Voir le cerveau penser

L'IRM fonctionnelle a été rendue possible par le développement de techniques ultrarapides d'acquisition et de traitement de données. Il est ainsi possible de réaliser des images RMN en des temps suffisamment brefs (jusqu'à 0,02 seconde) pour suivre certains aspects du métabolisme. C'est par exemple le cas de l'imagerie cérébrale.

Quand nous parlons, lisons, bougeons, pensons... certaines aires de notre cerveau s'activent. Cette activation électrique et chimique des neurones se traduit par une augmentation du débit sanguin local dans les régions cérébrales concernées par cette activation, comme on l'a indiqué au sujet de la TEP. Or l'IRM permet de produire des images sensibles au débit sanguin avec une grande précision anatomique (1 mm) et temporelle (1/10 de seconde), et ce sans recours à l'injection d'une substance ou molécule particulière. C'est ce qui fait le succès de cette méthode.

Il est intéressant de revenir sur les étapes du développement de l'IRM fonctionnelle. En dehors des développements instrumentaux, il n'y avait pas de concept fondamentalement nouveau, les auteurs ayant seulement transcrit en termes de RMN ce qui faisait le succès depuis dix ans de la TEP, à savoir mesurer la perfusion sanguine cérébrale par la méthode des traceurs en utilisant l'eau marquée à l'aide de l'oxygène 15, un émetteur de positrons ayant une période physique très brève (2 minutes). Le principe de la méthode mise au point par M. Raichle est le suivant. Lors d'activations cérébrales, des canaux ioniques (Na^+, K^+) s'ouvrent et des potentiels d'action, dont la durée est de quelques millisecondes, se propagent. Cette activité électrique est détectable par électro-encéphalographie (ou par magnéto-encéphalographie, sensible au champ magnétique associé) mais sa durée très courte la rend incompatible avec la durée d'acquisition d'une image de TEP ou d'IRM. On sait cependant depuis le début du XXe siècle que la propagation des potentiels d'action s'accompagne de phénomènes métaboliques que l'on interprète facilement aujourd'hui. En effet, l'ouverture et la fermeture des canaux ioniques nécessitent de l'énergie (ATP donc un apport d'oxygène et de glucose par le flux sanguin), ce qui se traduit par une augmentation du débit et du volume sanguin cérébral, que l'on peut mesurer en TEP. En IRMf, au lieu d'utiliser un embole intraveineux d'eau radioactive, Belliveau a utilisé un embole de gadolinium, une terre rare qui donne un signal fort en RMN. Le principe des mesures était donc totalement calqué sur celui de la TEP. L'inconvénient en était que le gadolinium, injecté au moins deux fois à quelques minutes d'intervalle, est toxique.

En fait, l'idée a été immédiatement reprise en 1992 par S. Ogawa dans un article — « Oxygenation-Sensitive Contrast in Magnetic Resonance Imaging of Rodent Brain at High Magnetic Fields[8] » — qui présente la méthode appelée aujourd'hui communément la méthode BOLD (Blood Oxygen Level Dependent[9]). Le principe de base reste le même : dans la région du cerveau activée, l'apport d'oxygène augmente et la proportion d'hémoglobine oxygénée (HbO_2) contenue dans les globules rouges du sang par rapport à l'hémoglobine désoxygénée (Hb) est plus importante. Or, HbO_2 est moins magnétique que Hb en raison du paramagnétisme de l'atome de fer qui est écranté par les atomes d'oxygène. L'effet sur le temps de relaxation transversal spin-spin des protons du sang oxygéné est donc plus faible que celui du sang désoxygéné, l'homogénéité du champ magnétique statique B_0 est moins altérée, ce qui conduit à un signal plus intense dans les régions plus oxygénées, donc dans celles activées par les processus sensitif, moteur, cognitif... Le signal étant celui des protons de l'eau, il s'agit donc d'un signal important qui est modulé par la proportion d'hémoglobine dans le sang circulant, qui dépend elle-même de l'activité neuronale régionale. Dans la technique BOLD, il est inutile d'introduire un traceur, on peut dire que *l'hémoglobine est l'agent de contraste*

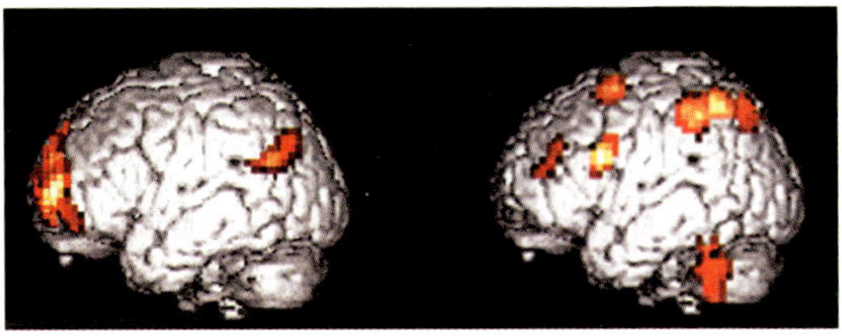

Figure 14.5 : Imagerie fonctionnelle par résonance magnétique nucléaire (IRM). À gauche, zones activées lorsque le sujet effectue un calcul exact. Pour un calcul approximatif (à droite), des zones différentes sont activées.

endogène, l'augmentation de la quantité d'oxyhémoglobine se traduit par une augmentation du signal. Les variations de signal sont certes faibles, de l'ordre de 2 à 5 % à 1,5 Tesla mais elles augmentent à 10 %-15 % à 4 T, ce qui explique la course aux champs magnétiques élevés à laquelle se livrent les constructeurs. Au début de l'IRM, les premiers aimants installés dans les hôpitaux avaient un champ magnétique de 0,15 T ou 0,5 T, puis on est monté à 1,5 T, la norme actuelle (à titre de comparaison le champ magnétique terrestre est de 5×10^{-5}T). Les industriels proposent maintenant dans leur catalogue des aimants à 3 T et aux États-Unis un aimant à 9,4 T est en cours d'installation. On voit ainsi comment les projets de la recherche stimulent l'industrie, dès l'instant où l'on voit poindre des applications médicales, en neurologie et en psychiatrie.

Des travaux récents ont pu mettre en évidence l'activation du cerveau lors de tâches cognitives complexes comme le calcul, le langage, l'apprentissage ou la mémoire. On a pu montrer, par exemple, que nous activons nos aires visuelles primaires situées à l'arrière de notre cerveau non seulement durant la réception d'informations visuelles en provenance de la rétine, mais aussi par imagerie mentale, quand nous pensons les yeux fermés à des images puisées dans notre mémoire. Même résultat pour le langage : le simple fait de penser à des mots suffit à activer les zones de notre cerveau associées aux objets représentés par ces mots. D'autres travaux sur le calcul mathématique ont mis en évidence grâce à l'IRM des différences entre calcul exact et approximatif. Le calcul approximatif active, chez l'être humain, des circuits cérébraux impliqués dans la représentation mentale visuelle et spatiale tandis que le calcul exact fait appel à des régions de l'hémisphère gauche impliquées dans certains traitements linguistiques. La méthode peut être poussée très loin et des résultats récents portent sur l'inconscient ou le jugement moral. On est ainsi passé *de l'image du cerveau à l'image de l'esprit*.

En clinique, l'IRM fonctionnelle cérébrale permet de mieux comprendre les troubles de patients atteints de certaines affections neurologiques ou psychiatriques. Enfin, cette technique (comme la TEP) peut être utilisée en neurochirurgie, elle aussi dite « fonctionnelle » : elle permet une appréciation préopératoire du statut fonctionnel et non plus seulement anatomique des régions qui seront abordées ou excisées lors d'une intervention, et par conséquent, une optimisation de l'acte chirurgical.

Combiner méthodes et compétences pour réaliser le rêve de Claude Bernard

Sans entrer dans les détails, on peut dire que l'innovation dans *l'imagerie ultrasonore* a suivi des étapes analogues à l'IRM. Le principe physique est ici très simple, il s'agit de la réflexion des ondes ultrasonores sur des interfaces d'impédances acoustiques différentes ; les lois en sont identiques à celles de la réflexion de la lumière entre deux milieux d'indices différents. Les ondes ultrasonores sont produites par une céramique piézoélectrique excitée par une impulsion électrique. L'onde de pression se propage dans les tissus avant d'être réfléchie aux interfaces. La détection de l'écho (l'onde de pression ultrasonore réfléchie) se fait par le même effet piézoélectrique : cette fois, c'est une différence de potentiel qui apparaît entre les deux faces du cristal soumises à une variation de pression. La première application, le sonar sous-marin, donnera dans les années 1950 l'échographie dite « mode A ». La mesure des vitesses par effet Doppler sera rapidement appliquée en médecine à la mesure de la vitesse du sang dans les artères et les veines superficielles. Là encore le développement de l'électronique et de l'informatique va permettre la réalisation d'appareils de plus en plus complexes : échographie à balayage dite « mode B », puis surtout échographie en temps réel ou échographie « TM » (pour *time motion*). Aujourd'hui, les appareils combinent images bi-voire tridimensionnelles avec la visualisation des écoulements dans les cavités cardiaques et les vaisseaux (Doppler couleur,...), ils sont dotés d'une électronique complexe et d'une informatique relativement lourde : ils sont devenus des appareils beaucoup plus coûteux bien qu'assez simples d'emploi. Les appareils d'échographie sont bien connus du public et les applications très nombreuses : suivi de la grossesse, détection des cancers du sein, des tumeurs et des calculs biliaires ou urinaires, des anomalies de la contraction cardiaque...

Même si toutes les méthodes d'imagerie tirent leur origine de l'interaction d'ondes ou de particules avec la matière, le délai séparant la découverte physique des applications médicales peut différer considérablement. Mais pour toutes, les progrès fulgurants de l'informatique ont permis des développements analogues, notamment au niveau de la reconstruction, de l'analyse et de la visualisation des images bi- et tridimensionnelles, du traitement quantitatif des informations. Finalement on assiste actuellement à la *fusion des images numérisées*, par exemple celles obtenues par IRM et par TEP, voire par scanner X et TEP réunis dans le même instrument pour les applications oncologiques : c'est ce que l'on appelle la « multimodalité ».

Une deuxième évolution commune se dessine également, bien que plus récemment. De purement morphologiques les méthodes telles que l'échographie ou l'IRM deviennent des méthodes fonctionnelles, comme l'étaient déjà la gamma-scintigraphie ou la TEP, mais en éliminant le recours aux traceurs.

Au milieu du XIXe siècle, l'inventeur de la médecine expérimentale Claude Bernard indiquait à Ernest Renan, qui l'a relaté, qu'« on ne connaîtra[it] la physiologie que le jour où l'on saura[it] décrire le voyage d'un atome d'azote depuis son entrée dans l'organisme jusqu'à sa sortie ». Ce qui était totalement hors de portée du savant du XIXe siècle connaît en ce début de XXe siècle sa réalisation grâce à une série d'avancées techniques liées surtout à la radioactivité et aussi dans une certaine mesure à l'IRM. C'est certainement dans la description du voyage fait par le médicament dans le corps que réside aujourd'hui une des avancées les plus intéressantes dans le domaine pharmaceutique. Mais nous avons vu aussi que, quand nous écoutons, parlons, bougeons, réfléchissons..., certaines aires de notre cerveau s'activent. Cette activation électrique et chimique des neurones se traduit par une augmentation du débit sanguin local dans les régions cérébrales concernées par cette activation. L'IRM permet aujourd'hui de produire des images sensibles au débit sanguin sans recours à l'injection d'une substance ou molécule particulière.

L'innovation en imagerie demande toujours plus de temps et d'investissement financier. Même si, du point de vue du médecin, les avantages d'une nouvelle technique peuvent apparaître évidents, ceux-ci doivent être prouvés économiquement. Les études de rapport coût/efficacité d'une nouvelle technique, de sa place dans l'arbre de décision thérapeutique, la nature des examens qu'elle pourrait remplacer et les économies qui en résulteraient, l'autorisation de mise sur le marché éventuelle pour une nouvelle molécule radiopharmaceutique ou un nouvel agent de contraste, tout cela constitue autant d'étapes administratives, longues, coûteuses, que l'industriel peut hésiter à mettre en œuvre, surtout si la nouvelle technique est susceptible de remplacer une technique existante pour laquelle les investissements ne sont pas encore amortis. Néanmoins, comme on l'a vu dans le cas de l'IRM qui est apparue relativement peu de temps après le scanner, une nouvelle technique d'imagerie finit par s'imposer lorsqu'elle constitue une véritable rupture, même si les délais sont parfois longs comme dans le cas de la TEP où la France a un retard considérable sur les autres pays développés. Aujourd'hui, le véritable défi est de faire travailler ensemble des physiciens, des ingénieurs, des informaticiens, des chimistes, des biologistes et des médecins, de préférence dans un même lieu et sur une longue durée. Un programme de ce type a été lancé par le CEA avec le projet NeuroSpin qui vise à franchir une nouvelle étape pour l'IRM fonctionnelle avec un champ magnétique supérieur à 11 Tesla afin de fournir à des équipes pluridisciplinaires un outil d'observation sans précédent. Cela sera-t-il suffisant pour comprendre le code neural ?

NOTES

1. La formation des os est un processus dynamique, avec perte et remplacement continus.
2. Détection de discontinuités de radiodensité montrant la structure interne d'un objet complexe.
3. Représentation d'une fonction par ses intégrales, avec quelques applications radiologiques.
4. Tomographie axiale transverse calculée.
5. Application de la détection d'événements d'anihilation en coïncidence à la tomographie par reconstruction transaxiale.
6. Tomographie par émission calculée de photons uniques.
7. Carte fonctionnelle du cortex visuel humain en imagerie par résonance magnétique.
8. Contraste sensible à l'oxygénation en imagerie du cerveau par résonance magnétique à haut champ.
9. Dépendante du niveau d'oxygène dans le sang.

Quelques remarques finales

Les objets d'étude de la physique se sont diversifiés et complexifiés. Il y a un demi-siècle, il s'agissait de comprendre le simple et l'élémentaire, par exemple de casser les noyaux d'atomes pour en déterminer la structure, ou encore d'étudier le solide cristallin idéal en termes de ses propriétés électroniques. Si cette exploration réductionniste est encore très féconde, elle est loin d'être la seule voie d'approche, notamment aujourd'hui où la physique s'ouvre à de nombreuses disciplines voisines. En outre, qu'il s'agisse de désordre, de biomolécules ou de modélisation du climat, la physique progresse actuellement grâce à une étroite conjugaison d'expériences, de simulations numériques et de théorie.

Nous ne pouvions prétendre décrire l'ensemble de cette physique en marche en un seul livre. Nous avons donc tenté de mettre l'accent sur certaines questions ouvertes qu'il est aujourd'hui envisageable d'étudier. Mais les découvertes à venir n'ont pas nécessairement de rapport avec les questions que nous avons soulevées. La science est ainsi faite : nul n'a jamais planifié une grande découverte. Il suffit de se tourner vers le passé pour constater qu'aucun rapport de prospective ni aucun plan d'action n'avaient prévu les découvertes qui allaient advenir dans les années postérieures. Il en est vraisemblablement de même pour ce livre.

Pour ces raisons, il serait dangereux de piloter la recherche exclusivement à travers quelques thèmes prioritaires, par définition même bien identifiés, qui risqueraient fort de passer à côté des révolutions qui détermineront la science et la technologie de demain. Certes, vus de l'extérieur, les chercheurs peuvent parfois donner l'impression qu'ils préfèrent se consacrer à leurs objets favoris de manière quelque peu futile ou ludique, plutôt que se concentrer sur les applications « utiles ». Mais le XXe siècle a montré que les technologies les plus innovantes, celles des semi-conducteurs ou des lasers par exemple, sont directement issues de la mécanique quantique, longtemps considérée par ses créateurs mêmes comme confinée au laboratoire et exclusivement conceptuelle. Rien ne permet de penser que ce même schéma ne se reproduira pas au cours du siècle qui vient de s'ouvrir.

Bibliographie

L'UNIVERS ET SES LOIS

CHAPITRE PREMIER : UNE SCIENCE AUX FRONTIÈRES, L'ASTRONOMIE

LES SYSTÈMES PLANÉTAIRES

Un site Internet sur les exoplanètes est tenu par J. Schneider à l'observatoire de Paris :

— *The Extrasolar Planets Encyclopaedia*

— *http://www.obspm.fr/planets*

— M. Mayor et P.-Y. Frei, *Les Nouveaux Mondes du cosmos*, Paris, Seuil, 2001.

— F. Costard, *La Planète Mars*, collection « Que sais-je ? », Paris, PUF, 1999.

— F. Rocard, *Planète Mars*, collection « Dominos », Paris, Flammarion, 2001.

— F. Forget, F. Costard, P. Lognonné, *La Planète Mars. Histoire d'un autre monde*, Paris, Belin, 2003.

— T. Encrenaz *et al.*, *Le Système solaire*, Paris, Éditions de Physique/CNRS, 2003.

FORMATION D'ÉTOILES ET GALAXIES PRIMORDIALES

— F. Combes, P. Boissé, A. Mazure et A. Blanchard, *Galaxies and Cosmology*, Springer-Verlag, 2002.

— M. Longair, *Galaxy Formation*, A & A Library, Springer-Verlag, 1998.

Sites Internet :

— Site du télescope spatial *Hubble* : *http://hubble.stsci.edu/*
— Le champ profond (galaxies) du télescope *Hubble* : *http://www.ess.sunysb.edu/astro/hdf.html*
— La mission spatiale *Wilkinson Microwave Anisotropy Probe* (NASA) : *http://map.gsfc.nasa.gov/*
— Simulations numériques en cosmologie : *http://www.mpa-garching.mpg.de/~virgo/virgo/*
— Interactions de galaxies : *http://www.ifa.hawaii.edu/~barnes/saas-fee/chapter4.html*
— Observations de galaxies en interaction et fusion : *http://www.cv.nrao.edu/~jhibbard/*

DE NOUVEAUX OUTILS D'OBSERVATION

— S. Brunier et A. M. Lagrange, *Les Grands Observatoires du monde*, Paris, Bordas, 2002.
— F. Roddier Ed., *Adaptive Optics in Astronomy*, Cambridge University Press, 1999.
— *http://olbin.jpl.nasa.gov/*
— *http://www.eso.org/projects/*

CHAPITRE 2 : L'UNIVERS ET LES PARTICULES ÉLÉMENTAIRES

— J.-C. Pecker, *L'Univers exploré, peu à peu expliqué*, Paris, Odile Jacob, 2003.
— *Les Sciences du ciel*, sous la direction de P. Léna, Paris, Flammarion, 1996.
— S. Weinberg, *Les Trois Premières Minutes de l'Univers*, Paris, Seuil, 1978.

CHAPITRE 3 : SYMÉTRIES BRISÉES

— Gilles Cohen-Tannoudji et Yves Sacquin (sld), *Symétrie et brisure de symétrie*, EDP Sciences, 1999.
— Alan Guth, *The Inflationary Universe*, Perseus, 1997.

— « Les symétries de la nature », dossier de la revue *Pour la science,* juillet 1998.

— « Les miroirs à retournement temporel », Mathias Fink, *Pour la Science,* n° 268, février 2000.

CHAPITRE 4 :
L'INTÉRIEUR DE LA TERRE

— H.-C. Nataf et J. Sommeria, *La Physique et la Terre,* Belin-CNRS, 2000.

— C. Allègre, *L'Écume de la Terre,* Fayard, 1999.

— J.-P. Poirier, *Les Profondeurs de la Terre,* Masson, 1996.

— J.-P. Poirier, *Le Noyau de la Terre,* Flammarion, « Dominos », 1996.

LA MATIÈRE

CHAPITRE 5 :
UNE NOUVELLE RÉVOLUTION QUANTIQUE

— « La physique quantique », *Pour la science,* dossier hors-série, juin 1994.

— J. S. Bell, *Speakable and Unspeakable in Quantum Mechanics,* Cambridge, Cambridge University Press, 2e édition, 2004.

— B. d'Espagnat, *À la recherche du réel,* Paris, Gauthier-Villars, 1979.

— A. Eckert, « La mécanique quantique au secours des agents secrets », *La Recherche,* juin 1991.

— N. Gisin, « Les promesses de l'information quantique », *La Recherche,* janvier 2000.

— Université de tous les savoirs, *La Physique et les éléments,* Paris, « Poches Odile Jacob », 2002.

— *Cours et séminaires de la chaire de physique atomique et moléculaire du Collège de France* (C. Cohen-Tannoudji, 1973-2003) disponibles sur : *http://www.phys.ens.fr/cours/college*-de-france/

— *Cours et séminaires de la chaire de physique quantique du Collège de France* (S. Haroche) disponibles sur : http://www.lkb.ens.fr/recherche/qedcav/college/college.html

CHAPITRE 6 : LES ÉLECTRONS DANS LES SOLIDES

Vulgarisation :

— C. Weisbuch, « Comment les révolutions de l'information et des communications ont-elles été possibles ? Les semi-conducteurs », *in* Université de tous les Savoirs, *Qu'est-ce que l'Univers ?*, Paris, Odile Jacob, p. 730, 2001.

— C. Dekker, « Carbon nanotubes as molecular wires », *Physics Today*, 52, 22, 1999 ; sur ce sujet, voir aussi *Physics World*, juin 2000.

— Le numéro spécial de *Science* 288, avril 2000 contient des articles sur la supraconductivité et les corrélations entre électrons.

— G. Prinz, « Magneto-electronics », *Science* 282, 1660, 1998.

Enseignement scientifique niveau 2e et 3e cycle universitaire :

— N. D. Ashcroft et N. D. Mermin, *La Physique des solides*, EDP Sciences, 2002.

Niveau recherche :

— D. Bimberg, M. Grundmann et N. N. Ledentov, *Quantum Dots Heterostructures*, Chichester, John Wiley and sons, 1999.

— S. Maekawa et T. Shinjo, *Spin Dependent Transport in Magnetic Nanostructures*, Londres, Taylor & Francis, 2002.

— A. Barthélemy, A. Fert et F. Petroff, « Giant magnetoresistance in magnetic multilayers », *Handbook of Magnetic Materials*, Paris, Elsevier, vol. 12, p. 1, 1999.

— R. Saito, G. Dresselhaus et M. S. Dresselhaus, *Physical Properties of Carbon Nanotubes*, Londres, Imperial College Press, 1998.

CHAPITRE 7 : LA MATIÈRE MOLLE

— J. Prost, P.-G. de Gennes, *The Physics of Liquid Crystals*, Oxford, Oxford University Press, 1995.

— P.-G. de Gennes, *Scaling Concepts in Polymer Physics*, New York, Cornell University Press, 1979.

— D. Quéré, F. Brochard-Wyart, P.-G. de Gennes, *Gouttes, bulles, perles et ondes*, Paris, Belin, 2002.

— D. F. Evans, H. Wennerström, *The Colloidal Domain*, Weinheim, Wiley-VCH, 1995.

— B. Cabane, S. Henon, *Liquides : solutions, dispersions, émulsions, gels*, Paris, Belin, 2003.

LE DÉSORDRE

CHAPITRE 8 : VIEILLISSEMENT ET RAJEUNISSEMENT DES MATÉRIAUX

— J. Ph. Bouchaud, article à paraître début 2004 dans le numéro spécial sur la complexité de *Pour la science,* à paraître début 2004.

— M. Mézard, article dans le numéro spécial sur la complexité de *Pour la science,* 2004.

— J. Hammann, M. Ocio, « Les verres de spin et l'étude des milieux désordonnés », *Pour la science,* février 1987, p. 40.

— I. M. Hodge, « Physical aging in polymer glasses », *Science,* 1995, vol. 267, p. 1945.

— L. Cipiletti et L. Ramos, « Slow dynamics in glasses, gels and foams », *Current Opinion in Colloid and Interface Sci.,* 2002, vol. 7, p. 228.

— J. Mandler, R. Monasson, S. Cocco, O. Dubois, « Au seuil de la complexité calculatoire », *Pour la science* 295, mai 2002, p. 52.

— P. Coussot, Q. D. Nguyen, H. T. Huynh et D. Bonn, « Viscosity bifurcation in thixotropic, yielding fluids », *Journal of Rheology,* 2002, vol. 46, p. 573.

— P. Coussot, Q. D. Nguyen, H. T. Huynh et D. Bonn, « Avalanche behavior in yield stress fluids », *Physical Review Letters,* 2002, vol. 88, p. 175-501.

CHAPITRE 9 : LOIS DÉTERMINISTES ET COMPORTEMENTS ALÉATOIRES

— P. Bergé, Y. Pomeau, C. Vidal, *L'Ordre dans le chaos,* Paris, Hermann, 1984.

— D. Ruelle, *Hasard et Chaos,* Paris, Odile Jacob, 1991.

— H. Tennekes et J. Lumley, *A First Course in Turbulence,* Cambridge, The MIT Press, 1972.

LA PHYSIQUE EN ACTION

CHAPITRE 11 : LES ÉNERGIES

— le site de la société française de physique : (*http://sfp.in2p3.fr/Debat/debat_energie*)

— le site de Jean-Marc Jancovici, président du Comité consultatif du débat national sur l'énergie : *http://www.manicore.com/documentation/equivalences.html*

— le rapport récent de l'Académie des sciences « L'énergie nucléaire civile dans le cadre temporel des changements climatiques », Robert Dautray, Éditions Tec et Doc, Paris, décembre 2001.

— Henri Mathieu, *Physique des semi-conducteurs et des composants électroniques*, Paris, Masson, 2001.

CHAPITRE 12 : PHYSIQUE ET TECHNOLOGIE : L'EXEMPLE DE LA MICROÉLECTRONIQUE

— Henri Mathieu, *Physique des semi-conducteurs et des composants électroniques*, Paris, Masson, 2001.

— Emmanuel Rosencher et Borge Vinter, *Optoélectronique*, Paris, Masson, 1998.

— Académie des Sciences, « Sciences aux temps ultracourts — De l'attoseconde aux petawatts », *Rapport sur la science et la technologie*, n° 9, Paris, Éditions Tec et Doc Lavoisier, 2000.

CHAPITRE 14 : L'IMAGERIE MÉDICALE

— Denis Le Bihan, « Voir le cerveau penser » *in* UTLS, *Qu'est-ce que les recherches aux interfaces*, Paris, Odile Jacob, 2004.

— André Syrota, *De quelle physique la médecine a-t-elle besoin ?* conférence prononcée à Lyon en juillet 2002, disponible sur le site http://e2phy.in2p3.fr/2002/video.html.

Table

Chapitre 3 : Symétries brisées

Chapitre 4 : L'intérieur de la Terre

LA MATIÈRE

Chapitre 5 : Une nouvelle révolution quantique

Chapitre 6 :
Les électrons dans les solides

Chapitre 7 :
La matière molle

LE DÉSORDRE

Chapitre 8 :
Vieillissement et rajeunissement des matériaux

Chapitre 9 : Lois déterministes et comportements aléatoires

Chapitre 10 : Prévoir le climat

LA PHYSIQUE EN ACTION

Chapitre 11 : Les énergies

Chapitre 12 : Physique et technologie : l'exemple de la microélectronique

Chapitre 13 : La physique et le vivant

Chapitre 14 : L'imagerie médicale

ALAIN ASPECT est professeur à l'École polytechnique et directeur de recherche du CNRS à l'Institut d'optique d'Orsay. Il est membre de l'Académie des sciences.

ROGER BALIAN, professeur émérite à l'École polytechnique, a été physicien théoricien au CEA. Il est membre de l'Académie des sciences.

SÉBASTIEN BALIBAR est directeur de recherche du CNRS au Laboratoire de physique statistique de l'École normale supérieure de Paris.

ÉDOUARD BRÉZIN est professeur de physique à l'université Pierre-et-Marie-Curie (ENS). Membre de l'Institut universitaire de France, il est vice-président de l'Académie des sciences.

BERNARD CABANE est directeur de recherche du CNRS au Laboratoire de physique et mécanique des milieux hétérogènes de l'ESPCI de la Ville de Paris. Il est membre correspondant de l'Académie des sciences.

STEPHAN FAUVE est professeur à l'École normale supérieure de Paris, au Laboratoire de physique statistique.

DANIEL KAPLAN, ancien directeur du Laboratoire central de recherche de Thomson-CSF, directeur de la société Fastlite, il est membre de l'Académie des sciences.

PIERRE LÉNA est professeur de physique et d'astrophysique à l'université Paris-VII. Il est membre de l'Académie des sciences.

JEAN-PAUL POIRIER est physicien émérite de l'Institut de physique du Globe. Il est membre de l'Académie des sciences.

JACQUES PROST est directeur de l'École supérieure de physique et de chimie industrielles de la Ville de Paris.

Crédits des illustrations

1.1 : NASA ; 1.2 : NASA ; 1.3 ; NASA ; 1.4 : NASA ; 1.5 : HST-NASA ; 1.6 : F. Combes/Observatoire de Paris-LERMA ; 1.7 : HST-NASA ; 1.8 : C.G. Lacey et S. Cole, *Monthly Notices of the Royal Astronomical Society*, 1993, 262, 627 ; 1.9 : HST, NASA ; 1.10 : VLT/VLTI/ESO ; ALMA/ESO ; FIRST/NASA ; NGST/NASA ; 1.11 : ESO et ONERA ; 1.12 : F. Marchis *et al.* ; 1.13 : ESO ; 1.14 : a) ESO, b) G. Perrin.

2.1 : LAMBDA-NASA ; 2.2 : LAMBDA-NASA.

3.1 à 3.4 : É. Brézin/ENS-Paris.

4.1 : LEGOS-GRGS/CNES ; 4.2 : F. Presds et R. Sievere, *Understanding Earth*, 2d ed., W.H. Freeman, p. 487 ; 4.3 : R. van der Hilst, *in* F. Presds et R. Sievere, *Understanding Earth*, 2d ed., W. H. Freeman, p. 494.

5.1 : J.F. Allen et J.M.G. Armitage/St Andrews University ; 5.2 : A. Aspect/Institut d'optique d'Orsay ; 5.3 : F. Chevy et K. Madison/ENS-Paris ; 5.4 : Groupe d'optique atomique, Institut d'optique d'Orsay ; 5. 5. : A. Aspect/Institut d'optique d'Orsay ; 5.6 : D.R. ; 5.7 : Alcatel ; 5.8 : C. Salomon/Laboratoire Kastler Brossel-ENS ; 5.9 : A. Aspect/Institut d'optique d'Orsay ; 5.10 : A. Aspect et G. Roger/Institut d'optique d'Orsay ; 5.11 : N. Gisin ; 5.12 : D. Eigler/IBM Research ; 5.13 : G. Gabrielse/Harvard University ; 5.14 : C. Raab, J. Eschner et R. Blatt ; 5.15 : Groupe Quantronique/CEA-Saclay.

6.1 : Jean Massies/CRHEA-CNRS ; 6.2 : E. Scheer, C. Sürgers, P. Pfundstein, H. von Löhneysen/Konstanz Universität ; 6.3 : A. Loiseau/ONERA, d'après R. Smalley *et al.*/cnst.rice.edu/pics.html ; 6.4 : C. Dekker/Delft University ; 6.5 : R. Tournier/Laboratoire de cristallographie de Grenoble ; 6.6 : J.-L. Maurice/CNRS Photothèque.

7.1 : S. Balibar/ENS-Paris ; 7.2 : J. Prost/ESPCI-Paris ; 7.3 : S. Fraden/Brandeis University, Boston ; 7.4 : B. Cabane/PMMH-ESPCI ; 7.5 : J.-C. Bacri/université Paris-VII ; 7.6 : L. Limat/ESPCI-Paris ; 7.7 : A. Lindner et C. Creton/ESPCI-Paris ; 7.8 : R. Vuilleumier/université Paris-VI ; 7.9 : B. Cabane/PMMH-ESPCI ; 7.10 : R. Vuilleumier/université Paris-VI ; 7.11 : B. Cabane/PMMH-ESPCI ; 7.12 : B. Cabane/PMMH-ESPCI.

8.1 : Brad White/www.avalanche.org ; 8.2 : D'après M. Mézard/Orsay ; 8.3 : B. Cabane/PMMH-ESPCI ; 8.4 : F. Lequeux, ESPCI-Paris ; 8.5 : P. Coussot/LMSGC ; 8.6 : D. Bonn et P. Coussot/ENS et ESPCI-Paris ; 8.7 : USGS (D.R.)

9.1 : Brace et Byerlee, *Science*, 153, 1966, 990 ; 9.2 : S. Aumaitre/ENS-Paris ; 9.3 : ONERA ; 9.4 : ONERA.

10.1 : O. Thual *et al.*/CERFACS ; 10.2 : ESA ; 10.3 : ESA.

11.1 : S. Balibar/ENS-Paris ; 11.2 : IPCC/GIEC ; 11.3 : ANDRA ; 11.4 : ANDRA ; 11.5.a : D.R. ; 11.5.b : S. Kambayashi ; 11.6 : CEA.

12.1 : IBM (D.R.) ; 12.2 : E. Rosencher ; 12.3 : D.R. ; 12.4 : F. Burgy/LOA-CNRS/ENSTA/École polytechnique.

13.1 : J.-F. Allemand *et al.*, « Le jokari moléculaire », *Biofutur*, 190 : 26-30, 1999 ; 13.2 : V. Croquettc/ENS-Paris ; 13.3 : K. Kinosita, *in* Noji *et al.*, reproduit avec l'aimable autorisation de *Nature*, 386, 299-302, 1997, Macmillan Publ. Ltd ; 13.4 : S. Marco/CNRS ; 13.5 : A. Roux/CNRS.

14.1 : D.R. ; 14.2 : ACJC-Fonds Curie et Joliot-Curie ; 14.3 : G.N. Hounsfield, *Conférence Nobel*, 1979 ; 14.4 : A. Syrota *et al.*/SHFJ-CEA Orsay ; 14.5 : S. Dehaene *et al.*, *Science*, « Sources of mathematical thinking: Behavioural and brain-image evidence », 1999, vol. 284, p. 972.

Ouvrage publié sous la responsabilité
éditoriale de Gérard Jorland.

Cet ouvrage a été composé et mis en pages
chez Nord Compo(Villeneuve d'Ascq)
N° d'édition : 7381-1458-X
Dépôt légal : mars 2004
Imprimé en France par Kapp-Groupe CPI
à Evreux

Imprimé en France